遗产新知文丛
New Heritage Studies

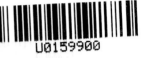

美国乡土建筑保护

黄川壑　著

中国建材工业出版社

图书在版编目（CIP）数据

美国乡土建筑保护 / 黄川壑著 . -- 北京：中国建材工业出版社，2022.3

（遗产新知文丛）

ISBN 978-7-5160-3379-1

Ⅰ．①美… Ⅱ．①黄… Ⅲ．①建筑—文化遗产—保护—美国 Ⅳ．①TU-87

中国版本图书馆 CIP 数据核字（2021）第 238841 号

美国乡土建筑保护

Meiguo Xiangtu Jianzhu Baohu

黄川壑 著

出版发行：中国建材工业出版社

地　　址：北京市海淀区三里河路 1 号

邮政编码：100044

经　　销：全国各地新华书店

印　　刷：北京印刷集团有限责任公司

开　　本：787mm×1092mm　1/16

印　　张：19.5

字　　数：340 千字

版　　次：2022 年 3 月第 1 版

印　　次：2022 年 3 月第 1 次

定　　价：98.00 元

本社网址：www.jccbs.com，微信公众号：zgjcgycbs

《遗产新知文丛》

编　委　会

（按姓氏笔画排序）

序言
PREFACE

文化遗产的保护从二十世纪八十年代后期到二十一世纪前二十年，和整个人类世界一样处在一个快速变化的过程当中。认识这种变化，理解变化的根源，使文化遗产的保护能够促进人类社会的可持续发展，是今天人们必须注意到的问题。

遗产保护源于对具有重要价值的历史遗存的保护，这是一种对“物”的保护，保护本身也更多地表现出研究性和专业性。这种保护是一种专业的行为，也在很大程度上排斥了社会的广泛参与。这种状况在二十世纪八十年代后半叶开始发生变化。这时开始快速发展的经济全球化引发了人们对文化多样性保护的关注。仅仅依靠专业的方法和技能已难以完成文化多样性的保护，文化多样性的保护需要公民和社区的普遍参与。从这时开始，文化遗产就不再仅仅是对于研究者的具有“历史研究价值”的对象，或是对于旅游者的具有“审美价值”或“异国情调”的游览对象，人们开始关心遗产对于所在社区和民众的意义。对社区和当地民众而言，遗产更多表现出记忆的价值和情感的价值，这些价值把遗产与社区、地方的文化多样性密切地联系起来，文化多样性又使被“物化”了的遗产，重新获得了活力，成为“活态遗产”。在中国，通过乡土遗产的变化——从民居建筑到村落古建筑群，再到传统村落，到哈尼梯田、景迈古茶林这样的对象的保护，就可以看到这一变化过程。从传统的保护方法的角度，对于民居建筑，甚至村落古建筑群都有可能采用赎买的方式，采用传统的专业保护管理方式，但对传统村落，对像哈尼梯田和景迈古茶林这样的对象，没有当地社区的参与，没有传统生产和民俗体系的延续，没有传统价值观的支撑，对它们的保护是无法实现的。文化多样性的保护不仅仅是依靠对物质遗存的保护，它更需要作为构成这一文化组成部分的社区和公民的参与并发挥核心的作用。从中国的角度看，被列入世界遗产名录的哈尼梯田、鼓浪屿是这样，正在申报世界遗产过程中的景迈古茶林也是如此；从世界的角度看，1992 年文化景观作为一种文化遗产的类型被纳入世界遗产的申报体系，1994 年《奈良真实性文件》强调文化多样性语境下的真实性标准，再到 2012 年在庆祝世界遗产公约颁布 40 周年时，联合国教科文组织把菲律宾的维甘古城评为世界遗产保护的最佳案例，这些都反映了遗产保护的发展趋势。

从世界的角度看，注重把原本被人为分割了的可移动文物与不可移动文物、物质和非物质遗产、文化与自然遗产重新融合为一个整体；把原本被保护的遗产，转变为推动人类可持续发展的积极力量，把遗产所承载的传统文化的智慧，融进今天人们的社会生活中。活态遗产概念的提出把社区与遗产结合在一起，使原本受到保护的处于被动状态的物质遗产能够与社区的文化传承融为一体，使被动的保护转化为更为积极的传统文化的延续和传承。事实上，对文化多样性而言，人是最重要、最核心的载体，离开人和社区的传承，物质遗存所能保存的仅仅是对文化多样性的记忆。

从中国的角度看，我们同样处在一个遗产融合与跨越的过程中，这个过程不仅反映在从文物保护向文化遗产保护的跨越，反映在保护观念的变化，从相对封闭的价值认知体系向更开放的价值认知体系的突破，从单一的专业修缮到与城乡发展相融合，从专业保护力量单打独斗到社会各方面的共同努力，从被动的保护到让文物活起来，发挥更为积极的社会功能和价值。这种发展已完全和世界的发展融为一体，尤其是中国的大量实践不仅为中国的遗产保护创造了更多的可能性，也为世界提供了中国的经验。

对遗产的认知促进了人们对人类文化多样性的认识和理解，促进了文化间的相互尊重，进而促进了对人类命运共同体和需要共同面对未来挑战的理解。对遗产的认知和研究不仅促进了社会对遗产价值的理解，促进了社会参与遗产保护实践，同时也促进了对遗产所承载和表达的传统文化的认知、体验和传承。新的文化创意产业从遗产中提取传统文化的要素，把传统文化与当代生活更为紧密地结合在一起，赋予遗产新的生命力，也促进了新的产业发展，是促进社会可持续发展的重要方面。

遗产的保护、传承、促进可持续发展，构成了关于保护理念、技术、科学的新探索，成为社会教育的重要途径，影响了新的产业发展，它带来了知识的融合、新的观念和技术。今天的遗产保护充满了“新知”。《遗产新知文丛》从多种角度讨论遗产保护的问题，带给我们关于遗产的新的观念和体验，促进我们理解当代遗产保护与文化传承多样而复杂的发展。希望这套丛书能够使更多的读者去传播遗产保护、传承的思想，参与遗产保护、传承的实践，为当代可持续发展注入更多的传统文化精神和智慧。

吕　舟
2020 年 3 月

前言
PREFACE

1989年，我出生在川南的一个小镇。那光滑透亮的青石板路串起的幽长古巷，两边分布着高低起伏、错落有致的小青瓦房，后面山林里充斥着聒噪的蛐蛐叫声和嘹亮的蝉鸣……一幅幅充满乡土气息的画卷，一幕幕世代相传的风土人情，让我与乡土建筑结缘。尽管后来远离家乡，但许多记忆仍未抹去，因此时常与家人游历诸多各有特色的古镇、古村，寻找那一份乡愁。这些古镇、古村有的隐藏在深山之中人迹罕至，有的却在商业运作之下人流涌动。前者，虽然街道上近六成的门窗紧闭，只有个别理发店还有零星的老顾客，杂货店经营着一些本地的土特产和日常生活用品，诸多构造精巧的房屋由于年久失修已破损，但这种萧条让我感受到了历史的真实感与厚重感。至于后者，华丽恢宏的建筑群，由远及近的吆喝售卖声，反而让我感到莫名的焦虑。总想让它们回到时光的原点，延续那时的记忆。

2013年，我开始在北京林业大学园林学院攻读博士学位，那种挥之不去的乡土情怀驱使我毅然选择建筑遗产保护作为论文研究方向，由此开始续写我与乡土建筑的故事。2015年，我获得公派留学去美国亚利桑那大学文化遗产保护中心交流学习的机会，这给了我一个更广阔的视野去研究建筑遗产保护。除了在图书馆翻阅诸多史料外，我也游走于美国各地调研乡土建筑保护成果。去过美国伟人成长过的老宅，游历过美国建筑保护史中有着浓墨重彩的城市——查尔斯顿，也走过美国的母亲路——66号公路，更多的是感知了我长时间生活学习的不平凡的城市——图森。通过感性的认知和理性的思考，渐渐翻开了这个国家丰富多彩的乡土建筑保护史，并将研究成果整理成书。我在本书中对美国乡土建筑保护的理论与实践进行了系统的分析与归纳，探寻保护历程中成功的经验与失败的教训。他山之石可以攻玉，希望本书可以对我国的同类工作提供借鉴。

本书的出版，首先要感谢导师董璁教授对我的选题和研究方法的指导，也非常感谢清华大学罗德胤教授对我研究成果的肯定，并收入《遗产新知文丛》。同时还要感谢亚利桑那大学的 Jeffery Brooks 教授，在我留美学习期间给予我的指导与帮助，还有诸多在美国的亲朋好友，给予我的帮助使我终生难忘。

作　者

2021 年 10 月

目录
CONTENTS

第一章
绪 论

第一节 核心概念认知

一、乡土建筑

1. 乡土建筑的定义

对于“乡土建筑”概念的剖析需要借助美国乡土建筑研究领域中两个主导的理论——历史传统论（Historical Tradition）与文化传统论（Cultural Tradition）。历史传统论是通过研究社会结构模式、经济差异和工艺传统，来分析推动建筑细节变化的动因。文化传统论恰恰相反，是先通过类型学、统计学或地理学等方法对建筑进行分析，来探寻宏观的模式、共同的价值观和普适的认知。① 基于这两种理论引申出了对乡土建筑的不同理解方式，也就对应了“否定”与“肯定”的定义。

诺曼·艾沙姆（Norman Isham）作为历史传统论的奠基者之一，所著的《早期罗德岛住宅：历史和建筑研究》是美国建筑史中被忽视的经典著作。这本书看上去是殖民复兴的产物，但更应该将他的工作看作比普通文物图像研究更为深入的分支，实际上滋养了殖民复兴。艾沙姆痴迷于十七世纪新英格兰的乡土住宅，认为这一时期的建筑虽然看起来有些简陋和粗糙，却具有都铎或晚期哥特式建筑的魅力。② 这种观点反映了早期殖民地复兴偏爱十七世纪的建筑，也与十八世纪风景画派（picturesque）理论中异域风格和原始主义产生着共鸣。这种观点还将艾沙姆与哥特复兴与其后的工艺美术学派（Arts and Crafts）联系在了一起。艾沙姆从哥特复兴中继承了直接的田野调查以及详细的测绘研究方法。受英国工艺美术的影响而强调本土的（domestic）建筑形式，等同地看待十七世纪的乡土建筑和哥特建筑，相信工业化前的劳动系统正是中世纪手工艺传统的优越性根源。艾沙姆的大部分工作致力于研究平面形式和结构体系的发展演变，不是很注重装饰，完全不在意风格，这使他与以视觉为主导的安妮女王式和殖民地复兴建筑大不相同。

---

① UPTON D. Outside the academy：A century of vernacular architecture studies，1890-1990[J]. Studies in the History of Art，1990（35）：199-213.

② ISHAM N M. Early American houses：the seventeenth century[M]. New York：American Life Foundation，1968.

亨利·墨涩（Henry Mercer）是早期乡土建筑研究的另一位奠基者，他的注意力从原住民考古转向传统工匠的工具和原木住宅。[①]墨涩通过建模把哥特复兴的建筑技术应用到美国乡土建筑。墨涩最重要的成就在于打破了“旧的偏见”，不认为只有所谓的“上层阶级”的作品才值得研究。哥特复兴的传统造就了他的品位，也表现出他对工业时代丑陋产物的不满。

文化传统论的奠基者是人类学家刘易斯·摩尔根（Lewis Morgan）在对美国本土文化进行了30年的研究后出版了《美洲土著民的住宅和住宅生活》。摩尔根认为住宅的本土化布局反映了文化演变的过程，能够反映人类从野蛮到原始再到文明的过程。[②]不同的是摩尔根试图用建筑来解释印第安人的社会结构，这与艾沙姆的推导过程是相反的。

第一代学者们的贡献是巨大的，在方法上教导后人关注建筑技术和实地调研；在态度上表现出对异域风格、原始主义和本土主义的偏爱，这种影响延续至今；最重要的是他们系统地认识到建筑是社会实践的一种表现，并且强调“空间类型优于视觉类型，使用优于设计”（Spatial type over visual style，use over design）。“乡土建筑”这一术语在这一时期还没有出现，这一代学者也没有从类型上与其他殖民地建筑进行区分，他们把这些简陋建筑看作英国传统的产物，受限于艰苦的生存条件和贫困的经济状况，在移植到北美时做了一定的改造。

第一次世界大战结束后，文化传统论的研究引入了人种学和地理学的方法，金博尔（Fisko Kimball）正是推动者。他在《美洲殖民地和早期共和时期的本土建筑》一书中指出“十九世纪农民简陋的住宅是古老建筑传统的碎片，而非受贫困所限的拼凑”，并且认为“十八世纪初学院派建筑的出现，使设计重点由功能考虑转向了纯粹的形式。”[③]金博尔认为乡土建筑是以功能而非审美为基础，因此将其排除在学院派之外，自此也标志着乡土建筑成为建筑学一个独立的分支。在金博尔看来，乡土建筑是一种无名的、无法区分的背景，是普通人的生活场所，正是在这些建筑的衬托下才有了所谓独特的建筑。

文化传统论在二十世纪三十年代发展出了历史地理学模式，关注任何时期都

① MERCER H C. Ancient Carpenters' Tools：Illustrated and Explained，Together with the Implements of the Lumberman，Joiner，and Cabinet-maker in Use in the Eighteenth Century[M]. New York：Courier Corporation，2000.

② MORGAN L H. Houses and house-life of the American aborigines[M]. Washington，D.C.：US Government Printing Office，1881.

③ KIMBALL F. Domestic Architecture of the American Colonies and of the Early Republic[M]. New York：C. Scribner's Sons，1922.

带有“早期”文化特点且没有发生变化的建筑，如原木住宅正是明显有别于快速变化的学院派与流行的建筑形式。在四十年代发展出了“普通建筑”模式，关注的对象范围更加广泛。约翰·考恩霍文（John Kouwenhoven）的《美国制造》，描述了工业时代如按照样板图册进行建造的住宅也是一种美国的民俗艺术，可以成为了解美国文明的线索。[①]杰克逊（J.B. Jackson）也是这一模式的代表学者，他通过自己创办的《景观》杂志对美国当代的乡土景观进行评论。他常用类型学来分析乡土景观，并认为它代表了普通经验和集体思维，[②]评论同样立足于学院派之外。

基于历史传统论与文化传统论，对应了两种对乡土建筑的定义模式。

第一种是否定的模式。这种模式的基础是基于金博尔提出的“乡土学院二分法”，认为乡土建筑不属于学院派建筑传统，因此包含所有不符合正统传统的建筑，不仅仅包括民间住宅，还包括开发区住宅、路边快餐建筑等，涵盖范围十分广泛。见图 1-1-1。

图 1-1-1　十七世纪的农舍、二十世纪的民宅和路旁快餐建筑

第二种是基于历史传统论的肯定模式。这种模式认为乡土建筑是一种直接从社会和文化进程中生长起来的建筑（grows directly out of social and cultural process），用艾沙姆的话说即“对应于某种思想和生活方式”的产物。由于这种模式更强调问题而非类别，因此比“乡土学院二分法”所能涵盖的范围更广。如果通过分析推动建设文艺复兴宫殿的社会经济基础、理查德森式罗马风出现的社会背景，或推动莱特创造草原住宅的潜在社会动力，乡土建筑历史学家的研究对象甚至可以包含艺术史中最神圣的一些对象。见图 1-1-2。

① KOUWENHOVEN J A，Van Doren M. Made in America：The Arts in Modern Civilization[M]. New York：Doubleday，1948.

② JACKSON J B. The Westward Moving House：Three American Houses and the People Who Lived in Them. In，Erwin H. Zube，Ed[J]. Landscapes：Selected Writings of JB Jackson，1970：10-42.

图 1-1-2　商业仓储建筑（理查德森）、礼堂（沙利文）、流水别墅 (莱特)（李雨熙 摄）

加州伯克利大学建筑学院的戴尔·厄普顿（Dell Upton）教授指出现今关于乡土建筑的定义大多不太令人满意，他自己也尽量避免对乡土建筑进行定义。他认为很多人已经针对乡土建筑最必要的历史核心部分进行了定义，特别强调了社会进程与设计和建造的关系，但大多数定义无法挣脱附加的感情和历史偶然性的局限。附加的感情在于始终不能超越乡村和本土的局限；历史的偶然性在于难以摆脱崇尚异国情调和原始风格的粗陋美，这导致遗漏并忽视了乡土建筑的广阔内涵。他指出，“当文化发展过程中被误导的、单一的和等级分明的模式，被更真实、更多元的模式所替代时，金博尔的‘乡土学院二分法’就已经完成了使命。到那时乡土建筑学将不再存在，剩下的只是更广泛和更真实的建筑史”。[①]“否定”与“肯定”的概念界定方式见图 1-1-3。

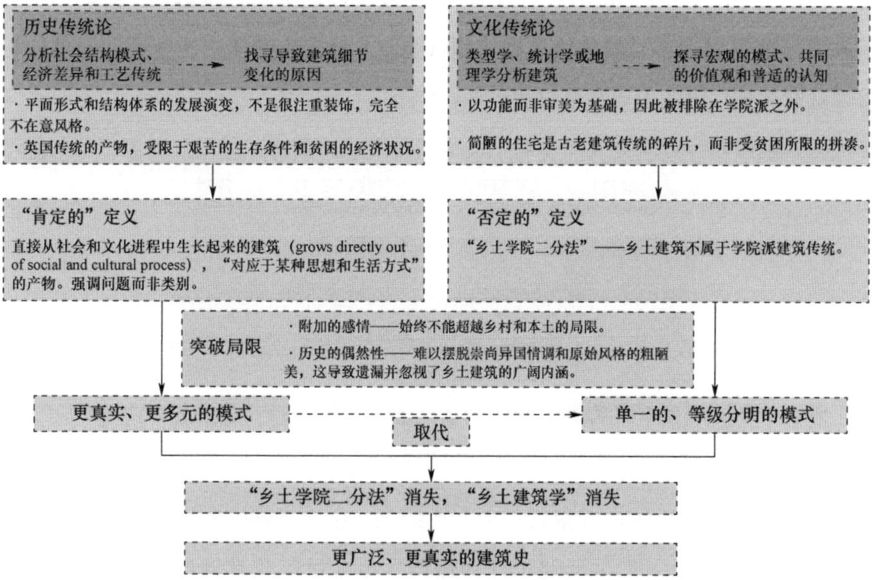

图 1-1-3　乡土建筑的定义分析

在很多学者的努力下，已经开始逐步突破乡土建筑研究领域的局限。不再

① UPTON D. Outside the academy：A century of vernacular architecture studies，1890-1990[J]. Studies in the History of Art，1990（35）：199-213.

只强调工业化前和少数种族的建筑，也不再痴迷于地域性，开始以学科交叉（interdisciplinary）的方法，更准确地说是多学科（multidisciplinary）的方法对乡土建筑进行研究。现在，乡土建筑的研究已经有了承上启下的特点、合法和明确的框架，跨越了以前看似不可逾越的鸿沟与邻近学科建立密切的联系。如《乡土建筑的新联系》一文，将新式建筑（high-style）与乡土建筑、城市建筑与农村建筑、建筑与其所在语境，以及人和建筑联系在了一起。[①] 本书所论述的乡土建筑正是基于肯定模式的定义，因此乡土建筑的保护史也可以看作更加全面且真实的建筑保护史。

2. 以传统聚落的视角看乡土建筑

曾经有学者做过一个非常形象的比喻，将聚落中的街道比作人体的骨骼决定着聚落的构架，将其中的建筑比作肉体决定着聚落的形态。“聚落”是“建筑”赖以生存和发展的基础，“建筑”是“聚落”的组成单体也是最直接的体现。“聚落”强调整体，“建筑”强调个体。审视建筑保护的历史不难发现，人们在最初的保护中往往只关注单体建筑，最早也是最常见的方法就是对某一座建筑进行挂牌保护，而对建筑所处的语境不管不顾。后来在意识到语境的重要价值后，才出现了保护街区乃至整个城区的理念。从“聚落”与“建筑”的空间载体切入，就囊括了介于单体与整体之间不同的建筑空间类型（图 1-1-4），也希望由此审视针对单体与整体对象保护理念的发展演变过程。

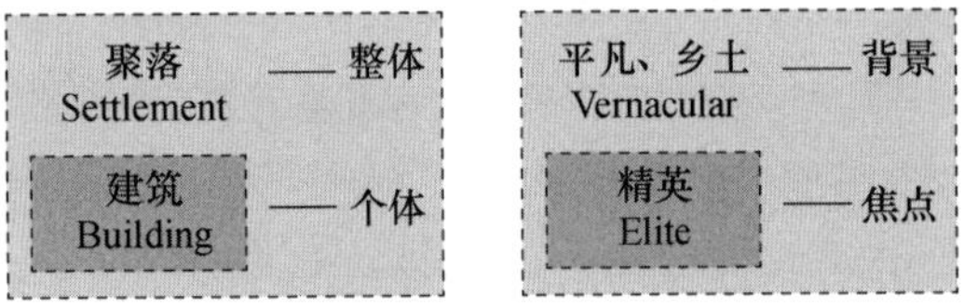

图 1-1-4　聚落与建筑的关系

对于“传统聚落”的理解，需要将这一词组进行拆分，分别就“传统”和“聚落”进行剖析。

对人类聚落的系统性探索始于十九世纪末，由人类学家和地理学家主导。地理学将聚落定义为人们生活和工作的城市、镇、村落或其他建筑聚集地。[②] 美

① GROTH P. Making New Connections in Vernacular Architecture[J]. Journal of the Society of Architectural Historians，1999，58（3）：444-451.

② DUTTA B，GIUNCHIGLIA F，MALTESE V. A facet-based methodology for geo-spatial modeling[C]//International Conference on GeoSpatial Sematics. Springer，Berlin，Heidelberg，2011：133-150.

国地质调查局（USGS）定义了三种类型的人类聚落：聚居型聚落（populated place）——有永久性居民的地点或区域，其中包含聚集或分散的建筑，如市、镇、村等。虽然没有法律意义上的边界，但可能与相应的行政型聚落边界相同。行政型聚落（civil）——基于政府的管理目的行政区划，如自治区、县、村社等。统计型聚落（census）——统计局因普查所需而进行的区划。[①] 由于这几种定义都是应对于不同的需要而产生的，因此会有一定的区别，且至今国际上都没有出现所谓公认的定义和分类标准。虽然定义与分类各有不同，但其主旨内涵是相同的。所有聚落都经历了漫长的历史发展过程，受地理、社会、经济、文化等多方面的影响，而最终呈现出不同的结果。概括地说，聚落即是有组织的人类定居点（organized colony of human beings），包括生活和工作的建筑，以及具有交通功能的道路和街巷，规模可大可小。

传统聚落”中，“传统”一词更加核心。如果要研究当今应该如何保护传统聚落，则必须分析不同时代、不同语境下人们对“传统”的认知。近年来，以传统住宅和聚落环境研究学会（TDSR）与国际传统环境研究学会（IASTE）为代表的学界对“传统”展开了深入的研究，探讨的问题从建筑学到人类学再到文化领域。

学者托马斯·格林（Thomas Green）指出，“传统是被传递下来（passed down）的一种信念或行为”[②]。这一定义被维基百科引用，也正是我们通常接受的概念。拉波波特（Amos Rapoport）认为“传统”被广泛地使用和描述，但很少被明确地定义，因此常常被暗示。他将这些隐含的定义归于一系列属性，这些属性可以用于在一个给定的环境中测试“传统”的程度。他承认许多属性是互斥的，可能不适合并存于同一个给定的环境中，但他提出的这种属性可以识别什么是传统和什么不是。段义孚（Yifu Tuan）的观念与拉波波特相似，他指出传统最主要的组成部分就是“束缚”（constraint）。认为民间社会的特点就是选择的有限性，这是受制于宗教习俗、可利用资源、当地气候等因素。被束缚的空间决定了独特的文化和生态环境。这些束缚一旦构成了物质世界，与今天看似无限的选择相比，它的简单性可能更具吸引力。因此，“传统”作为“束缚”，其存在是现代性的对立面，“对传统的怀念可以被解释为我们在后现代的焦虑——因怀念以前更简单的时代而产生”。虽然这是一种创新的概念，但在定性地解释传统时，不能表达传统

① PAYNE R L. Geographic Names Information System[M]. Reston：The Survey，1986.

② GREEN T A. Folklore：an encyclopedia of beliefs，customs，tales，music，and art[M]. Santa Barbara：Abc-clio，1997.

的形成过程。

1989年出版的《住宅，聚落和传统》尝试重新架构“传统”的概念，标志着这个领域很大的进步。阿尔萨亚德（Nezar Alsayyad）在当时提到，“我们并不是为了提出一个详尽的观点，也不是要达成统一的术语或范例。事实上，我们正在寻求接受传统聚落和乡土建筑中包含的多重定义”。[①] 达成的共识之一就是“传统”绝不能被简单地看作传统静态的过去，而应该作为对现在进行动态重释的一个模型。由阿尔萨亚德所著的《传统有终点吗？》是一本经典的著作，前言就对动态传统进行了阐释：

> 自历史的开端以来，人们就一直着迷于各种终点——生命的终点、季节的终点甚至世界末日。其实一个结局紧接着下一个开端，破坏也时常是建设或重建的先决条件，特别是某些被关注的建筑环境。实际上传统的终点并不会导致传统的死亡，只是我们习惯性地这样认为。

“传统”一词起源于拉丁文动词“tradere”，意思是“传递”（to transimit）或是“把东西给另一个人”（give something over to another）。[②] 这也说明了传统是在一代代人之间被操作和被嵌入式传送的，表明面对“回到那时”的静态传统只是现代思想的产物。罗伊（Ananya Roy）进而指出“传统的终结是指用传统的思维来思考传统的终结”。卢格霍德（Janet Abu-Lughod）提出了“消失的二分法”——不再认为乡土环境是处于危险之中这一固有的观念，批判了传统聚落和乡土建筑研究领域中的这一基本原则。他认为今天空间、地点和社会形式之间的一致性在减少，东方和西方旧的空间特点不再有意义；提出不应该滥用“传统”的概念来加强或保持传统形式的统治[③]；指出应该考虑现在分词的“传统”（traditioning），提醒我们应该更加注意聚落和建筑被创造的过程，而不应只关注形式或结果；对从特殊地域、特殊环境中识别出的传统提出质疑。见图1-1-5。

---

① BOURDIER J P，ALSAYYAD N. Dwellings，Settlements，and Tradition：Cross-cultural Perspectives[M]. Lanham：University Press of America，1989.

② BRONNER S J. The Meaning of Tradition：An Introduction[J]. Western Folklore，2000，59（2）：87-104.

③ ABU-LUGHOD J. DISAPPEARING DICHOTOMIES：FIRSTWORLD-THIRDWORLD；TRADITIONAL-MODERN[J]. Traditional Dwellings and Settlements Review，1992：7-12.

图 1-1-5 死去的和活着的传统聚落（黄川壑、陈光浩 摄）

因此，现在来看保护传统聚落的关键不应该仅仅思考如何保护从历史遗留至今的物质形态，而更应该关注传统形成的过程，以及如何将传统动态延续到未来。本书研究的乡土建筑与传统聚落的保护不仅关注于能够检验传统的属性，也是在关注动态传承这些属性的过程。因此传统聚落的定义就涵盖了从古代传承至今的单体建筑、建筑群、街区、村镇、城市等一系列不同规模、不同类型的人类定居点。

二、美国的保护

（一）保护的定义

关于建筑保护的起源需要从“保护思想”也就是“保护本能”的起源说起——理论上可追溯至第一个人试图控制他不希望的变化发生在他居住的建筑中时，这是早期人们为了让建造的建筑长久被使用而产生的一种想法。建筑的保护被定义为通过精心规划的干预措施对人类建成环境的材料、历史和设计完整性进行保护的过程。[①] 由于建筑遗产属于物质文化遗产的一种形式，因此建筑的保护属于更大、更多样化文化遗产保护领域的一部分。本书的研究对象——“乡土建筑”保护的理论与实践在文化遗产保护的视野下可以被很好地认知和理解。相关概念关系见图 1-1-6。

① WEAVER M E，MATERO F G. Conserving buildings：guide to techniques and materials[J]. Apt Bulletin，1993，25（3/4）：79.

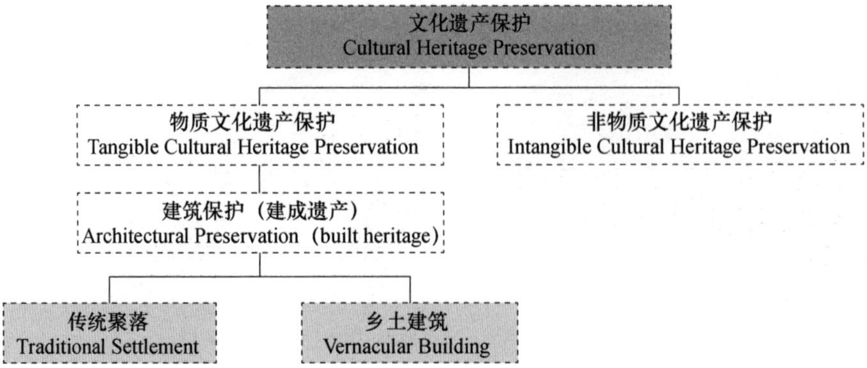

图 1-1-6　核心概念关系

“保护”在英语中常有两个对应词——“preservation”与“conservation”。在欧洲国家没有强调这两个词的区别，只是习惯于使用后者。但在美国往往会强调两者的区别，且更倾向于使用前者。美国的保护专家科鲁南（Michele Cloonan）对两者的定义进行了详细的研究与界定，认为“preservation”不仅包括处理保护对象本身衰败、老化的结果，还需要从根源出发应对致使其衰败的原因，旨在包含从原因到结果的整体保护理念；“conservation”则只关注如何处理退化和衰败的结果。[①] 因此在美国，“preservation”的视野更为广泛。

（二）美国的先进性

1. 前车之鉴，后事之师

美国的城市化进程早于我国，意识到问题并且积极采取措施来应对也较早。二十世纪五六十年代的城市更新对美国的建筑遗产造成了重创，之后采取的行动便是对之前不理智行动的反思。今天我国城市中的发展模式正类似于美国当年的城市更新阶段。从这一角度来看，研究美国经历的失败可以起到警示作用，其取得的成功又具有借鉴作用。

2. 源于欧洲，自成体系

美国文化源于欧洲，建筑保护的理念也有着来自欧洲的影响，但由于不同的历史背景和发展历程，产生了有别于欧洲且独具特色的保护体系。与大多数国家源于政府主导的保护不同，美国的建筑保护始于意识先进的民众。之后的保护立

① CLOONAN M. The Boundaries of Preservation and Conservation Research[J]. Libraries & the Cultural Record，2011，46（2）：220-229.

法、保护政策等也都基于人们的实际需求而不断修改和完善。因此，美国的经验对我国的同类实践具有十分重要的借鉴与启示意义。

3. 理论引领，实践引导

美国的建筑保护体系历经长时间的发展已相对成熟和完善，在国际舞台上的重要角色也使得美国成为该领域的引领者之一，具有很强的模范性作用。

美国主导着国际保护组织的创建。二战后，联合国（UN）的成立促使很多国际化组织来应对特殊领域的问题，联合国教科文组织（UNESCO）就是其中之一。美国对 UNESCO 的建立、领导和财政支持有绝对的主导力。联合国教科文组织的文化遗产部门也成为美国和其他国家之间的战略联系枢纽。后来，该部门也推动了国际文化财产保护与修复研究中心、国际古迹遗址理事会（ICOMOS）的建立，促使各国达成《世界遗产公约》（World Heritage Convention）。此外，最具影响力的是美国对保护标准和导则的制定做出的贡献。国际上通用的文件正是采取了美国历史保护体系中所使用的“宪章”（charter）、“建议”（recommendation）、“标准”（standards）等形式，被广泛认为是最好的保护实践。1976 年于波兰华沙制定的《历史城镇宪章》（Historic Towns Charter），也得益于美国专家的重要贡献。美国当地、州、联邦层面的保护实践成为宪章制定的重要参考。同年，美国主导着新的《世界遗产名录》标准的起草。[①]

第二节 保护的历程与范例

为了对美国乡土建筑的保护有比较全面的把握，必须深入研究不同时期的保护理论与实践。美国的建筑保护始于十九世纪，至今已发展了两个世纪。面对时

① STIPE R E. A richer heritage：Historic preservation in the twenty-first century[M]. Chapel Hill：Univ of North Carolina Press，2003.

间长河中数量众多的案例，如编年史般逐一研究是不可能的。因此首先需要将这段历史划分为不同的阶段，在不同阶段中寻找可以作为分析研究的对象。根据建筑保护的几次里程碑式事件，大致可以将这段历史划分为三个阶段。从早期的保护运动到二十世纪初第一部联邦历史保护法（《古物法案》）的颁布，可以划分出第一个阶段。二战后历史保护最大、最权威机构（国民信托）的建立，可划分出第二和第三个阶段。

一、保护历程

起始期——十九世纪至二十世纪初。美国早期的保护运动始于殖民历史较为悠久的地区，也就是南方的弗吉尼亚和北方的新英格兰。这两个区域的历史文化资源也十分丰富，并且其不同的文化背景导致保护运动呈现出的特点与发展轨迹也有所不同，南方主要是贵族传统的“骑士文化”，北方主要是“清教文化”。

美国乡土建筑文物的保护工作最早可以追溯到马萨诸塞历史协会获得的“一把古典风格的椅子”。① 之后的保护对象拓展到乡土建筑遗迹，如 1834 年罗德岛历史协会获得了纽波特十七世纪可丁顿住宅的窗户。② 对乡土建筑的保护可追溯至 1850 年，纽约州议会购买了建于 1750 年、曾作为华盛顿总统军事指挥部的哈斯布鲁克住宅。③ 后来这座房屋被保护以重现独立战争期间的场景，作为国内第一座历史博物馆向公众开放。1853 年，弗农山女士协会通过筹集 20 万美元，成功地获取了华盛顿总统旧宅的所有权，进而对其进行保护和修复，这一实践无疑是这一时期影响力最大的。与华盛顿总统有关的物品在人们不懈的努力下逐一被寻回，并且陈列在室内进行展示，希望对前来参观的人们达到教化的目的。弗农山的保护方式以及弗农山女士协会都成为很多保护组织的模板，特别是南方影响力最大的弗吉尼亚古物保护协会（Association for the Preservation of Virginia Antiquities）。在此背景下，人们投入了拯救其他“名人建筑”的浪潮，如林肯总统的旧宅、托马斯·杰弗逊的旧宅、亨利·哈里森的旧宅等，保护者们纷纷打着“第二座弗农山”的旗号，号召人们的响应。

---

① SAUNDERS R H. Collecting American Decorative Arts in New England[J]. Part II，1876，1910：754-63.

② HOSMER C B. Presence of the past：A history of the preservation movement in the United States before Williamsburg[M]. New York：G. P. Putnam's Sons，1965.

③ BARCK D C. The First Historic House Museum：Washington's Newburgh Headquarters [J]. Journal of the Society of Architectural Historians，1955，14（2）：30–32.

与南方致力于拯救名人建筑不同，北方新英格兰地区的人们最开始致力于保护城市中的公共建筑，如旧南会堂、布芬奇州政厅、公园街教堂、波士顿图书馆等，显示了历史保护中的“市民化”特征。后来，保护者的视野拓展到保护与广大民众生活有关的乡土住宅，这得益于美国早期最重要的保护者威廉·埃伯顿（William Appleton），以及由他创建的新英格兰古物保护协会（Society for the Preservation of New England Antiquities，SPNEA）。埃伯顿对于建筑保护的视野、理论、管理和运作方式的成熟都起到了重要的推动作用，成为美国现代保护理论的基础。最重要的是，埃伯顿发展了历史住宅博物馆（Historic House Museum）修复的理念和方法，使其成为美国早期建筑保护的主要模式。

综上，作者将十九世纪到二十世纪初划为美国历史保护的第一个阶段——“起始期”。

发展期——二十世纪上半叶。在起始期建立的基础之上，美国的建筑保护在二十世纪二三十年代得到了快速的发展，其间也出现了一些里程碑式的重大事件。威廉斯堡曾经是弗吉尼亚的首府，在殖民史中有着辉煌的过去。1926 年，试图将这一城市带回十八世纪的想法在美国是史无前例的，也是第一次将整个街区作为保护对象。一方面，洛克菲勒财团对这一项目给予了大力支持，包括资金和技术人员的投入。另一方面，也标志着美国建筑保护的专业化开端。修复过程严格基于对历史的考证和真实性。正如古德温所说，“我们研究了所有在欧洲以及美国的相关文献”。虽然这不一定绝对真实，却表明了当时严谨的学术态度。

重建威廉斯堡取得了巨大的成功，其建筑、庭院和室内装修风格都反映了那一时期美国人的品位，也很快成为美国最具吸引力的旅游点之一。在其影响之下，更多的私人慈善家促进了这类保护形式的发展，如亨利·福特投资创建格林菲尔德村，还有纽约的农场博物馆和迪尔菲尔德村等。这一类博物馆村镇成为美国保护史中第二种重要的保护形式——户外博物馆（Outdoor Museum）。一方面，保护者开始展示更广泛的、更重要的，也可能是他们认为被忽略的历史，如日常的历史。另一方面，这类保护实践的教育功能变成十分重要的部分，保护者希望通过这些博物馆对参观者进行实质的教育。

可能得益于户外博物馆中将整个街区视为保护对象的“整体观”，人们的视线继续扩大以包含更大的老城区，试图保存这些城市社区中的历史遗产，因而也促进了历史区域保护理念的形成。1931 年，查尔斯顿颁布了美国的第一部历史区域保护条例（Historic District Zoning Ordinance），同时建立了建筑审查委员会来监管历史区域内建筑外观的改变。虽然最初颁布的保护条例并不具有强大的管制权，但从这一时期开始逐渐建立了历史保护的法律基础。美国的联邦政府并非中央集权，因此美国的历史保护也不是中央集权式的活动。联邦政府通过授予各州对历史财产的管制权，各州再对地方政府进行授权以实施具体的保护行动。可以说今天美国历史保护的成果之所以丰富多彩、各有千秋，正是由于这些历史资源都是各州和各地政府合作保护的结果，因而也最具地方特色。也是从查尔斯顿的实践开始，历史保护与区域规划产生了密切的联系。后来，查尔斯顿老城的保护模式被许多城市效仿，路易斯安那州的新奥尔良（1937）、弗吉尼亚州的亚历山大（1946）、北卡罗来纳州的温斯顿塞勒姆（1948）以及加州的圣巴巴拉（1949）等。在不断的发展和完善下，在 1990 年形成了美国历史区域保护的共识，称为《查尔斯顿原则》(Charleston Principles)。

综上所述，作者将二十世纪上半叶划为美国历史保护的第二个阶段——“发展期”。这一期间的一系列实践和理论研究不断拓展着历史保护的视野，也使得建筑保护的思想和方法初步形成，奠定了美国现代建筑保护体系的基础。

成熟期——二战后至今。二战结束后，美国的经济空前繁荣，进入了快速发展期。1949 年，美国最大的保护组织——历史保护国民信托（National Trust of Historic Preservation）成立。同年，联邦政府颁布的《住房法案》拉开了城市更新的序幕。在这一过程中成千上万的历史建筑被摧毁，历史文化遗产遭遇了一场浩劫。可能正是因为触目惊心的破坏才激起了人们的保护意识与行动，在此期间的历史保护取得了很多重大成果，终于由发展走向成熟。

保护体系的建立。面对城市更新留下的废墟，联邦政府终于颁布了一套全国性的、有史以来影响力最大的立法——《国家历史保护法》(National Historic Preservation Act)。《国家历史保护法》最主要的成果就是建立了国家历史场所登录制度与历史保护咨询委员会。前者关注保护对象，定义着“应该保护什么”；后者是对保护活动进行监管的机构。《国家历史保护法》也建立了清晰的“联邦—州—地方”三层保护体系，并明确了各级政府机构的职能。

保护理论的成熟。二十世纪六十年代，美国与国际保护领域的合作越来越密切，在综合英国、法国、意大利等国保护理念的基础上，总结出了适合本国语境的方法论——《内政部历史财产的处理标准》(以下简称“《内政部标准》”)，同时也建立了与之配套的导则，旨在指导业主正确地运用这些保护标准。

保护的市场化发展。这一时期的法律对历史保护的态度也发生了根本的转变，由一开始鼓励拆旧建新变为鼓励旧建筑的再利用。改革税务制度对老建筑适宜性再利用提供经济激励，因而出现了历史建筑再利用的热潮。一方面历史保护成为有利可图的产业，许多商家通过大规模的改造和适宜性再利用来谋求利润；小企业主开始有计划地修复一些旧建筑，用于个体经营或再出售；个人开始对老建筑进行修缮作为自己的住宅。另一方面，获取经济激励的必要条件就是对老建筑的修复必须满足《内政部标准》，这也是指引保护实践沿着标准化、系统化发展的根本。这一时期，城市中衰败的商业区成为被关注的对象，国民信托推行主街计划（Main Street Program），旨在通过将现代商业中心的管理理念应用于城镇中的历史性商业区，复兴经济的同时修复历史环境。在很多城市的实践之下，总结出一套在 10 万人以下的城镇中商业中心复兴的方法。后来，这些成功经验开始在大城市中推行。

保护视野的拓展。二十世纪七八十年代，历史保护的视野在不断拓展，对文化景观理念的讨论将乡土建筑、工业遗产和自然资源等与历史保护联系在了一起。对“近期历史”的讨论，使得一些年轻的财产也成为被关注的对象，甚至是一些一贯被保护者视为敌对的对象，如郊区、公路等。对这些对象的保护也成为富有美国特色的历史保护新方向。同时，由于对多元文化的关注，美国开始重视少数种族的遗产，如印第安人的历史遗产。正是在少数种族遗产的保护过程中意识到非物质文化遗产的重要性，民俗文化、口述历史等项目都被纳入保护计划，这也顺应着国际上的发展趋势。

综上所述，可以将二战后至今确定为美国历史保护的第三个阶段——“成熟期”。

二、保护大事件

正如美国著名的保护专家诺曼·泰勒（Norman Tyler）所说，“美国的历史保护起于自发运动，成熟于实践的总结”。因此也有很多欧洲的专家指出美国的历史保护没有什么理论，这在二十世纪六十年代《国家历史保护法》颁布前可能确实如此。泰勒还指出，“美国人在这之前没有致力于发展某一学派的理论，没有本着万事理论为先的思路，只是在实践的过程中对他国部分经验进行了借鉴，并且总是在出现问题时积极去面对问题，在成为问题前解决问题，在此过程之中摸索着经验教训”[①]。在《国家历史保护法》颁布后，美国逐渐建立了自己的方法论。由此可见，实践研究对于理解美国保护历程的重要性。因此，从实践出发，抓住与之

① TYLER N，TYLER I R，LIGIBEL T J.Historic preservation：An introduction to its history，principles，and practice[M]. New York：W.W. Norton，2000.

相关的理论也正是本书的研究思路。

一般来说，各个历史时期中同类型的保护实践中都会有某些既有代表性也有普遍性的案例，能够成为一种“范例”。因此在划分阶段后分别选取这些“范例”，紧紧抓住“理论”与“实践”两条主线对这些“范例”进行剖析。在剖析的过程中思考对我国相关实践的借鉴意义。

在“起始期”中，美国历史保护的活动主要集中于南方的弗吉尼亚和北方的新英格兰，且多起于自发的运动。首先，大多历史保护研究专家都将拯救华盛顿总统的旧居弗农山视作美国建筑保护的开端，在当时仅获取其产权就花费了 20 万美元，几乎是倾全国之力才筹集到这笔资金。到后来对其修复、展示的过程中，更是体现出严谨与一丝不苟的态度。后来由弗农山而引发拯救“名人建筑”的浪潮，并且很多历史保护协会均按照弗农山女士协会的模板成立。这一时期历史保护的社会动因是贵族们希望以拯救与名人相关的建筑来巩固和维护贵族的统治。北方新英格兰地区的保护则与之相反，大多关注公共建筑、公共空间以及乡土住宅。这也和该地区的社会历史与文化背景相关，暗含着民粹主义者的奋斗目标。总之，这一时期虽然南方和北方保护的对象、动机、方法等有所不同，但结果都促使历史建筑保存、修复后用于博物馆展示的实例遍布于美国。

因此在“起始期”中，南方的保护以拯救弗农山作为切入点，再选择一些相关的名人建筑作为研究“范例”；北方的保护中，首先以一些具有重大影响力的公共建筑作为“范例”，如当时波士顿全民奋力拯救的旧南会堂、旧州政厅等。其次选取一些乡土住宅“范例”，这也是美国第一个区域性保护组织新英格兰古物保护协会全力保护的对象。美国历史住宅博物馆的保护理念、形式方法等，对我国类似的历史建筑博物馆有可借鉴之处。

在“发展期”中，大规模地重建殖民地威廉斯堡是当时美国从未有过的保护实践，人力、经费的投入都是空前的，当然这离不开洛克菲勒财团的鼎力相助。在其影响下，许多类似的大财团、慈善家们纷纷开始创建自己的户外博物馆，一方面是为了满足自己的兴趣；另一方面也是为了彰显自身的社会责任感，如亨利·福特的格林菲尔德村、纽约的农场博物馆、斯特布里奇村等。这一时期户外博物馆保护形式成为影响力最大的保护方式。因此首先选取殖民地威廉斯堡作为“范例”，再通过几个类似的博物馆村镇作为这类保护实践的补充。户外博物馆十分类似于我国的“仿古一条街”，其中可圈可点之处可供借鉴学习。

在户外博物馆所营造的历史氛围与整体观意识的影响下，人们将保护视野投入更加广泛的历史城区，而这一时期查尔斯顿老城的保护无疑是具有里程碑意义的。其不仅拥有丰富的文化遗产，并且当地的居民也十分积极地致力于保护这些遗产。查尔斯顿于1931年颁布的历史区域保护条例是美国的第一部区域保护条例，历史保护第一次与规划手段密切结合，并且与城市的发展息息相关。查尔斯顿的保护模式相继被上百个城市模仿，后来在1990年形成历史区域保护的共识——《查尔斯顿原则》。正如有专家指出，查尔斯顿的保护实践是理解美国当代保护体系建立过程的基础，由此可见其里程碑意义。因此，查尔斯顿的区域保护模式也是这一时期的“范例”，用于探讨历史城区的保护方式。这种保护方式对我国老城区的保护具有十分重要的借鉴意义。

在“成熟期”中，美国保护体系与理论的发展日趋成熟。对于当时的理论热点，复兴城镇中心的历史保护实践——“主街计划”应运而生。主街计划是美国最大的历史保护非营利组织国民信托最成功的实践之一，运用商业中心的管理手段来复兴衰败的城镇中心。主街计划由1977年3个试点城市开始，经历了30多年的发展，成为现今覆盖了40多个州、超过1600个城镇的成熟保护模式，也形成了一套基于历史保护的商业中心复兴方法论。研究选取了试点阶段的麦迪逊和发展成熟阶段的圣马科斯作为“范例”。这两个认证的主街城市所取得的成果时常被国民信托作为模范案例进行介绍，因此不仅具有代表性，也具有普遍性意义。可以从这两个范例出发来分析主街计划这一类保护形式从提出到发展再到成熟的过程。主街计划十分类似于我国目前的“特色小镇”建设。

由于日常景观的涵盖范围十分广泛，因此越多越好的取样既不是本书的研究意图，也不是科学的研究方法。本书将亚利桑那州作为日常景观的取样点，第一是由于这是笔者生活学习了一年的地方，亲身体验较为丰富，且掌握了大量的一手资料，研究可行性较高。第二是亚利桑那州的景观、历史文化特色明显，能代表典型的美国西部以及二战后美国城市日常景观的特点。书中选取的多个历史居民区、郊区居民区的保护实践能够代表日常居民区的普遍性特征，且穿越亚利桑那州的66号公路路段可作为观察横跨美国的66号公路保护实践的缩影，能够成为审视日常景观保护的“范例”。以这三类对象入手来研究美国日常景观的保护实践是可行的，且此类保护实践重在借鉴其中涌现出的价值观与保护意识。

此外，由于印第安人群体在美国属于小众团体，其历史保护也经历了漫长的发展过程，近年涌现出一些较为优秀的保护案例。如2013年发布了印第安村落优秀保护实践，新墨西哥州的圣胡安印第安传统村落的保护正是其中之一。以这一“范例”入手可以得出今日的语境中美国对印第安文化遗产保护的态度，以此为终点往前回顾印第安文化遗产的保护历程也能够更加完整与全面。这类保护实践对我国少数民族聚落的保护具有重要的借鉴意义。

以上选取的“范例”组成了美国历史保护实践中 6 种最主要的保护形式——历史住宅博物馆、户外博物馆、历史城区、历史商业中心、日常景观、印第安传统村落，无论是空间类型还是功能类型都比较丰富，且与本书核心概念“传统聚落”与“乡土建筑”的内涵密切相关。从这些“范例”入手，由点及面地展开论述，把握其内在关联，可以较为全面地审视美国传统聚落与乡土建筑保护历程中理论与实践的发展演变。见图 1-2-1。

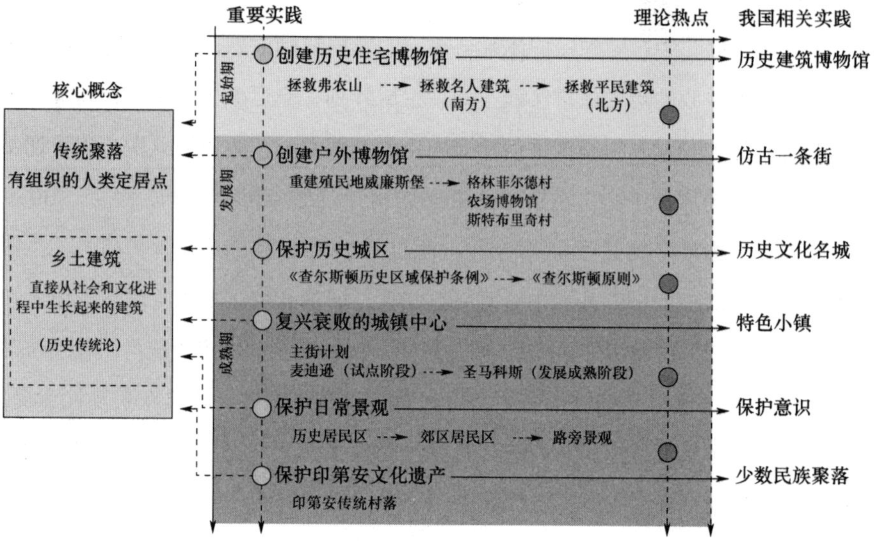

图 1-2-1　范例的选取

三、保护动因

每一次保护实践自始至终都遵循着因果逻辑关系，主要包含五大要素：“保护的对象”——保护什么；“保护的动机”——为什么保护；“保护的参与者”——谁在保护；“保护的理论”——如何保护；“政策与法规”——保护的保障。

本书研究力求对史料进行系统的梳理与精要的归纳。首先，从代表性“范例”切入进行深入分析，并辅以同类实例适当展开，把握相关性与特殊性。横向分析每一类保护实践中五大要素的发展与演变趋势，寻找推动各大要素演变的“动因”。其次，将所有类型的“范例”放置在时间序列之中，纵向分析五大要素的发展脉络并归纳特点，也就是作者试图推导的“美国经验”。

“横向推导”与“纵向归纳”的研究思路也就构成了审视美国保护理论与实践发展、演变的“框架”，对这一“框架”的推导过程就是本书的逻辑，见图 1-2-2。

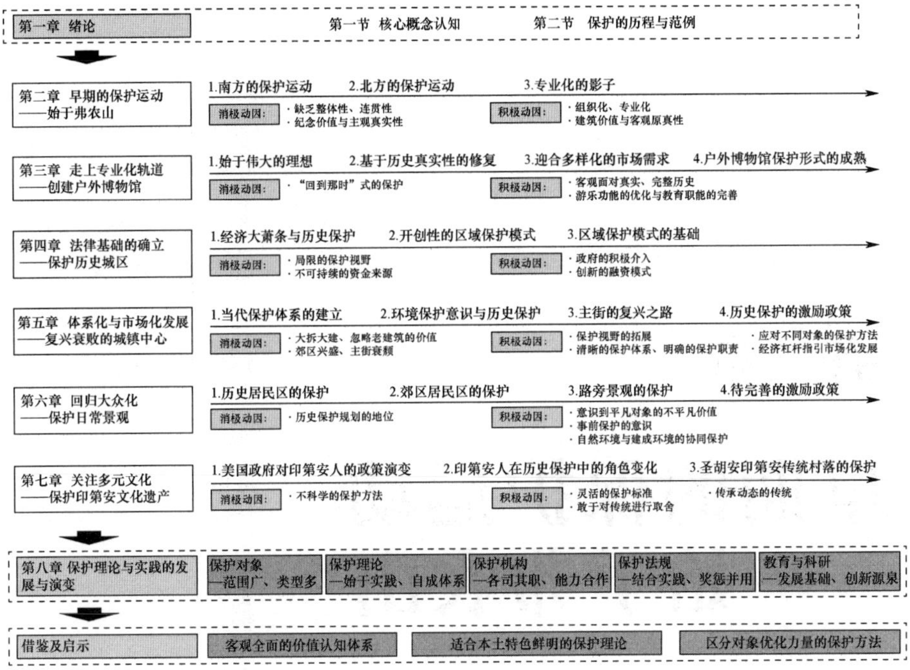
第一章 绪论
第一节 核心概念认知
第二节 保护的历程与范例
第二章 早期的保护运动
——始于弗农山
1.南方的保护运动
2.北方的保护运动
3.专业化的影子
消极动因：
·缺乏整体性、连贯性
·纪念价值与主观真实性
积极动因：
·组织化、专业化
·建筑价值与客观原真性
第三章 走上专业化轨道
——创建户外博物馆
1.始于伟大的理想
2.基于历史真实性的修复
3.迎合多样化的市场需求
4.户外博物馆保护形式的成熟
消极动因：
·"回到那时"式的保护
积极动因：
·客观面对真实、完整历史
·游乐功能的优化与教育职能的完善
第四章 法律基础的确立
——保护历史城区
1.经济大萧条与历史保护
2.开创性的区域保护模式
3.区域保护模式的基础
消极动因：
·局限的保护视野
·不可持续的资金来源
积极动因：
·政府的积极介入
·创新的融资模式
第五章 体系化与市场化发展
——复兴衰败的城镇中心
1.当代保护体系的建立
2.环境保护意识与历史保护
3.主街的复兴之路
4.历史保护的激励政策
消极动因：
·大拆大建、忽略老建筑的价值
·郊区兴盛、主街衰颓
积极动因：
·保护视野的拓展
·清晰的保护体系、明确的保护职责
·应对不同对象的保护方法
·经济杠杆指引市场化发展
第六章 回归大众化
——保护日常景观
1.历史居民区的保护
2.郊区居民区的保护
3.路旁景观的保护
4.待完善的激励政策
消极动因：
·历史保护规划的地位
积极动因：
·意识到平凡对象的不平凡价值
·事前保护的意识
·自然环境与建成环境的协同保护
第七章 关注多元文化
——保护印第安文化遗产
1.美国政府对印第安人的政策演变
2.印第安人在历史保护中的角色变化
3.圣胡安印第安传统村落的保护
消极动因：
·不科学的保护方法
积极动因：
·灵活的保护标准
·敢于对传统进行取舍
·传承动态的传统
第八章 保护理论与实践的发展与演变
保护对象
—范围广、类型多
保护理论
—始于实践、自成体系
保护机构
—各司其职、能力合作
保护法规
—结合实践、奖惩并用
教育与科研
—发展基础、创新源泉
借鉴及启示
客观全面的价值认知体系
适合本土特色鲜明的保护理论
区分对象优化力量的保护方法

图 1-2-2 本书逻辑

第二章

早期的保护运动
——始于弗农山

第一节 南方的保护运动——拯救名人建筑

一、弗农山女士协会的建立

美国建筑保护的历史已有两个世纪，其间发生了很多有趣的故事。虽然很难确定所谓的“第一次”，但是可以肯定的是早期的保护活动大多集中在殖民历史悠久的地区，主要就是南部的弗吉尼亚和北部的新英格兰。南部地区由于宜人的气候和肥沃的土地，非常适合发展种植业，因此南方人通过雇用当地廉价的劳动力大力发展种植园经济，也出现了很多贵族与大地主，他们具有很高的社会地位与丰厚的家族财产。最早的保护活动也多与这些贵族有关，历史保护成为体现他们价值观的一种途径。大部分学者都会将拯救华盛顿（George Washington）总统的故居视作美国建筑保护史的开端，公认这是第一次规模化、组织化且影响力最大的保护实践。该运动的发起者是一个种植园主的女儿——安·坎宁安（Ann Cunningham），正是她建立了美国第一个历史保护组织——弗农山女士协会。

1673年，华盛顿总统的父亲奥古斯丁·华盛顿在弗农山今天的地点建造了一座一层半的村舍。华盛顿同父异母的兄长劳伦斯·华盛顿从1741年直到1752年去世一直居住在这里。乔治·华盛顿于1754年搬入，并且在1758年开始扩建，升高了屋顶使其达到两层半的楼高，在1774年加建了南北翼楼、穹顶和露天门廊后，形成了今日所见的宅邸。华盛顿亲自监督了每座房屋的建造与改造，他的设计表达了作为弗吉尼亚的种植园主，以及最终作为一个国家领袖的品位。艾沙姆绘制的草图描绘了弗农山从村舍发展成今日所见宅邸的过程（图2-1-1）。[①] 除了建筑，华盛顿也主导了庭院的景观设计。他采用了不那么正式、更自然的十八世纪

① JOHNSON G W，WASHINGTON G. Mount Vernon：The Story of a Shrine：an Account of the Rescue and Rehabilitation of George Washington's Home by the Mount Vernon Ladies' Association：Together with Pertinent Extracts from the Diaries and Letters of George Washigton Concerning the Development of Mount Vernon[M]. New York：Random House，1953.

英式花园的风格，重塑了步道和草坪，种植了数以百计的乔木和灌木。花园为人们提供食物的同时也提供了优美的风光，十八世纪到来的客人很喜欢这里的新鲜蔬菜和水果，并且陶醉于各种花卉之中。

图 2-1-1　弗农山宅邸的发展演变（游凯童 摄）

自华盛顿总统去世后，就有很多陌生人来到弗农山进行祭奠，这里已经开始转变为爱国主义者的“麦加”。1822 年，华盛顿总统的侄子布什罗德 · 华盛顿继承了弗农山，并且张贴告示声称这是私有财产，不是野餐的场所，但是也欢迎来这里祭奠总统的陌生人。在布什罗德去世后，华盛顿总统的侄孙约翰 · 华盛顿继承了这里。随着岁月的流逝，越来越多的人开始认为弗农山是一个圣地，应该为国家所有。1846 年，有人向国会请愿称，如果弗农山和华盛顿总统的坟墓继续遭遇各种不确定性且仍被私人所有将是不幸的。面对众多呼吁，约翰提出愿意将庄园以 20 万美元的价格卖给联邦政府。1848 年和 1850 年有更多的请愿书呼吁国会购买弗农山，但国会始终没有做出实质性的回应。

1853 年，有谣言称一群商人正试图与约翰谈判购买整个庄园以建设酒店。弗农山滨河的环境与其临近华盛顿的地理优势，使其成为建立公园或度假酒店的绝佳地点。毫无疑问，也正是这些谣言推动了保护者们采取实际的行动。这一年，路易莎 · 坎宁安女士（Louisa Bird Cunningham）在游览波多马可河之后，看到华盛顿总统的宅邸破旧的现状，对她的女儿安 · 坎宁安说：

“如果美国的男人们可以接受最值得尊敬的英雄的家变成废墟，那么美国的女人们为什么不能团结起来拯救这一珍贵的东西呢？”[①]。

随后，这一年的12月出现了保护弗农山最重要的请愿，坎宁安女士呼吁所有美国的女性团结起来拯救弗农山，称这是所有美国人欠华盛顿的精神债务：

> “当弗农山庄园和与其相关的所有神圣的协会承受着世界对美国的羞辱时，你还能依旧关闭灵魂和钱包吗？……永不！禁止它成为死者的阴影。”[②]

为了在全国范围内发起筹款来获取弗农山的所有权，坎宁安女士创建了美国第一个历史保护组织——弗农山女士协会（Mount Vernon Ladies' Association），这也是她最重大的贡献（图2-1-2）。在坎宁安女士的领导下，协会在18个月内募集到了20万美元，在1860年2月22日华盛顿总统生日当天正式接管了弗农山。之所以协会能顺利地完成筹款，也彰显了坎宁安女士在管理方面的能力。她在每个州中邀请有影响力的女性作为副理事，直至1860年，她在30个州内委任了相应的副理事。她没有幻想所有人都甘愿动用自己的资金，因此她认为副理事最重要的能力是怎样谋求他人的帮助。她选择副理事的标准主要有以下几点：①理事家庭的社会地位要能够调动本州人民的信心，能够争取到具有广泛影响力人群的援助；②需要有独立的工作能力，职位是没有薪水的；③必须有相对多的空闲时间，工作可能需要大量的时间投入；④应该拥有爱国主义、坚强的意志，能够确保致力于弗农山未来的监管和改进过程。这样的人员构成能让我们理解为什么协会能在国内顺利获取经济、政治和社会等各方面的支持。

图2-1-2　弗农山女士协会于1873年的议会（资料来源：HOSMER C B. Presence of the past: A history of the preservation movement in the United States before Williamsburg[M]. New York: G. P. Putnam's Sons, 1965.）

在华盛顿去世至弗农山女士协会获得该财产之间间隔了超过50年，在此期间财产一直为总统的继承人私有。但是各种史料表明这几任继承人都没有太多的

①② JOHNSON G W，WASHINGTON G. Mount Vernon：The Story of a Shrine：an Account of the Rescue and Rehabilitation of George Washington's Home by the Mount Vernon Ladies' Association：Together with Pertinent Extracts from the Diaries and Letters of George Washigton Concerning the Development of Mount Vernon[M]. New York：Random House，1953.

精力和时间用于管理弗农山，因而这个时期弗农山处于不断恶化的过程中。这当然不能完全归咎于这几任继承人，因为他们的处境也很困难。他们就像住在博物馆中的人，不仅得用自己的钱来维修，还得殷勤地接待源源不断前来参观的客人。在这样的情况下巨大的开销也成为华盛顿家族的沉重负担，甚至对建筑进行必要的维修也很困难。建筑物不仅仅在腐朽，而且很多方面可以说是在消失。火灾摧毁了温室，只留下了砖墙的废墟；花园也渐渐被荒废，杂草丛生；破败的家具只有被丢弃；华盛顿为门廊制作的一长排座椅只剩下一个。最终，这里留存的家具成为约翰·华盛顿的日常家居用品，在他搬家时也都被带走。

在女士协会获得弗农山之后美国就进入了内战，这期间的修复工作只能保证建筑不受风雨的侵蚀。内战结束后，坎宁安女士于 1866 年回到弗农山，复建建筑和庭院的工作量是巨大的，这也是弗农山巩固和改进的阶段。对内战后团聚的协会来说，几乎没有资金，坎宁安女士的亲力亲为为人称道。她自愿担任管理者，关注工程进度的同时监管账目的开支。为了获得联邦政府的援助资金多次奔波，最后于 1869 年获得议会的 7000 美元资助。

1873 年，坎宁安女士觉得她的使命完成了，弗农山从商业开发的危险中被拯救了，修复的工作也很好地展开了，协会也很好地运行着。因此，在 1874 年的年会上她将理事的职位转交给了宾夕法尼亚州的原副理事莉莉。辞职演讲中的一些语句被永远地铭记着，在往后的年会中都会被重述：

> "女士们，华盛顿的家已经处于你们的掌控之中了！不要让不尊敬的人去改变它，不要让不进步的手指去亵渎它！那些去他家里参观的人，希望看到他所生活和死亡前的环境。让这个地方免于一切变化的影响！"①

虽然坎宁安女士没有进行过历史保护的专业训练，但是从以上她的话语中可以发现当时对弗农山的保护理念是：防止任何破坏，不做任何改动，尽可能原状保存。

① JOHNSON G W，WASHINGTON G. Mount Vernon：The Story of a Shrine：an Account of the Rescue and Rehabilitation of George Washington's Home by the Mount Vernon Ladies' Association：Together with Pertinent Extracts from the Diaries and Letters of George Washigton Concerning the Development of Mount Vernon[M]. New York：Random House，1953.

二、弗农山的保护与修复

1. 建筑的加固与室内空间的修复

关于弗农山的文字资料和图像资料都很丰富，最早的草图来自一位英国商人、慈善家和自由论派的领袖——塞缪尔·沃恩（Samuel Vaughan）。他于1787年拜访了华盛顿，并在参观后画下了弗农山的草图（图2-1-3），随后作为礼物赠送给华盛顿。华盛顿自己也认为这一草图准确地绘制出了房屋、步道和植物的布局，仅仅指出在主楼的平面图、立面图之中有些小误差。沃恩勾勒出的草图显示了这一时期弗农山的布局，当然这一时期只是一个未完成的状态。沃恩的草图是很有价值的文件，提供了弗农山在成长过程中的状态。当时庄园的墙以及西部的哈哈墙尚未修建，温室还没有翼楼，后来由翼楼替换的家庭住房仍然存在。

华盛顿有过当验船师的经历，在电镀和精确测量方面具有很高的水平。他自己绘制了很多关于弗农山的设计图，展示了他在布置建筑和庭院过程中的构思。革命战争后回到家的一年中，华盛顿的注意力转向改善庭院的景观。他知道很多人会来拜访，因此希望给那些游客留下深刻的印象。华盛顿开始研究由菲利普·米勒（Philip Miller）编写的园艺词典，以及英国建筑师和景观设计师兰利（Batty Langley）于1728年出版的《园艺的新原则》（New Principles of Gardening）。这些建筑师、景观设计师和园艺师的著作为华盛顿提供了足够的信息，使得他能够打破早期殖民时期的风格来创建自然主义风格的景观。一项研究表明不仅仅是草坪上曲折的道路，上百棵树的确切位置以及每棵树的品种都出于华盛顿本人之手。图2-1-3就是考证出的由华盛顿亲自布局的建筑与庭院景观。

对于建筑的修复，协会会在不改变外观的情况下毫不犹豫地采用现代化的方法和材料。比如在必要且不显眼的地方使用钢材来加固建筑，给主楼梯加上钢骨架以应对越来越多的参观者。刻着华盛顿家族标志的基础石开始腐坏，协会使用了现代化学的处理方法来强化软砂岩的表面，让它更能适应天气的影响。众所周知这些材料是华盛顿从英国进口的，但其产地是未知的。伦敦地质博物馆识别出这些石板产自圣比思（St. Bees）的砂岩采石场，之后1500块相同大小和形状的石板从英国运回美国以替换腐坏的地板。仅存的一个温莎椅被技艺精湛的制作者精确地复制，使得其看起来跟当初完全一样。温室在1835年毁于火灾，后来根据详细的历史考证，人们于1952年进行了重建（图2-1-4、图2-1-5）。

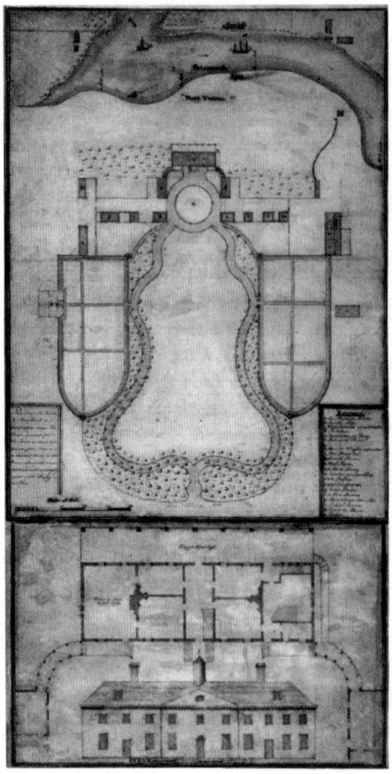

图 2-1-3 弗农山庄园的布局与宅邸
（资料来源：JOHNSON G W, WASHINGTON G.Mount Vernon: The Story of a Shrine: an Account of the Rescue and Rehabilitation of George Washington's Home by the Mount Vernon Ladies' Association: Together with Pertinent Extracts from the Diaries and Letters of George Washigton Concerning the Development of Mount Vernon[M]. New York：Random House, 1953.）

图 2-1-4 历史学家 1858 年对温室的记录
（资料来源：JOHNSON G W, WASHINGTON G. Mount Vernon: The Story of a Shrine: an Account of the Rescue and Rehabilitation of George Washington's Home by the Mount Vernon Ladies' Association: Together with Pertinent Extracts from the Diaries and Letters of George Washigton Concerning the Development of Mount Vernon[M]. New York：Random House, 1953.）

在对建筑进行了必要的加固以及重建被毁的部分后，人们开始对室内环境进行修复。这一过程也是基于历史文字资料以及图像资料进行的，如对宅邸主厅的修复，从 1858 年历史学家对这里的素描，到 1939 年的明信片，再到近期的照片，可以看出诸多不同之处，这也是基于不同时期的研究不断优化和改良的结果。随着社会与科技的发展，对弗农山的修复工作也越来越专业与细致，还会辅以很多高科技手段。如对宅邸中“新房间”的修复可以看出工作的细致入微。

图 2-1-5　温室的近期照（游凯童 摄）

（1）准确的命名。华盛顿总统将宅邸最后最大的加建部分命名为“新房间”（New Room），这也是这个房间的第一个名字。华盛顿于 1776 年 9 月 30 日写道：希望建设一个房间，中间有一个壁炉（图 2-1-6）。新房间模仿英国的沙龙建造，内部有一个优雅的多功能空间，是总统用于发表“声明”的房间，偶尔作为餐厅使用。其足够的层高、明亮的绿色以及曼妙的新古典风格的装修能够代表当时美国崭新的形象。“新房间”作为最后加建的部分及其与时俱进的风格都可以解释总统给它取名的初衷。“新房间”在华盛顿最后的 25 年生命中也在不断被更新：十八世纪七十年代更新了框架结构；十八世纪八十年代更新了装饰性石膏线、木装饰、油漆、新家具和地板；十八世纪九十年代，“新房间”这一名字不只是简单的新旧状态的描述性词汇，其代表了它是宅邸最重要的对外展示空间，彰显着主人的文雅、地位和新潮品位。

图 2-1-6　“宴会厅”1908 年明信片（资料来源：弗农山官网 . 新房间：名字有什么意义？ [EB/OL].(2021-12-12)[2021-12-12]. https://www.mountvernon.org/the-estate-gardens/the-mansion/the-new-room/the-new-room-whats-in-a-name/）

在女士协会获得弗农山后，协会主要将“新房间”作为饮宴空间展示，因此使用了“宴会厅”（Banquet Hall）这一名字，可见于 1908 年的明信片（图 2-1-6）。

直至 1981 年才开始使用“大餐厅”（Large Dining Room）的名字，协会认为更具现代性与功能性，且容易被游客识别。在这之后的 30 年，房间的焦点是布置一套奢华的餐具，展示着房间的主要功能。

今天，在更好地理解了乔治·华盛顿的文化世界后，就重新使用了“新房间”这一名字（图 2-1-7）。既然这个词是华盛顿总统当年最常用的，也就最具历史真实性，更重要的是这一名字暗含了房间的诸多优秀品质：由华盛顿创造的、最新潮的、具有多功能的且最正式的对外展示空间，主要用于接待访客、展示艺术品，也可以在此用餐。

图 2-1-7 “新房间”沿用至今（游凯童 摄）

（2）真实的配色。近年来，弗农山的历史保护者紧紧跟随着华盛顿的脚步，希望恢复并呈现出“新房间”在总统任期后三年中的辉煌时刻。多位建筑史学家、工匠、修复人员、档案员、策展人、顾问和技术专家基于纪录片和诸多物证开展了工作。

专业的修复人员对旧的室内装饰材料进行采样，并运用先进的油漆分析技术对样本进行分析。在分析了油漆涂料样品后，发现了两种不同的色素：主要存在于墙纸之中海绿色的碳酸铜（sea-green verditer），以及主要存在于门框、窗口面板和周围墙纸顶部的具有光泽的深绿色铜绿（deep green verdigris）。分析还显示“白色浅黄色倾斜”的木壁板中含有黄色赭石（yellow ochre）色素，这比现今的状态更饱满、色调更深。研究结果与英国室内设计专家罗伯特的推断一致，房间最初的配色方案比现今呈现出的状况更有层次。后来，修复人员基于这些研究成果翻新了当前的室内配色并呈现给今天的游客。

（3）精确且精致的细节。游客来到这一空间一定会注意到精致的壁纸和包边装饰细节。在对壁纸的修复中，首先对早期修复过程中幸存并进行过记录的样本进行分析，并结合史料寻找华盛顿总统可能采用的壁纸图样，最终在法国某一著名壁纸制造商的式样图库中发现了与样本匹配的式样，这一档案提供的信息使专家欣喜若狂。同时，很多室内装修都采用白色木条进行包边，其上刻有精致的浮雕，对于破损部分的修复都基于现存的原物进行。窗户的细节也遵循玛莎在日记中的描述："窗帘挂在白色和镀金的窗口檐板之上，窗帘是繁织的凸花条纹布，精致的纺织搭配了绿色吊穗收边。"最大的窗户没有悬挂窗帘，正是为了展示这些精致的室内装修细节。

2. 遗失物件的追寻

随着建筑修复工程的完善，协会也推进着重新布置室内环境的工作，希望将之复原到尽可能接近华盛顿总统生活时期的状态，收集家具是一项漫长而艰巨的任务。一方面，很多热心的人会带着各种各样的物品前来，有些真的属于弗农山，有些却与之关系不大。尽管如此，当他们将物品作为礼物赠送给协会时，协会也不会拒绝这份热情。当物品来自古董商时，对于真假的辨别以及高昂的要价，协会也会很头疼。另一方面，不同州的副理事负责侦查核实不同地区内关于华盛顿遗物的谣言，他们会根据搜索到的信息去古董店筛查，更多时候要上门拜访可能收藏类似家具的家庭，搜寻到后会通过各种手段要回这些物件，有时通过使用诡计，有时通过使用金钱，但最重要的是付出了无数的时间和汗水。虽然很多东西已经毁于火灾等事故，但没有人放弃过追寻尚存物件的希望。在大家的努力之下，协会获取了羽管键琴、床架等总统当年使用过的物件，将它们放回了原来的位置。协会取得的成功在很大程度上取决于副理事们的无私奉献。

当然，早期的工作不可避免地会出现一些错误。首先，部分被放置在宅邸之中进行展示的物品根据后来的研究表明与华盛顿并没有关系。其次，有的东西虽然与华盛顿有真切的联系，但与弗农山没有关系。诸如"路易十六的地毯"很长一段时间都被铺在餐厅的地面。一个看似非常真实的故事是路易十六在奥布松（法国城市，以制造花毯闻名）编织了这一花毯并赠送给了华盛顿总统，其中的花纹包含美国的图腾。但是后来的证据表明这一花毯是华盛顿本人为费城宅邸编织的，这就与法国的国王、奥布松以及弗农山没有一丝关系了，这一珍贵的物件也立即被移除了。

这种对细节的追求似乎处于狂热的状态，这也是为了告诉人们弗农山完整地展示了华盛顿生活时期的所有特征，进而表明在美国所有的伟人之中，华盛顿是完全与欺诈、伪装、虚伪无关的。弗农山想要展现的是一个绝对真实的人而不仅仅是第一位总统。保护这个地方就等同于保存所有关于他的记忆，因此理所应当付出最大的努力来确保最真实的细节。尽管如此，协会没有被追求这些细节的真实性奴役。例如，有一间卧室是拉斐特（Marquis de Lafayette）访问华盛顿期间居住的，但是没有找到这一期间的任何家具。一方面它们可能已经不存在了；另一方面即使它们仍然存在，过去了这么多年也不可能依然真实。因而，空房间本身就是对虚假的否定。虽然后来协会使用了那一时期真实的物件来布置房间，但也告知游客这些不是原件，仅仅是最接近原件的物件。至今，弗农山收藏了上千件展品，包括与华盛顿、玛莎相关的油画、版画、雕塑、家具、陶瓷、金属、玻璃、纺织品、工具、衣服和个人拥有的配件等。

一方面，弗农山的保护要归功于直接参与保护者。早期对庄园负责人的要求是具有广泛技能的综合性人才。要求管理者即使不是农民，也需要了解土壤与季节特点，并且能够维护植物。同时还必须熟知如何对室外空间和室内空间进行展示的原则以应对大量的参观者到访时的诸多问题，如维持秩序与收售门票等。他还需要掌握一些全方位的知识，如需了解建筑的构造与装饰细节、为银器抛光、为家具除尘以及如何计算收支。很明显，他必须比一般的古董商优秀，至少能熟知十八世纪后半叶的历史，也必须是合格的主管会计。近年来，弗农山有了更多的经费后，就开始委托各种专业的专家对之进行保护。但是，也要求每一方面的业务管理者都必须有全局观，以避免目光短浅造成的失控和混乱。

另一方面还要归功于来自大众的品评，这也是非常重要的信息来源。自从二十世纪的战争开始，已经出现了大量关于革命时期的研究。因此，来弗农山的参观者的见识也迅速地增长着。协会对任何一件展品的真实性确认都是很严格的，展出后，即使是很微小的问题也会很快被群众雪亮的眼睛发现。例如一件由十八世纪著名工匠制作的银器，在展出后被一些银器发烧友提出了尖锐的问题——虽然这一设计非常有特点，但工匠是否在1801年前就采用了这样的设计呢？如果他没有，即使这一物件确实存在于弗农庄园，但也应该是由总统的后人带来的，而非其本人。之后也开始对这一著名工匠和他所有的作品展开调查。如果结果表明这一工匠确实是在1801年才第一次使用这一设计，那么此推测就是正确的，这一物件将被移除。如果有一天通过某些老的回忆录或者一些旧信件发现，“在某天，某商店购买了一个银果盘，其设计是……”，且这封信的日期是1796年，那么此推测就是错误的。协会工作人员被公众的认真程度和对好奇点的追根溯源所震惊。如果人们仔细并深入地研究一件事，那么也就没有什么是模糊不清的了。公众的品评对于这一时期的工作做出了重要的贡献，并且这一互动的过程还会持续下去。弗农山并不完美，而且永远不可能完美，因为没有所谓的对过去完美的复制。但是通过不懈的努力，每一天都比前一天更接近完美，并且稳步地接近高不可攀的目标。

3. 庭院景观的保护

对于庭院的修复也采取了很多实质性的措施。频频出现的滑坡使得山体不可能保持十八世纪的形状，于是工程师们经过一系列的土样试验和科学测量后，决定在山顶的黏土层之下铺设一层粗粒沙以利于水的渗透，并且还在土层之下埋了401英尺（1英尺=30.48厘米）长的排水管。

对于庭院中植物景观的养护必须归功于萨金特博士（Charles Sargent）的个人贡献。作为哈佛大学阿诺德植物园的创建者，他毫无疑问也是美国当时最杰出的树木培植家。从1914年到1927年去世的这13年中，他精心地护理着弗农山的植物。可以肯定地说，华盛顿总统从未见过这样完美的花园，但是这确实是他试图创建的花园（图2-1-8）。如果说它们比以前更好，只是因为园丁现在学到了比那个时期更好的关于栽培、播种和施肥的知识。花卉的种类是根据各种史料确定的，而对于草坪却选择了更易生存、更耐踩踏的草种，因为现在的草坪必须应对更多游人的到来。

图 **2-1-8** 弗农山的庭院景观（游凯童 摄）

除了庭院景观，弗农山女士协会几十年中一直致力于保证华盛顿总统从弗农山眺望波多马克河的视线。1955年，有谣言称波多马克河的河岸将建设油库，那么从宅邸的门廊望到的河岸完美景观就会消失，而且这将是不可逆转的改变。俄亥俄州副理事波尔顿女士随即购买了河对岸近500英亩（1英亩=4046.86平方米）的土地，她也顺势组建了美国最早的土地信托，这一行动有效地阻止了油库的建设计划。后来，华盛顿郊区卫生委员会（WSSC）于1960年宣布将在波多马克河河岸建设水处理厂的计划，企图通过行使土地征用权收购土地，因为WSSC声称这里什么也没有，政府没有理由拒绝该申请。因此，这也成为破坏眺望景观的又一次威胁，公民和相关团体迅速举行集会并向国会寻求帮助，第一夫人杰奎琳·肯尼迪也积极响应。1961年10月4日，肯尼迪总统签署了公法（Public Law）87-362，授权将该区域划定为皮斯卡塔韦国家公园。最终WSSC让步了，同意选择另外的区域进行建设。后来波尔顿女士将这片土地捐赠给了Accokeek基金会，连同后来其他人购买的土地一同划归皮斯卡塔韦国家公园。在后来的几年中，政府继续购买沿河岸的土地，公园现在包含超过4650英亩的土地（约3500个足球场），沿着河岸线延伸6英里（1英里=1.61千米），旨在永远保证华盛顿从弗农山遥望河对岸的视线（图2-1-9）。

图2-1-9　弗农山的眺望景观（游凯童 摄）

波尔顿女士的巨大贡献是值得赞美的，但也不是史无前例的。早在女士协会获得弗农山的时候，家族墓所在的河岸就受波多马克河的严重侵蚀。工程师勘察了地形认为有必要修建新的挡土墙，但至少需要花费15000美元，当时的协会根本没有足够的资金。在这种情况下，来自加州的副理事指出，“我们不能坐等集齐了钱再开始工程，到那时河岸可能都完全塌陷了。现在就开始工作，把账单寄给我”。1863年，当大门面临倒塌的危险时，威斯康星州的米切尔夫人支付了修理的花销。1878年，当需要建设防盗报警器系统时，协会也没有资金，纽约的副理事贾斯汀夫人支付了这笔花销。可以说无数热心保护者们的无私贡献奠定了今天所取得成就的基础。

三、捍卫贵族的历史

弗农山很快成为美国建筑保护领域影响力最大的实践。政治家爱德华·埃弗雷特（Edward Everett）指出“这是美国的核心，并将成为美国孩子们的圣地”。更重要的是，弗农山不是由国家的统治者拯救的，而是由一群爱国女性发起的运动。弗农山女士协会作为第一个成功的历史保护组织，促使很多其他保护组织相继建立，如美国革命女儿会（Daughters of the American Revolution）、殖民女士协会、福吉谷协会（Valley Forge Association，1878）、女隐士协会（Ladies' Hermitage Association，1889），以及弗吉尼亚古物保护协会（Association for the Preservation of Virginia Antiquities，1889）等。

这些保护团体也都积极投入了保护运动，当时对历史建筑最高的赞美莫过于“仅次于弗农山”。佐治亚州的美国革命女儿分会将《独立宣言》签署者沃尔顿（George Walton）的旧居称作“佐治亚的弗农山”。1906 年，关于林肯出生农场的声明写道：“50 年前华盛顿在弗农庄园的家正在衰败……美国人民通过自愿捐款拯救了那座珍贵的建筑。同样的人将拯救另一个美国伟人的出生地——亚伯拉罕·林肯。”[①]1921 年，芒特切罗的保护者指出：“我们有两座珍贵的房屋——弗农山女士协会拯救的弗农山已然成为圣地……另一座是芒特切罗，没有比它更美丽、更公正、更庄严、更能够纪念托马斯·杰弗逊（Thomas Jefferson）了，这座建筑应该像弗农山一样属于国家。”[②]（图 2-1-10）

图 2-1-10　林肯出生地、托马斯·杰弗逊故居（张楷 摄）

在弗农山的影响下，南方的保护者陆续拯救了很多名人故居，但动机并不仅仅因为它们与名人相关，更深刻的社会动因与当时的政治、经济和社会背景密切相关。

---

① BLYTHE R W. Abraham Lincoln Birthplace National Historic Site[M]. Atlanta：Cultural Resources Stewardship，Southeast Regional Office，National Park Service，US Department of the Interior，2001.

② HOSMER C B. Presence of the past：A history of the preservation movement in the United States before Williamsburg[M]. New York：G. P. Putnam's Sons，1965.

十九世纪的大部分时间里，女性的社会地位被共和党的母性传统影响，她们奋力维护道德权威，公共活动也局限于此。考虑到道德情感与物质的紧密联系，女性开始关注一切与国家的创始人、社区的领导人、家族长者有关的事物。希望通过这些事物传达相应的价值观，如个性、对家庭的关爱或公共责任感。五十年代，南北方关于是否应该限制或结束奴隶制发生了激烈争论，这也是推动坎宁安女士发起保护运动的重要因素。她声称煽动者忘记了开国元勋，把联盟置于危险之中。正如许多的南方人所坚持的贵族传统（保守派），坎宁安女士作为一个种植园主的女儿，将北方视作“满是贪欲的地方，这些城市、工厂中满是堕落”。① 她谴责这一时代的地方主义，以及波士顿的政治和移民。她将华盛顿视为这个时代的典范，因此将弗农山视作能够具体化这些思想的寄托。

内战以北方联盟的胜利告终，南部邦联的失败破坏了弗吉尼亚原有的秩序，过去与现在的联系被切断，幸存下来的人处于一个混沌的状态。新兴的企业家、工人和自由人获取了统治权，里士满的传统主义者约瑟夫·布莱恩（Joseph Bryan）愤怒地指出“联盟被无知和邪恶的力量摧毁了”，后来的民粹主义运动更成为这些传统主义者的噩梦。因此，贵族家族引领了一系列历史建筑保护运动，致力于宣扬传统的价值观并维护传统统治，同时也鼓励进步。支持传统主义的女性神化了这些名人并且情感化了美国早期的历史，使用历史建筑作为含沙射影的方式来传达她们的想法。男人们则公开使用这些地标和遗产来打击挑战美国社会传统秩序的团体——民粹主义者、工人阶级激进分子和移民。就像这样，在男权的社会历史之中，女性主导着大部分的保护工作，男性也影响着意识形态。

弗吉尼亚古物协会也是在这样的背景下建立的，这也是当时最大的、第一个州层面的保护组织。1890 年在里士满的公开会议为协会设定了基调，托马斯·佩吉（Thomas Page）讲述了战前的文明，布莱恩指出“骄傲的过去”变成了“阴暗的传统”。一些显赫的家族提醒人们父母的出生地是值得崇敬的，他指出伟人们的家应该成为精神的寄托。《里士满时报》也通过社论敦促读者积极地支持弗吉尼亚古物协会。协会形成初期就获取了一系列殖民时期的建筑，包括詹姆斯敦十七世纪的遗迹、威廉斯堡的军械库和东海岸债务人的监狱。

弗吉尼亚古物协会在 1890 年表彰了华盛顿总统的母亲（Mary Ball Washington），

---

① LINDGREN J M. Preserving the Old Dominion：Historic Preservation and Virginia Traditionalism[M]. Charlottesville and London：University of Virginia Press，1993.

收购了她位于弗雷德里克斯堡的旧宅。这座房子被视作圣地，古物协会忽略了她暴躁易怒的性格，将她重新塑造为“坚强而友善的女性”。协会指出华盛顿之所以会有如此大的成就，都要归功于其母亲的悉心教导，正是玛莎一直教导华盛顿要努力为这个社会尽到自己的责任。[①]同时指出华盛顿的母亲有着尊贵的传统气质，而不像很多无耻的现代人。协会随后也保护了许多显赫家族的墓地和教堂。詹姆斯敦作为第一个永久性的英国殖民地，弗吉尼亚人将这里视作新世界的诞生地，将这里比作“弗吉尼亚的亚当和夏娃”。进而暗指社会应该由传统主义主导，不满现代社会对其造成的改变。历史学家玛丽·斯坦约德（Mary Stanard）指出应当“保护这些离奇有趣、美丽且具有魅力的氛围，而不同于今天的新奇和不安”。对詹姆斯敦的浪漫化将这里打造成了一个圣地，甚至发明了一个彰显传统价值观的新传统——将5月13日，也就是约翰·史密斯（John Smith）的登陆日定为“弗吉尼亚日”。

威廉斯堡作为古物协会的诞生地，十九世纪八十年代十分消沉。协会的组织者辛西娅·科尔曼（Cynthia Coleman）对镇上的困境十分痛心，她作为著名塔克家族的后代痛恨在约克城百周年时到来的北方游客。她向《哈珀斯杂志》的编辑指出：“我不喜欢这些北方人，他们来这里就是为了嘲笑我们今天的困境。”就像这样，古物协会通过将这里圣地化，巩固了传统的信仰，白人至上、有限的民主是古物协会主要的奋斗目标。十九世纪晚期和二十世纪早期的历史保护正是贵族们寄予厚望的复兴运动，企图通过历史保护重组正在消失的传统并重建他们的身份。最后，传统主义成功再生，1902年的州宪法中保守派夺回了统治权，进一步促使保护者们修复“名人建筑”，进而孤立着民粹主义者。

在这一时期，保护的动机不仅是对国家历史的纪念，更重要的是对社会认同和社会地位的诉求。这一时期历史建筑其实成为用于与文化、政治对手进行博弈的工具。同时从保护方法上看，常常通过挂牌式的保护，保护的建筑是次要的，标签上书写的爱国宣言才是重要的。因而大多不会对建筑采取实际的保护措施，即使采取保护措施，也多是根据宣扬的内容进行美化，其实也就是伪造。

---

① PAGE M，MASON R. Giving Preservation a History：Histories of Historic Preservation in the United States[M]. New York：Routledge，2004.

第二节　北方的保护运动——拯救平民建筑

一、公共建筑与公共空间的保护

不同于南方，北方地区的土地条件虽不适合发展种植业，但具有丰富的森林资源，因此伐木业、制造业是这一地区的主导产业。同时，不同于南方社会中明显的两极分化，北方地区以移民为主，这些人的经济地位相差不大，市民阶层是社会的主要组成部分。

新英格兰地区从十九世纪下半叶开始，人口、经济和社会一直发生着剧烈的变化。城市化进程加快，人们被新建设所鼓舞，波士顿成为新英格兰的中心，也成为美国工业革命的发源地。工业化发展伴随着人口的快速增长，城市环境也不断恶化，工厂制造产生的大量废气、污水得不到很好的处理，绿色空间短缺，住房拥挤也不卫生。这些问题由于移民的激增进一步加剧，到 1910 年，70% 的波士顿人都是移民或移民的后代。在此背景下，历史保护其实是出现文化危机的信号，人们对日新月异的环境感到不安。正所谓物以稀为贵，历史建筑在快速消失的过程中让人们看到了它的价值，快速成长的大城市中的种种问题也使得人们开始怀念过去的简单。这一期间保护的动机、保护的对象、保护的理念等也与南方有着很大的不同，更多地表现出了市民阶层对于城市环境和公共生活的关注。

汉考克住宅建于 1734 年到 1737 年间，是波士顿贝肯山区域最古老的建筑之一，曾为波士顿最富有的家庭所有且一度被认为是整个马萨诸塞湾最好的建筑。这是一座三层花岗岩的豪宅，面对着波士顿的市中心公园。建筑周围有各种附属建筑，也有花园、果园和苗圃。1859 年，州长提出政府应该购买这座建筑作为州长官邸；也有人建议购买这座建筑用作博物馆以收藏革命时期的古物；还有人提出将建筑移建，但政府不愿意支付 12000 美元的移建费用。虽然保护者们通过传单进行积极的呼吁，但该建筑最终还是没能幸免于被拆除的命运，也正是这件痛心的事刺激了历史保护运动的出现（图 2-2-1）。汉考克住宅的命运预示新英格兰地区在内战后 60 年间的保护运动，保护者们下定决心防止其他历史遗迹由于政府的忽视和不作为继续遭受破坏，人们自此很少求助于政府机构，因为已经不再信任政客们在保护工作中能起到的作用。①

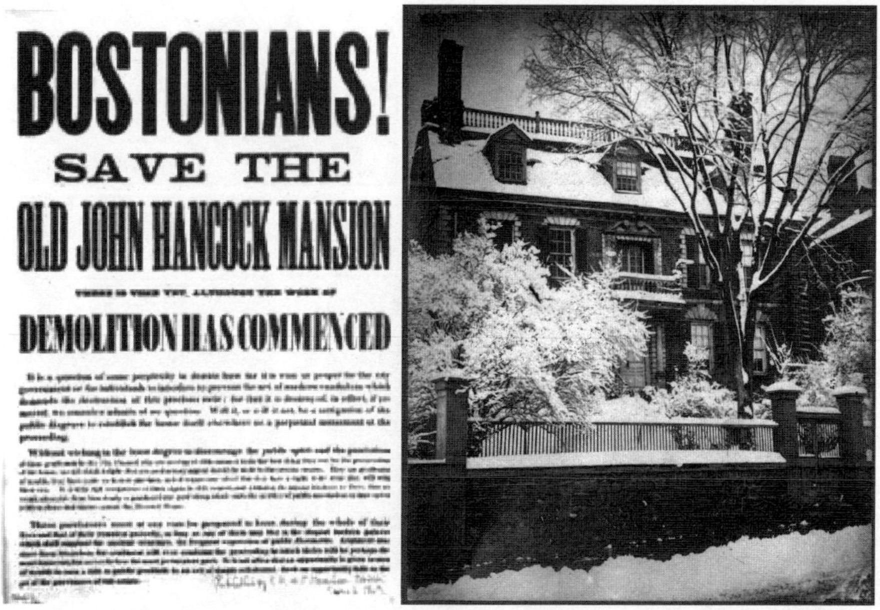

图 2-2-1 汉考克住宅（资料来源：维基百科 .Hancock Manor [EB/OL].(2021-2-4)[2021-12-12]. https://en.wikipedia.org/wiki/Hancock_Manor）

汉考克住宅拆毁后，最重要的保护运动是拯救旧南会堂（Old South Meeting House）。这是一座建于 1729 年的教堂（图 2-2-2）。旧南协会一直希望修建一座新的教堂，但当时的保护者认为这座建筑具有十分重要的价值，反对将其拆毁。幸运的是，保护旧南会堂的支持者远远多于当初的汉考克住宅。温德尔·菲利普斯（Wendell Phillips）发表了重要的讲话，指出旧南会堂能够作为教育后人的“学校”。同时保护者们印刷了很多宣传单呼吁人们一定不能同意拆毁这座代表骄傲过去的幸存者，仅那一晚就筹集了几千美元。但由于出卖该房产的契约已经签署，旧南协会的态度仍然十分消极。在保护者的积极倡导下，旧南协会提出以 40 万美元的售价出卖这份合同，因为协会相信保护者们不可能筹集到这么多钱。幸运的是保护者们完成了这个看似不可能的任务：新英格兰保险公司提供了 22.5 万美元的抵押贷款，市民委员会筹资 7.5 万美元，玛丽·贺蒙薇（Mary Hemenway）夫人私人出资 10 万美元，最终取得了这次保护运动的成功。

---

① PAGE M，MASON R. Giving Preservation a History：Histories of Historic Preservation in the United States[M]. New York：Routledge，2004.

图 2-2-2　旧南会堂、旧州政厅（潘曦 摄）

旧南会堂的成功唤起了波士顿的人们对历史保护的兴趣，对旧州政厅（Old State House）的修复正是受到了拯救旧南会堂的直接影响（图 2-2-2）。旧州政厅建于 1713 年，也是波士顿最老的公共建筑之一。1881 年，为了应对拆迁计划，波士顿的人们迅速成立了波士顿人协会（Bostonian Society）。由于旧州政厅属于公众财产，因此获取产权的过程比旧南会堂更加容易。1881—1882 年，乔治 · 克劳夫（George Clough）负责该修复工程，力图使其尽可能接近“立法部在此办公时期的样子”。1882 年，复制的狮子和独角兽雕像被安置在建筑的东侧（原件在 1776 年被烧毁）。西侧放置着鹰的雕像，表明该建筑与美国历史的联系。

此外，还有很多公共建筑在这场运动中被拯救，比如很著名的波士顿图书馆、布芬奇州政厅，甚至只有 9 年历史的布莱特广场教堂。无论拯救的对象是什么，不仅能够体现出市民阶层保护城市历史文化遗产的努力，更重要的是人们开始重视保护对象的历史或纪念价值，还有建筑本身的美学价值以及历史建筑与城市历史文化的紧密联系。这时候历史建筑不仅仅是城市的纪念物（monument），也成为城市图景中不可缺少的纪念碑（landmark）。一方面，这体现了人们对于历史建筑的认识过程。另一方面，由于社会发展，历史建筑本身在社会中的角色也产生了变化。

一系列公共建筑的保护对波士顿人影响深远，由这些公共建筑开始扩展到关注其周边的公共空间与公共绿地，以及更多与城市美观相关的事物。波士顿历史最悠久的公共绿地正是汉考克住宅对面的波士顿公园（Boston Common），曾经是十七世纪的牧场。1877 年，三年一次的工业展览会将在这里举办，机械协会打算在此建造一座 600 英尺长的水晶宫。尽管声称只是临时性建筑，但人们坚决否决了这一计划，波士顿公园直到今天都一直是波士顿的绿色心脏。随后也出现了一些保护组织，致力于保护历史建筑及其相关的景观空间。

1891 年，景观设计师查尔斯·艾略特（Charles Eliot）成立了保护信托（Trustees of Reservation）。这是一个非营利的土地保护和历史保护组织，致力于保护波士顿的自然和历史场所。组织指出：“旨在保护马萨诸塞州能为公共使用与享受、景色优美、历史悠久，具有生态价值的财产。”[①] 在这一期间历史保护逐渐与公民的生活建立了联系。1895 年，安德鲁·格林（Andrew Green）在纽约创建了美国风景与历史保护协会（ASHP），指出要“保护自然景观，以及记录着过去或现在的历史地标；竖立纪念碑来促进对美国美丽风景的欣赏”[②]。这一组织也是最早提出保护历史财产与景观的组织之一。该组织还指出，“保护这些快速消失的纪念碑是一种神圣的责任（sacred duty），需要在一些区域迅速树立起这些纪念碑，以教育未来的孩子”[③]。

二、乡土住宅的保护

1. 修复保罗·里维尔住宅

二十世纪初的保护者们痴迷于殖民复兴，受这个时期政治文化语境的影响，保护者们也开始追忆其他古老的文化模式——艺术、建筑与装饰材料，为了尊重传统，其中一些被重塑为现代的，他们相信这种精神将“刺激记忆力并激发想象力”。波士顿北部在当时是多元化的移民聚居区，其中有一座建造于 1685 年破旧的木结构房屋，在后来被扩建成为保罗·里维尔的旧宅。弥尔顿（Milton Record）这样描述：“这是一座古雅的、破旧的木屋，有着奇怪的烟囱和外悬的上层。透

① ABBOTT G. Saving special places：a centennial history of the Trustees of Reservations，pioneer of the land trust movement[M]. Ipswich：Ipswich Press，1993.

② RUBBINACCIO M. New York's Father Is Murdered !：The Life and Death of Andrew Haswell Green[M]. Seattle：Pescara Books，2012.

③ MASON R. The once and future New York：historic preservation and the modern city[M]. Minneapolis：U of Minnesota Press，2009.

过门洞看敞厅，可能看到层层叠叠的杂色壁纸。波士顿这一最古老的建筑正逐渐变为废墟。”正是由于独特的建筑价值，即使处于年久失修的状态，这座老房子也成为当地的地标和旅游景点。1895 年，美国革命女儿会的保罗·里维尔分会（The Paul Revere Chapter of the Daughters of the American Revolution）在这栋房子上挂了一块历史建筑牌匾，希望能够提示人们注意这座建筑的特别价值。但当时也仅仅是挂牌而已，没有采取进一步的保护措施。1901 年，一场意外的火灾引起了保护者们的注意，所幸这场火灾没有造成太大的破坏，同时也促使人们开始仔细思考这座历史建筑将来的用途——不能再为私人所有。1905 年，里维尔家族的成员、保护者和当地官员成立了保罗·里维尔纪念协会（Paul Revere Memorial Association），计划筹集 3 万美元用于获取建筑的所有权并开始对其进行修复。筹款活动开始后，《纽约太阳报》建议：“如果每个读过朗费罗（Henry Longfellow）关于《保罗·里维尔的奔骑》（Paul Revere's Ride）这首诗的人都捐出 5 美分，募捐将很快结束。”后来当捐款进度缓慢时，他们又引用了 1863 年被拆毁的汉考克住宅的故事来说明历史遗迹的重要价值。该协会终于在接下来的几年里顺利地筹集到了需要的资金，并开始对其进行修复。

建筑师和考古学家非常关注波士顿这一最后的十七世纪的建筑，旨在将其复原到保罗·里维尔居住时期的状态。由于这类非公共建筑处于一般保护者的视线之外，在漫长的发展过程中经历了极大的变化。当保罗·里维尔在 1800 年卖掉了这座房子后，它在十九世纪中期被改造为移民公寓，其中第一层被改造为商店，山墙也被拆除并改建为第三层。保护者不得不采取看似比较激进的、前所未有的处理方式[①]。1907—1908 年拆除了正面第三层的加建部分，恢复到了十七世纪晚期的面貌，保留了 90% 的结构，包括两扇门、三扇窗、部分的地板、基础、内墙材料和椽子（图 2-2-3）。通梁、大的壁炉和没有室内走廊都是殖民时期住房的特点。一层包括典型的十八世纪晚期的厨房，其中有厨具和修复的门厅，使其接近第一个主人在这里居住时的状况。楼上的房间中布置了保罗·里维尔居住时期的家具，其中有几件确实是属于里维尔家族所有的。同时，爱国者们也希望将这里打造为一处圣地。为了使这一建筑成为移民美国化改造的工具，选择性地重新包装了里维尔的形象，强调里维尔来自一个生活谦逊的移民家庭，传承着英裔美国人的生活习惯并且热心公益。

① CALLIS M. The Beginning of the Past：Boston and the Early Historic Preservation Movement，1863-1918[J]. Historical Journal of Massachusetts，2004，32（2）：118-137.

图 2-2-3　威廉·埃伯顿，保罗·里维尔住宅（修复前、修复后）（资料来源：潘曦 摄）

2. 新英格兰古物保护协会

可以说里维尔纪念协会最大的贡献就在于培养了二十世纪最伟大的保护者——威廉·埃伯顿，他也是这次修复活动的主导者（图 2-2-3）。埃伯顿是一位著名的古董商人的儿子，在哈佛大学跟随查尔斯·诺顿（Charles Norton）和戴蒙·罗斯（Denman Ross）学习艺术和建筑。这两人正是波士顿工艺美术运动的发起者。诺顿作为美国最重要的文化评论家，感受到退化的美学和伦理，强调传承祖先文脉和保护历史连续性的重要性。诺顿认为拆毁由家族祖先传承下来的房屋会使人迷失方向，但是通过保护这些古代建筑和材料可以重现他们的身份，能够联系过去、现在和未来。埃伯顿也受益于这些观点。他写道：

> 为了保持充分活力来感知个人生活与对过去的依赖，不仅仅需要科学认知事实。这就是人性的脆弱，我们的原则需要被情绪支持，我们的情绪需要从物质、可见的记忆和熟悉对象的感情中汲取营养。①

十九世纪的波士顿虽然有很多建筑保护组织，但是保护的对象十分局限。大多数保护组织只关注类似于旧州政厅的公共建筑，只会拯救他们认为重要的个别

---

① NORTON C E. The Lack of Old Homes in America[M]. New York：Charles Scribners Sons，1889.

建筑，并且处于各自为政的状态，这使得埃伯顿看到了整合保护力量的重要性。他在 1909 年周游欧洲，看见这些国家的建筑保护早已成为国家层面的事务，回到美国后以一种全新的热情投入了保护运动。埃伯顿旨在建立“一个强大的协会，能够致力于新英格兰六州有价值的建筑和历史财产的保护”。①1910 年，美国第一个区域性保护机构应运而生——新英格兰古物保护协会（SPNEA）。

埃伯顿指出创建 SPNEA 的目的：“协会旨在为后代保护十七、十八世纪乃至十九世纪初期的建筑，无论在建筑上是美丽或独特的，还是有特殊的历史意义。这样的建筑如果被摧毁了就永远不存在了。”② 协会第一期手册的封面就是汉考克住宅，大概是希望汉考克住宅的毁灭能成为新英格兰地区保护者的教训。手册中包含一系列关于新英格兰古建筑的图片，其中有被拯救的，也有被毁坏的，指出协会主要通过馈赠、购买或其他方式获取历史建筑，修复后将它们出租，但需附带限制条例约束其使用方式。埃伯顿批评了众多“单建筑”协会，在他眼里这些组织非常浪费资源，很少有协会会拯救一座以上的建筑，因而其他很多有价值的建筑都会被忽略。在这样的情况下，新英格兰地区的古物以很快的速度消失。

SPNEA 没有过多关注如旧南会堂等公共建筑，而是重点关注新英格兰大量的乡土住宅、收藏品和与之相关的故事。因为协会在创立之初就指出要保护并展示新英格兰人们的生活，而新英格兰人的历史本来就由与移民、仆人、黑奴、石匠和木匠等普通人相关的琐事组成，这也与工艺美术运动的宗旨相符。1911 年，协会购买的第一座历史财产是 Swett-Ilsley 住宅，通过抵押贷款和会员缴纳的会费获取所有权，之后立即出租了这一房产以获得一定的收入。1912 年，协会得到了新英格兰地区人们的重视，因会员人数翻倍而带来了超过 2600 美元的年会费。1913 年为了进一步吸纳会员，协会发布了《新英格兰地区殖民时期的住宅应该被拯救吗？》一文，指出只有 SPNEA 才能够拯救这些建筑。协会的发展速度很快，在 1915 年会员就达到了 1500 人。埃伯顿很快开始努力地拯救协会的第四座财产——波得曼住宅，理由很简单，“这是早期建筑很好的范本，流传到今天没有被过多地改变”（图 2-2-4）。③ 在这个年代，几乎没有人会因为是遥远时期保存完好的范例而试图拯救这些对象。埃伯顿自己也认为他拯救的建筑没有其他协会会感兴趣，但是他相信总有一天公众会欣赏这些对象的建筑价值。

---

① HOSMER C B. Presence of the past：A history of the preservation movement in the United States before Williamsburg[M]. New York：G. P. Putnam’s Sons，1965.

② HOLLERAN M. Boston’s “changeful times”：Origins of preservation & planning in America[M]. Baltimore：JHU Press，2001.

③ HOSMER C B. Presence of the past：A history of the preservation movement in the United States before Williamsburg[M]. New York：G. P. Putnam’s Sons，1965.

图 2-2-4 波得曼住宅（改绘）

1915 年，埃伯顿听说了水镇的布朗住宅正处于被废弃的状况，因此迅速投入了拯救活动。同样指出这座住宅是两层楼住宅的稀有范本，还引用了艾沙姆的评论，指出这些古老的窗户与其他建筑细节可以揭露新英格兰早期建筑的信息：

> 据我所知新英格兰还没有修复过这种类型、这一时期的房屋，我们都知道它非常珍贵。除了我们的协会，几乎没有其他机构会关注它。这种房子被大多数人视为不合适的住房，因此正在迅速地消失。这是非常早期的房子，由最初的移民建造。新英格兰有很多老房子，既有美丽的，也有具有教育意义和建筑价值的。布朗住宅具备所有的这些品质。[①]

在埃伯顿的不懈努力之下，协会终于成功拯救了这一财产。接下来的问题就是为布朗住宅寻找一个合适的承租者。埃伯顿也是提倡对老建筑适宜性再利用的先驱，因为他坚信不是所有有价值的建筑都应该作为博物馆使用，布朗住宅也不例外。1919 年 12 月他写信给海伦·罗伊斯以寻求意见，她指出了将建筑作为茶室和礼品店的可能性，随后这一想法被落实（图 2-2-5）。

图 2-2-5 布朗住宅（改绘）

① HOSMER C B. Presence of the past：A history of the preservation movement in the United States before Williamsburg[M]. New York：G. P. Putnam's Sons，1965.

通过如此多的保护实践，威廉·埃伯顿也看到了资金对保护的重要性。因此他于1919年第一次尝试创建独立的保护基金，用于获取保护对象的所有权以及后续的维修花销，这也成为后来被广泛采用的循环基金的前身。埃伯顿很清楚，拯救老建筑之后应该对其进行持续的维护，获取其所有权只是保护工作的第一步。

会有人不禁把威廉·埃伯顿与安·坎宁安女士进行比较，尽管他们不是同一个时代的人，也居住在不同区域，但是这两个人都出生在富裕的家庭，他们都通过了多年思考才发现自己的人生目标。他们都没有结婚，所以都可以将所有的时间和精力投入到工作之中。他们两人都有颇具影响力的朋友，对促进工作是必不可少的。两人都是创新者，坎宁安女士是一个领袖，她建立了第一个全国的妇女组织，成为被模仿的对象。埃伯顿也是一个先驱，他将一些运用于孤立实例的想法应用于更大的范围之中。他还自由地借鉴欧洲的保护和修复技术，他也是最早通过书面和摄影方式记录保护修复工程的学者之一。埃伯顿是第一个仅仅因为是早期现存的实例而赞美并保护建筑的人。金博尔于1942年写给埃伯顿的信件可以很好地表明新英格兰古物保护协会的灵魂：

> 我非常欣慰你创建的协会越来越壮大，拯救了这么多优秀的房子。这是一项奇妙的工作，是所有同类工作的范例。在我第一次访问时你的秘书就对我说，“埃伯顿先生就是这个协会”（Mr Appleton is the Society）！①

第三节　早期的方法论——专业化的影子

一、选择保护对象的标准

1. 历史与纪念价值

早期人们选择保护对象的标准虽然有很多，但是主要可分为以下几类：爱国、

① HOSMER C B. Presence of the past：A history of the preservation movement in the United States before Williamsburg[M]. New York：G. P. Putnam's Sons，1965.

对当地历史的崇拜、对家族历史的崇拜、需要用于展出的空间、商业原因、建筑或审美因素等。很多批评者指出太多的历史建筑被用作博物馆使用，美国有超过2000座历史住宅博物馆对公众开放，并且数量还在增加。后来的建筑师们也纷纷质疑早期保护者们的保护动机。1941年希区柯克指出当地的保护者的目光都有"地域局限性"(regional myopia)。他指出这些团体犯了两个十分严重的错误：不考虑任何殖民时期风格之外的建筑；拯救了太多十七和十八世纪的建筑，而没有考虑其必要的建筑价值。①

二十世纪初，保护者们开始认真思考选择保护对象的标准。这些团体分为两派，一派看重历史和纪念价值，另一派主要看重建筑价值。安德鲁·格林创建的美国景观和历史保护协会是前者，埃伯顿创建的新英格兰古物保护协会是后者。

格林在1895年就指出保护历史纪念碑是一种"职责"，因为它们能"激发爱国主义精神"，并且有助于孕育对不同地区的热爱。他指出如果没有更好地感知过去，人类文明就不能进步，坚信通过参观这些见证了重要事件的地方能激发游客"崇高的责任感"。1913年，ASHPS指出纽约市中心的老埃塞办公楼不足100年历史，因此不是历史财产。由于这一评论招致了广泛的关注，他进一步阐述了"历史性"的定义。他将一些地方定义为具有"使用历史性"(use-historic)，因为著名的美国人出生并生活在其中，或者见证了重要事件。而将一些与名人或重大事件无关的地方定义为具有"时间历史性"(time-historic)，因此必须达到一定的年限才值得被保护。他阐述了为什么弗农山是具有使用历史性价值的财产：

> 当一个人站在弗农山之前，面对的只是一个普通绅士的住宅时，他什么也感觉不到。但当他意识到这是华盛顿的家时，血液会沸腾、神经会紧张。这座建筑立马从一座普通人的住宅变成了圣人的住宅、爱国者的圣地。②

因为爱国的感情很容易解释给公众，因此美国景观和历史保护协会很少关注满足"时间历史性"标准的建筑。

---

① HITCHCOCK H R，BANNISTER T C. Summary of the Round Table Discussion on the Preservation of Historic Architectural Monuments，Held Tuesday，March 18，1941，in the Library of Congress，Washington，DC[J]. Journal of the American Society of Architectural Historians 1.2（1941）：21-24.

② ARCHER M C. Where we stand：Preservation issues in the 1990s[J]. The Public Historian，1991，13（4）：25-40.

2. 建筑价值

作为新英格兰古物保护协会的创始人，埃伯顿具有相反的观点。1919 年，他列出了一个名单，其中包含新英格兰地区所有他想拯救的建筑。其中除了一些具有历史价值的对象外，该名单还包含很多具有极高建筑价值的建筑，如马萨诸塞州塞勒姆的 Peirce–Nichols House，新罕布什尔州朴次茅斯的 Moffatt-Ladd House 等（图 2-3-1）。

图 2-3-1　Moffatt-Ladd House（1763）、Peirce-Nichols House（1792）
埃伯顿认为有建筑价值的建筑（游凯童 摄）

埃伯顿执着于寻找十七世纪建筑的初始特点。1915 年，他使用建筑价值标准来评论索格斯的波得曼住宅，“没有一座十七世纪的建筑能够留存至今而没有被改变，仍然保留了如此多有价值的特征，如最初的烟囱、最初的门、最初的外壳、最初的窗台，没有粉饰的天花板以及老的铰链”[①]。1921 年，埃伯顿热衷于拯救萨默维尔不同寻常的圆形住宅（图 2-3-2），指出这是可以展示维多利亚中期用黑胡桃木建造的理想住宅，但是当前可能比同类的保护对象都年轻 50 岁。他还指出维多利亚时期的建筑和装修在当时是过时的。

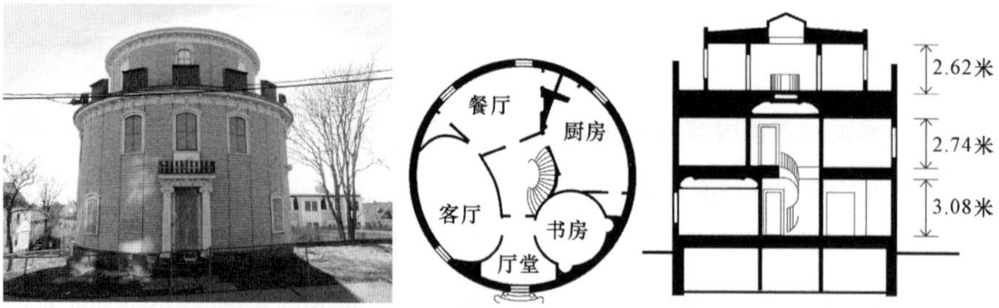

图 2-3-2　圆形住宅（根据美国历史建筑测绘资料改绘）

① HOSMER C B. Presence of the past：A history of the preservation movement in the United States before Williamsburg[M]. New York：G. P. Putnam's Sons，1965.

虽然埃伯顿意识到了维多利亚风格的独特性和重要价值，但当时被大多数保护者们关注的仅有殖民时期风格的建筑，这种情况直到二十世纪中叶才得以改变。埃伯顿不仅在设立选择保护对象的标准上领先于与他同时代的人，在历史建筑的价值认知上同样如此。虽然埃伯顿热衷于拯救最好的建筑，但是他的标准也不是固有的。他承认如果其他协会都热衷于拯救最好的住宅，那么他的协会就不得不拯救“第二好”的对象。不同于埃伯顿，当时大多数保护者都不会设立选择保护对象的标准，对他们来说，最重要的标准往往就是建筑面临被拆毁的危险。不同财产都有不同的意义导致人们去拯救它们，因此保护者选择他们想要拯救的建筑也具有偶然性。

二、保护者与保护的方法

1. 业余人士的主观保护

尽管早期大多数从事建筑修复工作的都是未经训练的业余人士，但在后期，专业的建筑师或文物研究者进入了这一领域。虽然建筑行业没有对整个保护运动产生深刻的影响，但它对建筑的修复领域产生了积极的影响。大多数建筑师认为建筑的修复需要他们的专业能力，不幸的是，大多数建筑师不熟悉殖民时期建筑的特点就开始了他们的工作，所以早期的修复往往缺乏权威性。然而在第一次世界大战结束前，为数不多的人为专业的修复做出了重要的贡献，他们通过学习国外的经验知道了面临的相似问题。哥伦比亚的哈姆林（A. D. Hamlin）教授引进了风靡欧洲的建筑修复理念，如风格性修复、反修复等。美国建筑师在二十世纪二十年代开始非常认真地对待修复工作。霍勒斯·塞勒斯（Horace Sellers）在《AIA 期刊》中批评了一些由经验不丰富的建筑师主导的修复，指出 AIA 应该尽早成立保护委员会。两年后，金博尔也发表了激烈的批评：

> 应该意识到修复旧住宅或花园是一项专业的工作，不是每个建筑师都具备这种特殊的知识和经验——具有耐心和时间并全身心投入这项工作。必须承认，该领域的知识并非建筑师才具有，虽然也有建筑师在这方面取得了显著的成功。①

在漫长的保护史中发生了无数的保护实践，人们几乎采用了所有能想到的方

---

① HOSMER C B. Presence of the past：A history of the preservation movement in the United States before Williamsburg[M]. New York：G. P. Putnam's Sons，1965.

法来保护老建筑。这些方法可能从简单的挂牌保护，到基于严格历史研究的修复。介于两者之间的可能有重建、激进的修复，移除所有后期变化的复原等方法。

（1）挂牌保护。受拉斯金和莫里斯提倡的保守理念的影响，最激进的保护者认为建筑不需要任何修复，只需要将它们标记为具有历史重要性的对象就可以了。二十世纪初，许多爱国团体和保护协会相信对老建筑进行挂牌保护才能够保护全面的历史真实性，他们也可能认为挂牌保护能提醒其他人这座建筑是完整的。哈姆林教授明显也是保守理念的追随者，1902 年曾建议美国景观和历史保护协会，“对历史建筑进行挂牌保护打开了灵感的长期泉源，建立了安静但高效的美德”。①埃伯顿感到自豪的是新英格兰古物保护协会从未采取挂牌的形式拯救旧建筑，而是通过采取实际的措施。

（2）移建他处。当建筑注定会被毁灭时，通过摄影和草图的方式详细地记录这些建筑特点成为人们唯一能做的事。甚至在一些例子中，保护者不认为建筑的毁灭是一个终点。自从汉考克住宅在 1863 年被毁灭后，总有人希望重建这座建筑。人们总是认为将老建筑移建到别处比纯粹的复制品更真实。因此移建在二十世纪初也是一个常用的方法，纽柏立波特的 Titcomb 住宅就是通过移建在他处重建的经典实例。

（3）主观、任意地改造。二十世纪初，很多富有的人会购买历史建筑，并且修复它们使其能够更好地满足当下所需。他们会添建老虎窗，加建佣人住房，移除隔墙来实现更大的使用空间等，历史真实性完全输给了个人的需求。1923 年，金博尔指出有必要限制这些私人业主对老建筑进行激进的改变。他建议监管这些修复工程的建筑师应该让业主明白“他们的兴趣应该坚持保持建筑尽可能与其最初的状况相近”②。

（4）强烈的干预措施。一些爱国团体与他们保护的对象一同成立，这意味着他们经常需要接受各种热心人士的建议。弗农山女士协会购买了弗农山之后，很多人开始提供建议以帮助女士们保护这一遗产，但其中的一些建议在今天来看很不理性。当时甚至有人提出将建筑拆解，将每一块材料标记在适当的位置，然后新建一座大楼使每一个细节都与原来的建筑相似，坎宁安女士的著作中也多次出现对这些建议的考虑。可以说虽然坎宁安女士没有受现代研究技术或专业意见的

① HOSMER C B. Presence of the past：A history of the preservation movement in the United States before Williamsburg[M]. New York：G. P. Putnam’s Sons，1965.

② HOSMER C B. Presence of the past：A history of the preservation movement in the United States before Williamsburg[M]. New York：G. P. Putnam’s Sons，1965.

影响，但她很有远见地认为历史准确性是保护的主要目标，她对历史准确的定义就是 1799 年华盛顿去世时期的样子。之后，建筑师通过强烈的维修措施来强化建筑的结构，维修了二楼所有的房间，更换了室内的墙纸，移除了破旧的石膏装饰条。这一期间的修复直到现在都饱受争议。

弗农山早期的强干预措施并不是唯一的例子，1910 年修复七角住宅的实践中也说明了实际存在的冲突。七角住宅始建于 1668 年，最初的建筑是围绕着一个大型的中央烟囱建造的两层结构。当时的主人在 1680 年去世前加建了两个部分，使其成为以七个山墙、大比例、高天花板和大窗户为特色的建筑（图 2-3-3）。正是这座建筑的外观在后来给予纳撒尼尔·霍索恩（Nathaniel Hawthorne）灵感，他才创作出著名小说《七个尖角阁的老宅》（*The House of the Seven Gables*）。1782 年，由于房产易主，房主拆除了四个山墙以更符合当时联邦住宅的审美。直至 1908 年，慈善家和保护主义者卡罗琳·埃默顿（Caroline Emmerton）购买了这座建筑，并创立了七个尖角阁安居协会（The House of Seven Gables Settlement Association），用于帮助二十世纪初在塞勒姆定居的移民家庭。因此，她开始与建筑师约瑟夫·钱德勒（Joseph Chandler）合作，拟将建筑恢复成最初的风貌，并且对其进行改造而更好地为协会使用。

由于建筑在漫长的发展过程中失去了四个原来的山墙，钱德勒和业主搜查了阁楼以寻找消失山墙的痕迹。很快他们发现了部分修补过的屋顶、老的榫孔和部分已经折断的梁，正是依靠这些证据判断了原有建筑的结构，进而恢复了建筑的四个山墙并且重建了原来的烟囱。此外，钱德勒还说服卡罗琳放弃了安装拱形窗的想法，因为没有历史证据支持这样的加建。钱德勒对建筑改造的思路体现出了建筑师对历史的尊重，后来他也成为二十世纪初期历史保护运动的核心人物，他的理念和方法奠定了七角住宅保护事件的成功。七角住宅今天已成为一座向公众开放的博物馆，讲述着它见证过的故事。

图 2-3-3 七角住宅修复前后对比（改绘）

因为每次实践都被很多因素影响，常常被具体操作的人左右，不可能具有一个确定的标准。因此不同的修复技术似乎有且只有一条线贯穿始终：每次实践都是人们将一座老建筑变得更加实用，能更加准确地代表过去。

2. 专业人士的客观保护

大约在钱德勒修复了七角住宅后，保护领域出现了一个重要的趋势：训练有素的建筑师和文物研究者投入了保护领域，旨在将历史建筑恢复至原貌，原则是要尽可能多地保存老建筑的遗存部分。第一个实践是 1911 年美国建筑师学会对国会大厅的修复。建筑师通过日记、信件、报纸和旧的雕刻寻找证据，他们走进了建筑本身来测量并记录每个重要的细节。部分的墙纸和石膏被移除以寻找原来的楼梯和分区的证据。几年后委员会准备了一套完整的修复计划，当时的“笔记”表明了修复工程的态度：

> 我们考虑了所有关于这座建筑的历史信息，希望在修复过程中注意到所有的事实、任何施工特点等，在建筑师移除或破坏它之前做好记录。修复后，建筑师也应立即进行调查并记录。
>
> 应当采取所有措施来防止旧部件被破坏，不能切割或移除旧物件，在没有取得建筑师同意之前，应该完全保存所有旧材料。[①]

与建筑师相比，文物研究者往往更乐于保留原始材料，因为他们不认为自己是艺术家，他们指出过去就如同他们看见的一样，无论是否能吸引眼球。但建筑师穆雷（Murray Corse）并不赞同这种刻板修复方式，指出：

> 许多修复者因为缺乏艺术鉴赏力，因而修复的结果看起来只是完美的文字。如果我们只是完成干涩的文字化的重建（如德国人一样），那么结果比无用更坏。对一些人来说，那些旧东西是丑陋的，为什么把钱花在保护它们之上。[②]

1919 年，埃伯顿亲自监督布朗住宅的修复，他也积极通过书信与每一个了解十七世纪新英格兰建筑的建筑师进行交流。他认为房子在讲述着自己的故事，因此关注建筑的每一处证据，仔细检查每一根椽子、每一部分的结构，他认为应在修复期间尽量不被美化布朗住宅的冲动左右。每当他发现了十七世纪的部件，都

---

①② HOSMER C B. Presence of the past：A history of the preservation movement in the United States before Williamsburg[M]. New York：G. P. Putnam’s Sons，1965.

会用玻璃进行覆盖。在二楼，他展示了三框窗户的框架，将它们嵌入墙内，没有移动或恢复它，他只是将它维持在那里，让任何人都可以看到这一证据，并且基于此得出自己的结论。

同时埃伯顿也是最先提出适宜性再利用的人之一，将修复后的建筑作为能创收的财产。布朗住宅被新英格兰古物保护协会出租给了私人，不仅能作为个人居住作用，一层被改造为礼品店，二层作为茶室。1924 年该房屋安装了散热器和其他的管道系统。布朗住宅体现了今天不存在的十七世纪建筑的特点。它的修复不同于传统的重建，与保罗·里维尔住宅以及七角住宅一样。

在一些修复工程中，由于不得不使用现代材料来取代已经腐坏的老材料，埃伯顿采用了独创的方法来标示这些改动。在哈里森的 Gray Otis 住宅中，他使用了排列为三角形的钉子，在新木材的右上角进行标识。即使在今天，人们也可以观察到这些不同寻常之处。埃伯顿基于历史和科学的严谨修复方法成为当时工作的范例。罗威尔博士作为保护领域中的专家，也对埃伯顿的工作发表了权威的意见：

> 在那一时期，很少有修复工程能为当前提供指导和灵感，艾沙姆、钱德勒、乔治·道都是非常活跃的专家。随着埃伯顿首次正式修复工作的完成，即使没有超越这些人，也能与他们齐平。特别是客观性：他不愿意美化，拒绝篡改任何重要的证据，将它们放置在玻璃之下，坚持通过图像和文字进行全面的记录。所有这一切都做得那么好，我们在今天都很难超越他。①

二十世纪早期，建筑修复逐渐变得专业化。艾沙姆和金博尔等建筑修复师被人们所熟知，他们的著作也开始被学习。艾沙姆于 1928 年发表的著作《美国早期住宅——殖民时期建筑的专业术语》，对新英格兰地区乃至整个美国从事修复工作的建筑师产生着重要的影响。艾沙姆早在十九世纪九十年代就为康涅狄格和罗得岛的建筑写过专评，多年来他一直从事建筑修复工作，并绘制了大量草图。艾沙姆认为读者应该超越表面的图片与文字而更多地了解背后的建造以及技术层面的东西，在他三年后的著作《收藏家的荣耀》中，他呼吁应当为将来的修复工作建立一种“科学的标准”。② 作为当时杰出的保护者，埃伯顿在早期的实践中也总结

① HOSMER C B. Presence of the past：A history of the preservation movement in the United States before Williamsburg[M]. New York：G. P. Putnam's Sons，1965.

② ISHAM N M. In Praise of Antiquaries[M]. Walpole：Society Binding，1931.

出了一些标准，后来被人们概括为“埃伯顿五则”（Appleton’s Five Principles）[①]：

（1）缓慢地推进工程，遇见疑惑时需要等待；

（2）雇用经验丰富的人来工作；

（3）记录每一个阶段的工作，拍大量照片；

（4）保存原物的样本作为证据，以备任何部分需要被替换；

（5）标记新的部分，避免与原物相混淆。

美国早期的建筑保护领域最大的悲剧就是科学的修复没有整体地影响到保护运动的发展。因此，1926 年以前许多修复充斥着对早期作品的破坏，各自为政的工作使众多保护者无法共聚一堂。除了 SPNEA 的手册、美国景观和历史保护协会的年度报告以外，没有杂志为这个领域提供更多的信息，后来出版的文章也没有太多地讨论修复技术。主要的原因可能是该工作的速度问题，完善的修复需要相当足够的耐心。在历史建筑的门前挂牌或移除一些墙体，比起详细研究历史真实性总是更加容易也更加快速。美国公众明显没有反对这种做法，他们愿意欣赏挂牌上的文字，并不担忧修复的建筑如何表现过去能更加准确。

三、成熟保护的形式

1. 历史住宅博物馆

十九世纪末二十世纪初，新英格兰地区的历史保护已经开始从一系列自发的努力变成组织化的保护运动。在埃伯顿的努力下，住宅博物馆已经成为美国早期建筑遗产保护的主要形式，并且在不断完善其修复理念和操作方法，成为当代保护实践标准的基础。他促使历史住宅与书面文档一样重要，成为物质文化链条中不可或缺的一部分。新英格兰古物保护协会建立了遍布新英格兰区域的历史住宅博物馆网络。历史住宅博物馆（historic house museum）的主要任务就是展示建筑物的结构、装饰和历史，以及最初生活在其中的人们的生活、习惯、品位和他们的时代。

埃伯顿促进了将历史住宅博物馆作为教学工具，而不仅仅是漫不经心的游客感知过去的地点。埃伯顿判断建筑的重要性时，始终认为初始的历史建筑具有重要的可分析价值，无论其外观是否表现出清晰的建筑风格。在职业生涯晚期，他运用古生物学家研究骨骼残骸的模式来研究建筑。他认为美化或清理老建筑的过

① MORACHE W. William Sumner Appleton and The Society for the Preservation of New England Antiquities：Professionalism and Labor[D]. New York：Columbia University，2014.

程反而会破坏其教学价值。

同时，以埃伯顿和乔治·道为代表的学者在尝试推行全职历史保护项目的管理培训。在这之前，这一领域中几乎没有受过专业训练的博物馆管理员。其实这两位先驱自己都没有接受博物馆工作方面任何正式的培训，但是他们都具有多年的实践经验与丰富的知识储备。在他们的影响之下，1933 年，劳伦斯·科尔曼（Laurence Coleman）在他的著作《历史住宅博物馆》中也提到了对博物馆工作方面的看法。科尔曼也并不是专业建筑师，但他长期致力于博物馆相关的工作。在书中的第五章，他谈到了建筑修复面临的问题，列出了博物馆管理人需要注意的事项：雇用一个熟悉修复历史建筑的建筑师；对修复的目标有明确的定义；在做任何改造和修复前要做足够的研究。最后，对做出主要决定的依据应该有详细而完整的记录报告。①

2. 历史性房间

二十世纪初，保护历史建筑激起了收藏家对历史家具、工具和装饰物的兴趣。他们依据逻辑创建适当的环境来展示这些物品。与此同时，博物馆专家开始重点关注历史建筑内部正统的美国装饰艺术，他们已经开始意识到物品之间的关系，历史房间展示出的证据对这些环境讲述的故事是必要的。

如果说历史住宅博物馆是一个整体，那么历史性房间（historic room）就是从初始结构中抽离的实体，这种分离往往会导致历史性房间产生争议。支持者认为他们拯救了不可替代的建筑和装饰艺术的例子。批评者认为交易商和收藏者希望购买历史时期的房间实际上促使原本完整的房间可能会被零星的销售所破坏。历史性房间的保护形式在 1924 年达到了成熟，大都会艺术博物馆开设了美国馆，第一次大规模试图展示并解释美国的室内空间。在大都会艺术博物馆的引领之下，亨利·杜邦（Henry du Pont）在特拉华的威明顿温特图尔博物馆中的实践也极大地推动了历史性房间的发展。杜邦放弃了将他大量的收藏品仅限于简单陈列式的展示，发展了在真实环境中展示装饰艺术的概念。他开始认真营造合适的环境来展示他的藏品，运用从历史性房屋购买的板材来改造他的室内展示空间，从一个热情的业余爱好者逐渐成长为一个知识渊博的行家。1951 年，温特图尔博物馆在质量和数量上都是对美国装饰品和室内空间展示的代表。与埃伯顿一样，杜邦也一直致力于为展示体系和真实性设定标准，这些标准后来出版于《温特图尔作品集》。尽管杜邦致力于

① COLEMAN L V. Historic House Museums：With a Directory[M]. Washington，D.C.：The American Association of Museums，1973.

发展一套合理的政策，但有时候他的实际做法常常抹去了房屋室内的某些细节，因保护下来的只剩建筑的躯壳而招致批评。但他认为如果没有他的干预，无数重要的房屋将被销毁或肢解，这些碎片会散布于全国各地不同的房屋之中。[①]

从大都会艺术博物馆和温特图尔博物馆开始，任何希望展示装饰艺术的大型博物馆都设有许多历史性房间。杜邦关注于原始的材料，无论是家具、物件、织物还是墙上的覆盖物；关注这些元素是如何被使用的因而能准确地布置展示空间；通过使用专门设计的电蜡烛实现让游客观察到房间内部，也是那个时期室内普遍的照明亮度。最后，需要隐藏放置加热和冷却系统，通过壁炉开口和上部的窗口通风。

历史性房间可以诠释的年代一直被拓展着，从殖民时期到联邦时期、维多利亚时代以及二十世纪早期。对今天的保护者来说，历史建筑常与社区、街区和适宜性再利用联系在一起，因此常会产生时代错乱的感觉。实际上，如果执行得好，这样的房间可以作为崇高理想和标准用于指导所有的保护活动，无论追求的是最纯粹的修复或是富有创意的适宜性再利用。历史性房间总是与博物馆实践的联系更密切，而非经济指向的适宜性再利用和修复。作为一个三维的记录来源，它将继续为保护者提供需要的指导。

历史上，设计师和保护者之间的关系一直都很令人不安。在大多数情况下，设计师的首要任务是创建能满足客户品位的生活环境，因而并不总能迎合给定历史时期的风格。与历史性房间联系最密切的专业团队就是美国室内设计协会（ASID）。美国室内设计发展具有里程碑意义的事件是 1897 年由小说家伊迪丝・沃顿（Edith Wharton）和建筑师奥格登・科德曼（Ogden Godman）出版的《房屋装饰》，它对历史保护具有双重的重要性。[②]经典的审美基于作者认为最好的历史模型——不同时期中最好的房屋和房间。他们的实践手册建立在历史中理性的先例之上，沃顿和科德曼认为最好的室内设计是将对房间的处理看作建筑的分支。这种观点完全不同于世纪之交的品位，创造了挤满小摆设和家具工艺品的室内，有助于清除拿来主义的装饰理念，通过强调有机的整体将外部和内部联系在一起。《房屋装饰》具有巨大的影响力，它的内容反复被学习。但对装饰者而言，他们更愿意去装修一些非历史性的房屋；对保护者而言，他们往往满足于复原房屋的外部，而不去关心房屋的内部。

---

① MUSEUM H F D P W. Winterthur portfolio[M]. Chicago：The University of Chicago Press，1964.

② WHARTON E，CODMAN O. The decoration of houses[M]. New York and London：WW Norton & Company，1997.

第四节 阶段发展小结

一、保护的理论

（一）纪念价值与主观真实性

弗农山的保护虽然起于纪念价值，但实际保护过程中的最少干预态度体现出对历史真实性的尊重，其实更合理的解释是出于对“国父”的崇敬之情。出于这种崇敬之情，早期的保护对真实性的追求是疯狂的，无论是从千千万万件历史物件中甄别真正与总统有关的，到后来对建筑、庭院、室内房间的修复过程都可以看出。一方面要归功于保护者们细致严谨的态度，另一方面也得益于社会、科学技术的进步。

也正是由于崇敬之情，对行动难免会造成一部分主观的影响，修复过程中也采取了一些过激的、在当时备受争议的强干预处理措施。但总体来说弗农山是幸运的，因为保护坚守的原则始终是最小程度的改变。但同期更多的建筑就不那么幸运了，很多在领导者的主观决断之下被更改得面目全非。在他们看来纪念价值是第一位的，因此可能会采取各种手段甚至虚假的编造来鼓吹、美化这些价值。在这种情况下，即使拯救了建筑实际上却对之造成了所谓的“保护性破坏”，这也是今天的保护应该避免的。

（二）建筑价值与客观真实性

在埃伯顿与新英格兰古物保护协会的努力下，保护视野得到了很大拓展，重点关注建筑本体的美学价值和普遍意义的历史价值，会因为建筑能体现早期的特点而采取保护行动。不赞同将建筑过分政治化以及作为自我标榜的工具。协会能够立即回应威胁，并且从一开始就有优先级的考虑。埃伯顿指出许多建筑“没有足够的重要性”。同时他也是提倡对老建筑进行适宜性再利用的先驱，因为他坚信不是所有对象都应该作为博物馆使用。

到了二十世纪初，对真实性的判断更加科学与客观。埃伯顿在建筑保护中非常重视真实性，不赞同一些爱国团体从纪念性出发对建筑进行主观的改动，也不赞同一些建筑师从历史风格和美学角度出发对建筑进行修复，埃伯顿的保护理念和修复方法在某种程度上受到了“反修复”理念的影响。他不做过多的主观处理，致力于保留建筑所有的原始细节，希望让建筑讲述自己的故事。同时认同后期发生的变化，并且认为应该保留并展示这些变化，这些都是他致力于保护的“纪念价值”。在实际保护过程中坚持严谨的调查并且仔细地记录保护的过程，形成了专业知识的基础。这种方法增加了对专业人士的依赖，促使建筑修复成为一个独特的领域。他的这些理念领先于当时大多数保护者，为今天美国的保护奠定了良好的基础。

二、保护的实践

（一）缺乏整体性、连贯性

可以说美国的建筑保护完全起于自发的运动。拯救弗农山成为早期美国保护活动的“范例”，由之引领的南方的历史保护运动，实际上是贵族企图通过拯救名人建筑而维系传统主义统治的手段。在弗农山女士协会的影响下也出现了各种各样的保护团体，有专门为保护某座建筑而成立的团体，也有如美国革命女儿会等爱国人士组成的团体，还有如弗吉尼亚古物保护协会这类区域性保护团体。这些保护团体大多各自为政，保护对象的选择首先在于其纪念价值是否能激发人们的“美好情感”。各个保护团体的保护理念与方法也各不相同，大多是依托于其领导人自己的方法。众多历史团体的存在只是为了管理博物馆、早期名人的故居，大多数的修复也仅仅是因为这些历史团体需要空间来展示他们的收藏品。

因此，早期的保护活动最大的缺点就是缺乏整体性和连贯性。批评家指出，大量未经训练的业余爱好者导致了多种结果，可能好也可能坏，最坏的可能就是毁了一座真正具有价值的建筑，而一些本应该被拯救的建筑被忽视而处于毁灭的过程之中。然而，这个时期也有优点。首先，先驱们让美国人民积极为看似没有实质经济利益的活动慷慨解囊，出发点是为了获得精神层面的慰藉。其次，太多在当时可能不具有重要历史或建筑价值的建筑都被保护了下来，这些对象保留至今不仅获得了新的价值，也成为历史或科学研究的重要资源。如果没有这些先驱，没有他们发动的爱国运动，美国的历史必然会更贫乏。坎宁安女士等人确实证明了美国的成长与强大不能忽视早期历史的物质遗存。

（二）组织化、专业化

北方由于与南方社会、经济、政治环境有很大不同，市民阶层是社会的主流。在此背景下保护运动重点关注和公众利益与价值观相关的对象，从公共建筑公共空间到更广泛的乡土住宅。著名保护专家埃伯顿成立的第一个区域性保护组织即致力于后者的保护。

新英格兰古物保护协会在埃伯顿的带领下迅速发展成为一个高效的组织也是当时历史保护的领航者，埃伯顿 1947 年去世时，协会已拥有 51 处房产。其影响力不仅遍及新英格兰的六个州，甚至也影响着新英格兰以外的地区。历史保护已经从一系列自发的努力变成组织化的活动，也出现专业化的影子。埃伯顿发展了多种可行的、没有先例的方法来修复建筑，在实践过程中提出了诸多保护理念与保护标准。这些理念和标准不仅为当时美国的历史保护提供着参照，并且很多都沿用至今，奠定了现代保护理念的基础。

在美国，要拯救一座建筑首先要获得其所有权，之前大多数组织都依靠保护者、大众以及贵族的捐助，但这种方法可持续性较差，因此难以应对较大规模的保护。埃伯顿认识到了这一点，想方设法从各种渠道获取资金，如把历史建筑纳入地产市场中进行流通以达到收支平衡的目标。1919 年，他建立了一项专门的基金用于获取财产的产权，修复后出租或出售以收回资金，成为后来广泛应用的循环基金的前身。

三、阶段性发展与演变（图 2-4-1）

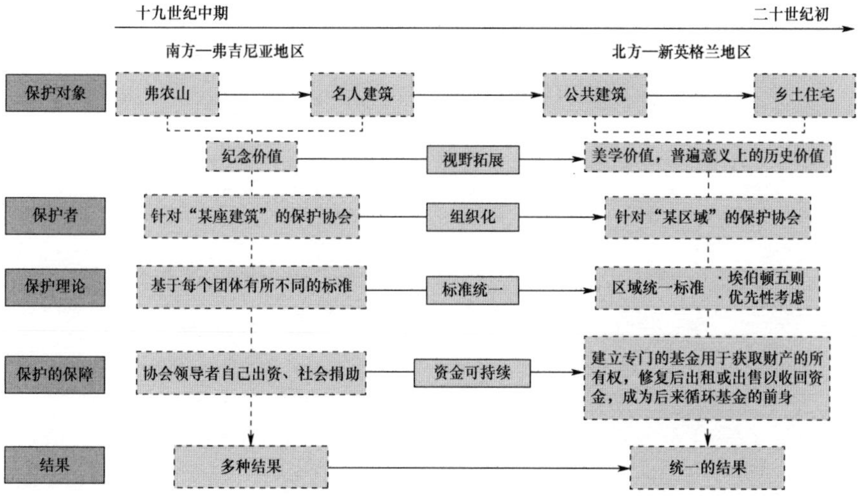

图 2-4-1　阶段性发展与演变

在“早期”的保护阶段中，历史保护多为“自发”的运动。由于人们最初是根据纪念价值来选择保护对象，并且参与保护的也多是业余人士，因此对保护对象采取的保护措施也容易出现主观的偏颇。在此背景下，很多历史建筑因为过于主观的保护而遭到了“保护性破坏”。但反向思考，如果没有这些尝试，也就没有孰优孰劣的比较，也就不可能出现成熟的保护理论，正所谓量变的积累是质变的基础。

随着保护理念的不断发展，选择保护对象的标准也发生着变化。新英格兰古物保护协会引领着该领域的发展，保护者们开始根据建筑本身的价值来选择保护对象，如因为某些建筑形式的现存实例已经濒临消失而对之采取保护，这也开辟了早期保护运动的先河。此外，新英格兰古物保护协会对早期保护的组织化、专业化保护做出了不可忽视的贡献。正是在众多实践的积累之下，初步建立了美国早期历史保护的标准——“埃伯顿五则”，这也被公认为美国当代历史保护方法论的基础。众多先驱们在早期的保护中，面对不利现实的不懈努力值得铭记。

第三章

走上专业化轨道
——创建户外博物馆

第一节　始于伟大的理想——重建殖民地威廉斯堡

威廉斯堡位于弗吉尼亚州的弗吉尼亚半岛，与詹姆斯敦、约克敦组成了弗吉尼亚的历史三角，具有悠久的历史。第一次世界大战后，美国人的生活发生了一些非常重要的变化，历史保护领域同样如此。1926 年以前，历史住宅博物馆遍布美国，其中以新英格兰地区最多。当洛克菲勒（John Rockefeller）于 1926 年决定通过大规模的重建将威廉斯堡带回到十八世纪时，标志着一个新时代的开始（图 3-1-1）。这是美国第一次大规模针对整个城镇的保护实践，重建后的威廉斯堡迅速成为人们议论的焦点，也成为旅游胜地，并推动户外博物馆这一类保护形式的发展与成熟。

图 3-1-1　古德温、洛克菲勒与殖民地威廉斯堡（许可 摄）

二十世纪初，威廉斯堡仍是一个安静的小城，“过去的守护者”是弗吉尼亚古物保护协会（APVA），主要宗旨是通过历史遗迹保存弗吉尼亚上流社会过去的记忆，使贵族文化不受各种变化的影响。这种对过去的崇敬帮助威廉斯堡从一个孤立闭塞的小镇，平稳地过渡到二十世纪三十年代致力于通过整体修复和重建来复兴的小镇，这一切都缘起于一名当地教堂的牧师——古德温（W.A.R.Goodwin）。古德温在 1907 年完成了对一座教堂的修复，但他意识到还有许多殖民时期的建筑依然处于糟糕的状况。一个宏伟的想法便诞生了，他想通过更大规模的修复，来复活十八世纪的威廉斯堡。古德温看到了项目的前景与重要性，因此开始寻找外界的支持以推动这一宏大的计划。

古德温在 1924 年第一次遇见了洛克菲勒，试图说服他对这一项目进行投资。

古德温认为威廉斯堡应该成为具有里程碑意义的教育工具，他坚信美国需要向前看去追寻其民族精神的根源。他提到，“在这里的回忆象征着辛劳、泪水、血液以及我们文明和自由的诞生地”[①]。他想通过描绘重建后的盛景来诱使洛克菲勒走入自己的计划之中，起初洛克菲勒没有立即做出决定，希望仔细考虑投资数额与项目完成后的价值再做决定。不久后洛克菲勒雇用了建筑师来帮助评估重建威廉斯堡，这也标志着他对这一项目的正式涉足。[②]1926 年 12 月，洛克菲勒收购了第一座十八世纪早期的住宅，之后又陆续收购了格洛斯特街区所有的私人住宅和商业建筑，格洛斯特正是殖民时期的主要街道。洛克菲勒雇用了波士顿的建筑师合伙事务所（William Perry、Shaw 和 hepburn）进行早期的规划，之后逐步朝着实现终极目标而努力：“将威廉斯堡复建为殖民时期的老样子，让它成为学习历史和鼓舞人心的对象。”

鉴于项目庞大的规模，修复和重建的过程必然会面对诸多困难。虽然洛克菲勒缓解了资金方面的问题，但也导致了更紧张的局势和进一步的质疑。一位当地公民听闻洛克菲勒已经收购了殖民地面积的 95% 之后，不得不去想这一强大的北方家族会如何改变这一传统的南方小镇。对洛克菲勒集团中的很多人来说，洛克菲勒重建威廉斯堡的决定似乎过于仓促，特别是在 1928 年的秋天宣称这一决定时，大多数人认为完整并准确地重现殖民时期的威廉斯堡将是一个不可能完成的任务。洛克菲勒的助手在 11 月写信给古德温说道，如果社区不愿意积极地与建筑师、承包商以及景观设计师配合，那么项目会很难推进。

实际上大多数人很乐意与这一慈善家合作，因为很多居民通过出售房屋得到了可观的经济利益。[③]其中虽然有 34 座房屋因具有重要的历史意义不会被拆除，居民依然可以享有终身所有权，也允许他们将房屋使用权转让给殖民地威廉斯堡。这些房屋可能被用于展览或出租给工作人员使用，以营造“有人居住”的氛围。这些解决方案虽然可能存在小纠纷，但大体上是令人愉快的。尽管一些人卖掉自己的房子后会有不便之处，但当意识到这是在为威廉斯堡实现国家理想后，也就

① GOODWIN W A R. Bruton Parish Church restored and its historic environment[M]. Petersburg：Franklin Press，Company，1907.

② HOSMER C B. Preservation Comes of Age ：From Williamsburg to the National Trust，1926-1949[M]. Charlottesville：Published for the Preservation Press，National Trust for Historic Preservation in the United States by the University Press of Virginia，1981.

③ FOSTER A K. “They're turning the town all upside down”：The community identity of Williamsburg，Virginia，before and after the reconstruction[D]. Washington，D.C.：The George Washington University，1993.

消除了后顾之忧。除了经济上的好处，许多居民乐于看到一些老的、不那么有吸引力的建筑被移除。精英阶层常常认为破烂的房子为社区蒙上了一层阴影，比如黑人居民的住房普遍是简陋的棚屋而不受白人居民喜爱。

第二节　基于历史真实性的修复

一、视觉真实性

（一）“格子”格局的回归

在获取了镇上大部分建筑的所有权后，正式开始了修复与重建工程。由于经过了长时间的发展，威廉斯堡的现状比较混乱，首要目标就是要获取准确的历史信息作为复建的依据。因此，一小群历史学家面对浩瀚的信息库展开了工作。那段时间历史学家和建筑师们一方面通过查阅历史地图、图纸、老照片、保险记录、日记等文件来筛选所有与威廉斯堡有关的信息；另一方面穿梭于弗吉尼亚州寻找幸存的建筑，仔细记录建筑和装饰细节作为参照[①]，这些工作成为重建威廉斯堡的基础。古德温在后来的回忆中非常自豪地指出“我们研究了欧洲以及美国所有相关文献”[②]，无论真实性如何，都表明一种严谨的学术态度。

威廉斯堡在第一个 20 年的修复过程（直到 1950 年）中都致力于重建物质环境。[③] 项目一开始就由八名精通殖民时期建筑风格的专家组成了一个委员会，列出

① The Official Guidebook of Colonial Williamsburg[Z]. Williamsburg：Colonial Williamsburg Foundation.

② HOSMER C B. Presence of the past：A history of the preservation movement in the United States before Williamsburg[M]. New York：G. P. Putnam's Sons，1965.

③ BRINKLEY M K. Trees on 'the Duke'[J]. The Colonial Williamsburg Interpreter，1990，11（2）：9-10.

“修复十则”作为行动的指导方针[①]，见表 3-2-1。当时著名的建筑修复师金博尔和科彻尔也是其中的成员，团队指出“要忠于理想，而非时间表（fidelity to an ideal, rather than fidelity to a time schedule）的原则。

表 3-2-1　修复十则

序号	内容
1	所有体现殖民传统风格的建筑都应该保留，不论它们的实际建造期
2	对体现传统的建筑，在采取任何动作前都应该进行仔细的分析
3	“复原区”内，所有不属于殖民或经典风格的建筑都应该被拆除或移除
4	“复原区”以外的老建筑，如果可能的话最好原址保留
5	所有留存的老建筑都不应该因为结构问题被重建，如果后期有足够的工作和费用可以保存它
6	建筑师应该谨记普通的修复和复原之间的区别以及能造成的结果，且大多数建筑应该被保留而不是复原
7	注意保存和修复的速度应该比普通的现代建设速度慢
8	在复原中使用旧材料和细节时，应该妥善标记便于识别
9	应尽可能原址保护
10	当必须使用新材料时，应该尽可能接近老材料的状态，不应该尝试使用夸张的方式去“作古”（antique）

资料来源：脚注文献②。

复原的第一步是恢复城镇最初的格局——南北与东西向道路交叉而形成的网格（grid）。这种网格布局起源于希腊和罗马的城市规划，体现出人们对秩序的渴望。由于时间的推移，自由的发展使威廉斯堡渐渐偏离了最初的网格布局。在二十世纪二十年代修复之前，这种网格布局几乎消失了。古德温认为现在的威廉斯堡充斥着“殖民时期和现代的不和谐”[②]。很多殖民时期的建筑已经被改建得面目全非，也正是现代城市的混乱发展造成的。洛克菲勒也同意这一点，认为需要从不和谐的环境中拯救这个小镇。

因此，规划团队首先开始清除十九世纪和二十世纪的建筑，希望能精确地重现小镇十八世纪的城镇布局。关于十八世纪城镇布局的重要资料是 1782 年法国人绘制的地图（图 3-2-1），这是当年为了在城里部署法国士兵而绘制的地图。这张

① BOSSOM A C. COLONIAL WILLIAMSBURGL：HOW AMERICANS HANDLE A RESTORATION[J]. Journal of the Royal Society of Arts，1942，90（4621）：634-644.

② YETTER G H. Williamsburg before and after：the rebirth of Virginia’s colonial capital[M]. Williamsburg：The Colonial Williamsburg Foundation，1988.

地图帮助建筑师确定了街道与建筑的尺度和它们在当时的相对位置。① 东西走向的格洛斯特街为小镇最主要的轴线，南北走向的街道交叉联系着东西方向的主街道，格洛斯特街的西端为威廉和玛丽学院，有着著名的维恩大楼（Wren Buildings），东端为议会大楼（Capitol）。

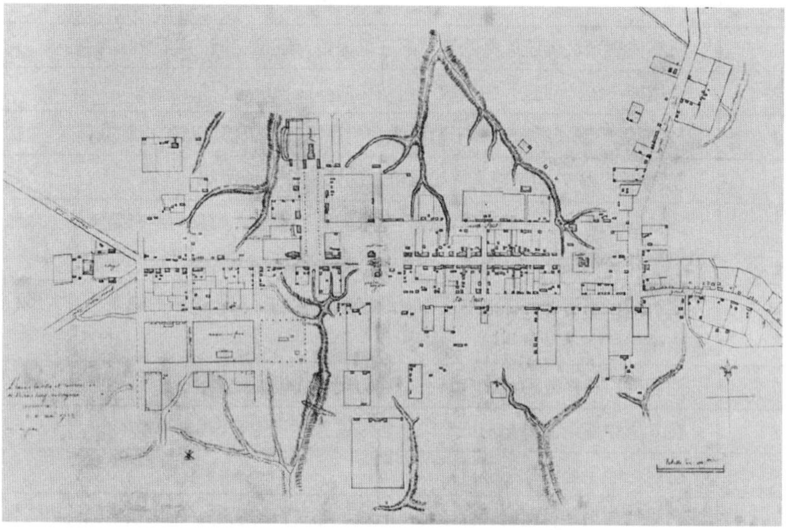

图 3-2-1 法国人 1782 年绘制的地图
（资料来源：Courtesy of the Swem Library，College of William and Mary）

（二）建筑的重建与修复

在"修复十则"指引下，对建筑的具体修复必须按照清晰明确的程序进行。首先，为了便于对待修复的建筑进行初步的研究，需要清理覆盖于建筑表面的藤蔓植物与其周边的树木。必要时采取措施支撑并加固濒临倒塌的墙与不稳定的楼板，建筑内部也要腾空所有的空间以待后续的研究。

在对建筑进行初步清理后，需要对内部和外部进行仔细测量，如层高、墙体、地板、装饰、楼梯、壁炉，以及与框架并存的门窗等，需要特别注意任何发生过改变的痕迹。还需对油漆层进行实体采样，探测记录任何恶化、腐烂的基材，查实可能被堵塞的窗口，寻找被添加或移除过的部分。在对建筑进行仔细检查的同时，还需详细研究与建筑有关的历史，比如其中居住过的人以及对它的使用方式等。这些信息可在历史资料、城镇地图甚至遗嘱等资料中进行查找。当然，不是所有失踪的证据都能够被发现，但必须找到足够准确的信息才能开始进行下一步工作。

---

① TAYLOR T H. The Williamsburg restoration and its reception by the American public：1926-1942[D]. Washington，D.C.：The George Washington University，1989.

如果无法找到书面资料，就必须进行考古发掘来搜寻建筑及其年代证据，如采用挖掘机探针测量基础埋深、老墙基础、砖或泥灰岩的花园步道与排水沟渠等；又如将土壤过筛，通过在其中寻找瓦、砖、陶瓷、金属制品、玻璃、石头和其他工件的碎片来揭示建筑可能的形式、年代及用途；有时甚至需要剥去建筑的一部分来研究其构架，旨在观察变化并检验其物理现状，但这种方法必须很谨慎地进行。

由于工程所涉及的对象很多，一方面需要修复现存的建筑，在此过程中必须延续年代感，因此，即使老的楼板和原始的窗框部分腐坏，也不能进行大规模更换，应该尽量维修腐坏的部分。但由于护墙板长期暴露在外，极难修复至最初的状态，所以只能进行部分更新。另一方面还需要在原来的基础上重建许多已不存在的建筑，如国会大楼和总督宫等。建筑复建之后就开始复原室内的家具和装修，以及建筑周边的花园。在工程进行的过程中不断摸索并积累了很多关于保护、修复或重建的经验，其间也不断发展着新的技术。总之，所有工作的目的都是复现十八世纪美国小镇物质环境的真实性。

1. 公共建筑的修复——维恩大楼、总督宫、议会大楼

在城镇格局重现之后，工作重点就是复原重要的公共建筑，如维恩大楼、总督宫、议会大楼、布鲁顿教堂以及莱利酒馆等。

维恩大楼始建于 1695 年，不仅具有悠久的历史，在过去也扮演着重要的角色。对它的修复经历了最长的时间，其间也经历了最为激烈的讨论。由于维恩大楼分别于 1705 年、1859 年和 1862 年遭遇过三次大火，每次火灾后的重建过程都会发生一些变化，因此将其修复到哪个状态成为修复团队争论的焦点。由于受限于历史资料提供的线索，分歧主要集中在恢复到第一次火灾之前还是之后的状态。支持修复到火灾之前的人认为：火灾后重建建筑入口门廊的比例不协调；屋顶的尖塔过小与其周边的建筑不协调；室内建筑的特点等都与大多数现存建筑不同。但由于支撑这种想法的史料仅有一幅粗略的草图，通过这幅草图也不能看出火灾前准确的建筑形态，因此他们最终妥协，决定将建筑恢复至第一次火灾之后的状态。建筑师佩里指出，虽然第一次火灾后重建的建筑外观并不是十分和谐，但有充分的资料作为支撑，因此是客观真实的。如果不这么做的话，就违背了真实性原则，那么修复中必然会有很多主观臆断，这样的修复工作也就变成了不负责任的再创造。

历史学家厄尔·斯威姆（Earl Swem）和普林特斯·度厄（Prentice Duell）主导着关于维恩大楼的历史研究和考古调查，为工程提供史料支撑以确保真实性。当时他们通过大量的查询工作找到了能展现建筑东立面比较准确的史料，但始终没有找到能展现西立面的史料。就在工作陷入困境的情况下，古德温的妻子从伦敦的来电

为整件事带来了转机。她在牛津大学伯德雷恩图书馆中发现了能展示维恩大楼各个立面的图像资料[①]，正是这一珍贵的史料使后续的工程能顺利进行下去（图 3-2-2）。

图 3-2-2　铜版画上的维恩大楼、修复后的维恩大楼（许可 摄）

另一座重要的建筑是总督宫（Governor’s Palace），由于当时这座建筑已经不存在，因此需要进行彻底的重建。最重要的历史资料就是由设计师托马斯・杰弗逊于 1779 年绘制的建筑平面设计图（图 3-2-3 中的①），这一原始图纸清楚地展示了建筑最初的布局。1931 年，考古学家德维尔（Prentice Duell）对总督宫所在地进行了仔细的考古挖掘（图 3-2-3 中的②），对主楼与附属建筑的地基进行了测量，与最初的设计图纸进行比对得出了修复平面布局图。这同样得益于牛津大学图书馆中发现的铜盘雕刻。其中除了包含维恩大楼各个立面很完整的图像之外，还有总督宫比较全面的立体图像（图 3-2-3 中的③）。正是基于这些严谨的调查研究，才完成了最后的重建。

虽然威廉斯堡大部分建筑的修复与复原都是严格基于历史真实性原则进行的，但也有个别的建筑没有做到这一点，国会大楼就是其中之一。建筑历史学家卡尔・朗伯里（Carl Lounsbury）指出，“由于建筑师深受古典风格的影响而在重建过程中改造了议会大厦：圆顶偏离了中心，也改变了窗户与门的位置。偏爱对称和古典风格导致建筑师错误地阐释了十八世纪的美国建筑，并且故意倾向于学院派的设计”。在这一建筑的修复中，保护者和建筑师牺牲了真实性和历史准确性，出发点基于纯粹的建筑美学，因为他们坚信改造后的建筑能更加和谐且令人赏心悦目。其实这与洛克菲勒也有一定的关系，他作为建筑鉴赏家，更加偏爱追求建筑的美感而不是历史真实性。

① KOCHER A L，DEARSTYNE H. Colonial Williamsburg：Its Buildings and Gardens；a Descriptive Tour of the Restored Capital of the British Colony of Virginia[M]. New York：Holt，Rinehart and Winston，1961.

图 3-2-3 重建总督宫的过程（许可 摄）

2. 普通建筑的重建——木板屋住宅

在复原了一些重要的公共建筑之后，也开始修复充斥于重要建筑之间的普通建筑，它们大多是平民的住宅，大多是中等大小、舒适并宽敞的木板屋。这类十八世纪的木板屋住房主要有三类：第一类为一间进深，中心有走廊，两侧各有一个房间。这类房间的布局显然源于十七世纪的住宅，“用木材建造，虽然做作但也很美丽，优于英格兰普通的房子”，两侧窗户的数量有时不同。这种类型的房子一般都有一个或两个烟囱，通常在建筑内部。第二类为两间进深，在十八世纪中期开始流行，大厅在一侧。前面的房间通常是正方形的，一般被用作客厅使用，在角落上设有壁炉，与后面的房间共享，烟囱包含在墙内。第三类也是两间进深，但是不同之处在于有一个中央大厅，总督宫就是基于这样的布局，大多数这类建筑的每层都有四个房间（图 3-2-4）。

这类住宅建筑的体系结构以实用性为主，几乎没有装饰性。朴素的外墙没有发现诸如柱式等建筑法式（orders of architecture）存在过的证据，可以说这些住宅都不能反映出建筑艺术方面的美感。但艾萨克·威尔（Isaac Ware）在《完整的建筑》中指出：“这种简单的住宅更能满足人们的需求，他们并不希望建筑具有柱式，或其他昂贵的饰品。”[①] 建筑外墙由简单、未装饰的护墙板覆盖，大多由黄松木和杨树木制作。屋顶有采光窗，门两侧有窗户并配有百叶。

---

① WARE I，JONES I. A Complete Body of Architecture：Adorned with Plans and Elevations，from Original Designs. By Isaac Ware... In which are Interspersed Some Designs of Inigo Jones，Never Before Published[M]. London：T. Osborne and J. Shipton，1756.

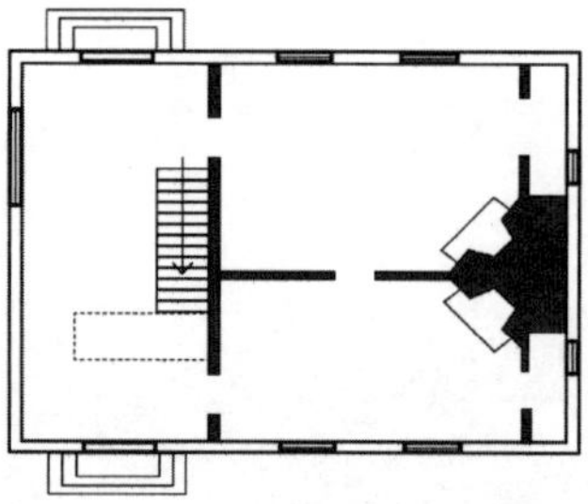

第一类

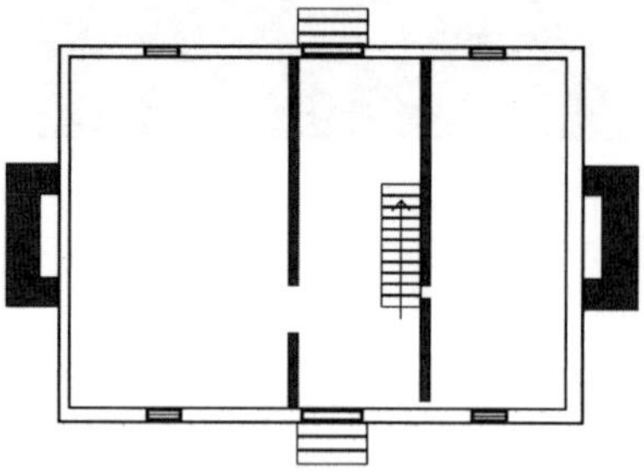

第二类

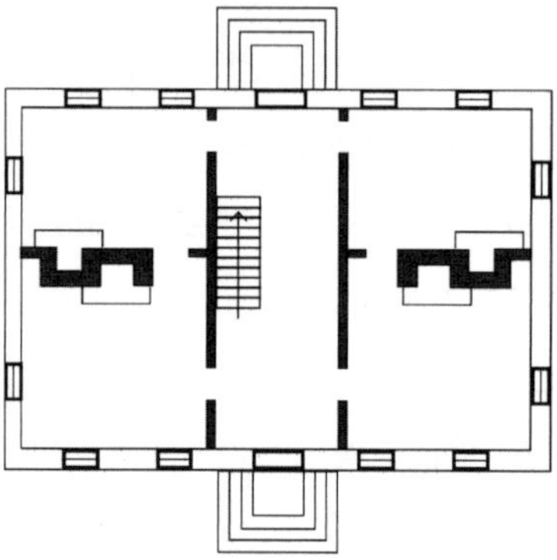

第三类

图 3-2-4　三种常见类型的住宅（改绘）

流传至今的照片、绘画等为修复这些消失的历史住宅提供了珍贵的证据，如 John Crump 住宅是基于历史照片中的图像细节进行复原，Greenhow-repiton 住宅是基于水彩画进行的复原设计。1926 年到 1930 年，威廉斯堡街道旁近 100 座木板房被重建或复原。这些普通住宅作为少数富丽堂皇建筑的背景甚至略显简陋，但这种分明的等级与强烈的对比也是殖民时期的真实写照。这些重建的建筑都反映着非常精确的殖民复兴风格。

3. 恢复传统建筑材料的制作工艺

威廉斯堡的大型公共建筑大多由当地烧制的砖建造，这种砖尺寸大、耐用、不透水，颜色为鲑鱼的橙色系。由于这种砖早已不再生产，因此恢复原来的烧砖工艺来制作这种建筑也成为修复工作的重点。建筑师花了一年的时间才发现烧制出这种颜色砖块的秘密——燃料使用了当地出产的硬木才能烧制出这种色彩与硬度。黏结砂浆根据十七世纪和十八世纪的惯例进行调配，常常还会使用压碎的牡蛎壳作为配料。复建工程稍微修改了一下材料的配比，采用十份牡蛎石灰、十份砂、八份白水泥和一份超细石灰，试验证明这样的改良不但能保证相同的外观还使得结构更加坚固。为了纪念这种古老且有意思的工艺，威廉斯堡还将这种砖当作纪念品售卖（图 3-2-5）。

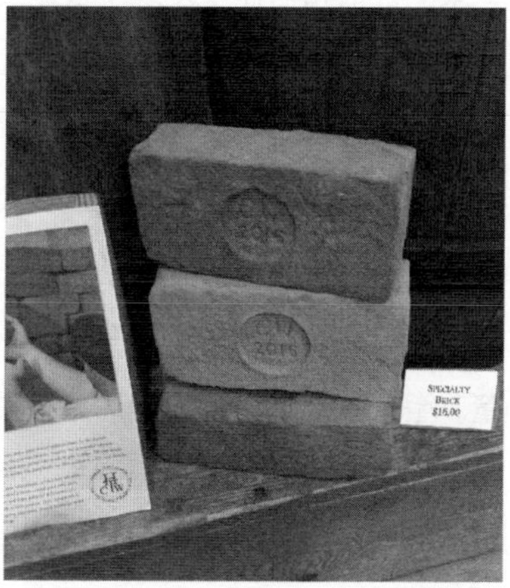

图 3-2-5　售卖的传统工艺砖

对小型住宅来说，木框架结合护墙板正是十八世纪弗吉尼亚常见的建筑结构形式。当时的普通人偏爱木材，不仅由于造价相对便宜，人们也认为砖造的房子容易潮湿，无益于健康。正如杰弗逊在 1784 年指出，“私人住宅很少使用砖或石材建设，大多数都采用木框架结合板瓦贴面，外部用石灰抹灰”[①]。

（三）室内空间的修复

1. 室内装潢

在完成建筑主体结构的修复后，复原室内的装潢、破损的家具就是下一步工作重点。总体来说，这一部分的工作难度不大：①关于室内装潢的文献资料相对较为丰富；②现存殖民时期的家具物件也较多；③二十世纪初历史住宅博物馆与历史性房间的保护形式已经相对成熟，有很多专家都对殖民时期的室内装潢与家具设计有充分的研究。

---

① KOCHER A L，DEARSTYNE H. Colonial Williamsburg：Its Buildings and Gardens；a Descriptive Tour of the Restored Capital of the British Colony of Virginia[M]. New York：Holt，Rinehart and Winston，1961.

十八世纪弗吉尼亚的殖民者们痴迷于创造与英国相似的环境。他们追求与英国最新、最流行的装饰艺术潮流保持一致，基于这些理念来建造建筑并装饰内部空间。由于这一时期许多装饰材料和家具都直接从英国进口，工匠也很多都曾在英国学艺，因此弗吉尼亚那些年的建筑、室内装修风格与英国十分相似，一个游客在 1755 年游访弗吉尼亚里德斯顿时指出："当我进入一个满是红木家具的屋子时，看到其中的陈设我大多在伦敦见过。"①

在修复室内空间的过程中，殖民地威廉斯堡一直严格遵循历史证据，从公共记录、日记和信件中发现了很多关于家具和物件的珍贵线索。由于书面证据中提及过的原始物件流传下来的很少，因此在一些特殊情况下参照同时期的古物进行精确的复制。

完善总督宫、国会大楼这类大型建筑的室内装潢需要大量的物件，但由于真古董数量有限，大多数是基于真古董打造的精美复制品。总督宫的装修采用典型的英式风格，除了舞厅中有两个水晶吊灯是复制品外，其余家具大部分都是真古董。至今人们仍然致力于通过各种渠道寻找真实的古董物件。在乔治·维尼住宅中，由于没有资料证据，只能参考现存的十八世纪普通人使用的家具进行仿造。虽然弗吉尼亚没有发展出独特的家具风格，但现存的物件显示出与英国原型的直接联系，只是殖民时期的家具制造者对之进行了一定的改造。威廉斯堡一直坚信人们在一个令人信服的环境中能更容易理解关于过去重要的故事（图 3-2-6）。

图 3-2-6　十八世纪的室内装潢（许可 摄）

2. 收藏品

在威廉斯堡基金会的努力之下收集到了许多珍贵的展品，包含近 70000 件美国和英国装饰艺术和机械艺术的实例、5000 件美国民间艺术品、超过 2000 件考

① KOCHER A L，DEARSTYNE H. Colonial Williamsburg：Its Buildings and Gardens；a Descriptive Tour of the Restored Capital of the British Colony of Virginia[M]. New York：Holt，Rinehart and Winston，1961.

古文物与15000件建筑部件。这些展品都很好地展示了弗吉尼亚、美国殖民地乃至北大西洋地区从十七世纪到建国初期的生活。大部分展品都分布于200多间房间及展厅之中，包括家具、服装、陶瓷、金属、地图和枪支等。威廉斯堡拥有的十八世纪英国和美国的考古资源是世界上最完整的，民间艺术收藏品也是全国最多的，这些资源对来自世界各地的工作人员和研究人员都是无与伦比的宝藏。

3. 花园的修复

威廉斯堡大多数殖民时期花园在复建开始之前都不存在了，因此修复花园的难度比较大。由于关于历史时期花园的记录很少，主要通过三个方法作为修复依据。第一，现今遗存的部分证据，如老步道、栅栏、墙、灌木树篱、一些附属建筑和花园等。除了树木、浆果和木本灌木以外的植物材料，在没有很好的养护情况下都不可能存在超过一个世纪。幸运的是，埃弗拉德花园中的老黄杨篱作为勾勒花园轮廓的植物材料留存至今，就被专家作为有力的证据来推测花园最初的状况。除了地面可见部分，对花园所在地进行挖掘和检查也对修复有很大的帮助，可以通过地下遗存的附属建筑的基础、砖和泥灰岩步道、铺砌的硬质空间区域、地表排水、老墙和栏杆桩基础等推断花园的空间布局特点。如在部分花园中，地表几英寸以下发现了原始的步道，因而能复原出花园最初的主要轴线、次要游线及种植区域的大小、形状和布局等。第二，从保险、各种草图、旅行游记和旧信件等历史文献中，也可以获得很多关于花园及植物品种的信息。第三，威廉斯堡附近的城镇，乃至北卡罗来纳州区域内十八世纪城镇中现存的花园都能提供很多珍贵的信息，都能为植物种植细节与花园空间复原提供思路。相关专家研究了弗吉尼亚区域内现存的100多个历史时期的花园，作为修复威廉斯堡花园的参考。

总督宫花园是威廉斯堡规模较大的花园，也是弗吉尼亚最早的、最正式的花园，它的设计明显影响了同时期许多其他花园。这一花园的具体形象同样得益于伯德雷恩图书馆发现的图像资料，其显示了前院有四个椭圆形种植池、石头步道、狭窄的入口和弯曲的围墙。主花园围绕西翼服务建筑群，与厨房、熏制房、洗衣房及其他相关的附属建筑一同布局，这一喧嚣活跃的区域与总督的起居室有一定距离。花园的边界由考古挖掘发现的墙基础界定，主楼建筑的轴线和北门的基础确定了中央轴线，轴线两侧的路缘基础确定了步道的宽度。主花园的东侧是魔纹花坛，花坛绿篱的钻石形状等细节与铜版雕刻的形象相差不大。北侧花园的高程略低于主轴两侧的花园，这是十八世纪早期典型的花园空间布局特色，其中修剪成型的乔木、郁金种植池是受到荷兰影响的实践。围合的砖墙、优雅的铸铁大门、装饰性景观柱、花瓶与拐角处的房屋，都是花园设计中重要的组成部分。最北面还有水果花园，有诸如石榴等异国风情的植物在这里生长，由实体砖墙与无花果树墙围合。末端是仿照英国汉普顿宫建设的冬青迷宫以及阶梯状的种植台，台阶通向顶部的平台。冬青迷宫和台地花园都是十七世纪晚期花园设计的特色要素（图 3-2-7）。

① 总督宫
② 前院椭圆形种植池
③ 主花园
④ 郁金种植池
⑤ 魔纹花坛
⑥ 冬青迷宫
—— 根据考古判定围墙位置
—— 主轴线

图 3-2-7　总督宫花园（平面图作者绘制；许可 摄）

这类正式的、装饰性的花园在十八世纪是财富的象征，大多数平民都无法享有。基于严格的史料研究，景观设计师和园艺师仔细地重建了二十几座历史花园，这些花园与建筑交相辉映，旨在更全面地展示威廉斯堡殖民时期的盛况。

花园中种植了多种植物，有大部分由殖民者收集的本国或异国的观赏性植物花卉，有可食用的水果和蔬菜，还有一些药用植物。对植物种类的考证也是严格基于史料，绝对不会使用弗吉尼亚殖民时期没有使用过的植物材料。表 3-2-2 是通过考证研究后查明的植物种类，主要分为开花植物和浆果植物。正在进行的研究将继续提供更多关于十八世纪威廉斯堡花园的信息，让人们找到更多历史上出现过的植物，来不断丰富今天的花园。

表 3-2-2　威廉斯堡殖民时期植物种类考证表

月份	开花植物（Blooms）	浆果植物（Berries）
1 月	茶梅（Sasanqua Camellia）、腊梅（Wintersweet）、金缕梅（Witch Hazel）	冬青（Hollies）
2 月	山茶（Japanese Camellia）、木瓜（Flowering Quince）	
3 月	水仙（Daffodils）、黄茉莉（Carolina Yellow Jasmine）、连翘（Forsythia）、茱萸（Cornelian Cherry）、美国紫荆（Redbud）、唐棣（Shadblow）	
4 月	郁金香（Tulip）、荷包牡丹（Bleeding Heart）、色子柱花（Columbine）、杜鹃（Azaleas）、美国山桂（Mountain Laurel）、美国四照花（Flowering Dogwood）、丁香（Lilac）、红花七叶树（Red Buckeye）	
5 月	鸢尾（Iris）、东方罂粟（Oriental Poppies）、牡丹（Peonies）、迷迭香（Rosemary）、细香葱（Chives）、卡甜灌木（Carolina Sweet Shrub）、绣球花（Oak-leaved Hydrangea）	
6 月	黄花菜（Daylily）、花园夹竹桃(Garden Phlox)、蜀葵（Hollyhocks）、薰衣草（Lavender）、蓍草（Yarrow）、美国紫藤（American Wisteria）、梓树（Catalpa）、石榴（Pomegranate）、木槿（Rose of Sharon）、广玉兰（Southern Magnolia）、甜湾木兰（Sweet Bay Magnolia）	

续表

月份	开花植物（Blooms）	浆果植物（Berries）
7月	花园夹竹桃(Garden Phlox)、蓍草（Yarrow）、紫薇（Crape Myrtle）、金雨树（Golden Rain Tree）、绣球花（Oak-leaved Hydrangea）、木槿（Rose of Sharon）、广玉兰（Southern Magnolia）、葡萄树（Trumpet Vine）	
8月	紫菀（Asters）、松果菊（Coneflowers）、蓍草（Yarrow）、紫薇（Crape Myrtle）、绣球花（Oak-leaved Hydrangea）、木槿（Rose of Sharon）、广玉兰（Southern Magnolia）、葡萄树（Trumpet Vine）	
9月	麒麟草（Goldenrod）、斑茎泽兰（Joe-Pye Weed）、紫泽兰（Obedient Plant）、紫薇（Crape Myrtle）	美国紫珠（American Beautyberry）、苦茄（Bittersweet）、美国四照花（Flowering Dogwood）、水果石榴（Pomegranate Fruit）、玫瑰果（Rose Hips）
10月	菊花（Chrysanthemum）	美国紫珠（American Beautyberry）、杨梅（Arbutus）、苦茄（Bittersweet）、火棘（Firethorn）、美国四照花（Flowering Dogwood）、水果石榴（Pomegranate Fruit）、玫瑰果（Rose Hips）、冬青（Hollies）
11月	茶梅(Sasanqua Camellia)、菊花（Chrysanthemum）、金缕梅（Witch Hazel）	美国紫珠（American Beautyberry）、苦茄（Bittersweet）、火棘（Firethorn）、冬青（Hollies）
12月	茶梅（Sasanqua Camellia）、金缕梅（Witch Hazel）	美国紫珠（American Beautyberry）、月桂（Bayberry）、苦茄（Bittersweet）、红雪松（Eastern Red Cedar）、火棘（Firethorn）、冬青（Hollies）、印第安醋栗（Indian Currant）、玫瑰果（Rose Hips）、华盛顿山楂（Washington Hawthorn）

资料来源：根据相关资料整理。

威廉斯堡希望游客漫步于这些历史花园中也能思考一些问题：景观设计师和园艺师是如何基于考古和历史研究来重建历史花园的？花园和其中的植物是如何反映十八世纪人们的生活方式和生活态度的？过去的人们是如何维护花园的？

二、感官真实性

第一个阶段的重建完成后，基本建立了“视觉真实性”。随着殖民地威廉斯堡进入二十世纪六十年代，它已接近成熟，完成了创始人于40年前设想的目标，项目展现的十八世纪的小镇比以前任何时期都完整。然而，社会的发展与游客变化的需求推动着殖民地威廉斯堡进行不断的完善。

正所谓树大招风，随着威廉斯堡的名气越来越大，也吸引了社会各界对其进行评论。迄今最严厉的批评发表在1963年9月22日的《纽约时报》，有人指出现在的复建是危险的，扭曲了历史保护的目的，就连导游也难以区分什么东西是真正的遗迹，什么是复制品。工作人员也不会告诉游客议会大楼、总督宫和罗利酒馆等大部分建筑都是新建的。威廉斯堡的一部分问题在于它可能忽视了那些初始的建筑、真正有价值的地方。尽管这样的大规模重建可能使历史保护的发展在一定程度上后退了，但它促使人们开始重视早期建筑的价值并且开始思考历史保护这件事的本质。

此外，还有批评者指出修复后的威廉斯堡没能完整地再现十八世纪的城镇，重建的结果仅仅是过去的理想化版本。有两方面所指：一方面认为复建过程“将十八世纪威廉斯堡过度美化和净化了”。十八世纪真实的生活是充满了“死亡和健康状况不佳、腐烂的牙齿、失明和堕落……破碎、鸡骨头、牡蛎壳……垃圾等元素的”，它意味着的“气味、苍蝇、猪、污垢等”。另一方面缺乏文字污垢也被认为是不完整的过去。对这些批评者来说，经博物馆洗白的表象仿佛象征着殖民地威廉斯堡讲述的故事是没有烦恼的。

游客与工作人员也都注意到了这几点，有人在游览体会中写道：“应该营造一些关于嗅觉的细节。例如在烟熏室内洒液体烟……这样当人们在看到火腿肉的时候仿佛觉得也闻到了它们的气味。在地窖里同样可以这么做，让人们看见啤酒桶的同时也能闻到酒味。”对此，博物馆回应道：“我们在展示中也做了一些改善，如最近在烟熏室内采用了实际的木材烟，希望味道能够持久。我们也在酒窖里营造了一种芳香，通过将一些苹果密封在酒桶内，再添加发酵的细菌，这样产生的气味很真实。”这些栩栩如生的“触觉”是人们关注的重点，威廉斯堡后来安排了越来越多盛装的员工与真实的动物一同来营造的十八世纪的生活画面，如安排人工修剪草坪、处理剥落的油漆和动物大便等，这些鲜活的场景使历史区域中的游览体验变得更加真实。

随着二战后大众旅游的兴起，越来越多的游客涌入殖民地威廉斯堡。博物馆一方面努力丰富着感官真实性，如通过重现十八世纪的声音和气味让游客切实地

"体验"弗吉尼亚殖民地时期的生活。另一方面越来越关心如何更好地"解释"这段历史，比如开展更多"栩栩如生"的活动。此后，更多的"生活场景"被引入博物馆：羊、牛车、稻草人、蜜蜂蜂巢和工艺品等，都是为了使历史区域"复活"。当时有报道指出，"历史区域内出现的柴堆暗示着春天的来临。不是为了准备应对寒冷的天气，而是试图给予该地区'生命'的迹象"。

三、文化真实性——社会历史博物馆

二十世纪六十年代的小镇能隐现美国社会变化的暗流，民权运动的发展不仅导致政府改变了对美国黑人的政策，也意味着美国社会的各个方面必须开始重新关注在很长时间被忽略的部分。二十世纪三十年代的设计师表示，"没有必要完全恢复真实性，应重在修复、保存并优化现存的"，不展示"黑人奴隶"的历史就说明了刻意的回避。其实在二十世纪三十年代重建的初期古德温就意识到了这一点，他写信给当时的项目负责人说明建设奴隶角的想法，建议在展览馆附近建造一些小木屋，在其中安排一些黑人奴隶演员。他还表示可以安排这些演员完成一些真实卑微的工作，例如维持场地的秩序或擦洗房间的地板。他指出，"完全将他们从殖民历史中抹去绝对是一个错误"[①]，但当时这一提议没有被采纳。

二十世纪七十年代的游客们也渐渐意识到这种不平衡，指出在游览这里的过程中完全没有看到任何关于黑人的信息，尽管他们是威廉斯堡故事中重要的一部分。他们也担心殖民地威廉斯堡对儿童认知过去会有消极的影响，"虽然威廉斯堡的重建能够促进爱国主义，也有可能破坏人们的自尊以及对真实过去的感知。威廉斯堡不能继续延续这些虚假的概念。为我们的后代考虑必须修正历史"。游客强烈地呼吁殖民地威廉斯堡展示更全面、更真实的过去。

二十世纪七十年代末，一直作为体现美国理想的圣地终于变成社会历史博物馆的新角色。新的转变是为了描绘十八世纪弗吉尼亚生活更完整真实的画卷。博物馆召集了一群年轻的学者来负责制定未来几十年内的发展计划。由于二十世纪七十年代就业市场的不景气，很多历史学家们开始走出学术界为公共历史组织工作，他们创建了很多文化展示项目，如"成为美国人""选择革命"等。这些项目专注展示白人和黑人居民从隶属于英国而转变为美国公民的过程，以及那段政治变化的语境中，弗吉尼亚各个方面的文化生活。这样就把殖民地威廉斯堡的传

① GREENSPAN A. Creating Colonial Williamsburg：The Restoration of Virginia's Eighteenth-Century Capital[M]. Chapel Hill：UNC Press Books，2020.

统政治展示与更广泛的普通人群结合在一起。这样的展示更加平衡，强调了所有社会群体对美国的贡献。这些文化展示项目成为殖民地威廉斯堡未来工作的基础，社会历史必须考虑不同阶层人们的不同生活方式，需要被详细研究以尽可能正确地解释过去。威廉斯堡从此开始重新审视之前被忽略的弱势团体，以理解他们错综复杂的生活，如公众视线之外的妇女等。

1. 对奴隶生活的描绘

首先，一个重要的进步是更多的黑人讲解员参与到项目之中，让游客意识到十八世纪的城镇之中也有黑人的位置。博物馆希望至少 50% 的讲解员是黑人，以展示与白人居民的比例关系。虽然这一目标很难达到，但任何进步都完善着复建的真实性，而且，1979 年之前都没有系统展示黑人历史的项目，直到三个非裔美国人被雇用扮演各种各样的角色，包括刚到达的奴隶、做帮厨的学徒和自由的黑人理发师。这些讲解员的工作是不容易的，有些会受到白人游客的冷眼。尽管存在一些问题，但游客终于能够听到另一半完整的故事。当然，任何不感兴趣的访客也可以不参与这些项目。在本质上，游客参观殖民地威廉斯堡也不用完全理解复杂的社会属性。这样，威廉斯堡也就不会冒犯那些希望无视某些方面历史的游客。

其次，为了全面地展示奴隶的生活，也着手重建种植园的奴隶屋，希望游客能了解那时黑人奴隶的生活。奴隶屋建在威廉斯堡 Carter’s Grove 种植园的原址，距离原弗吉尼亚最著名的家族大约 0.25 英里（1 英里 =1.61 千米）。关于 Carter’s Grove 的考古发掘发现了十三个有内衬板的坑。进一步的调查显示这些储物坑之上有可能有奴隶屋。在重建这些住宅的过程中，考古研究主任参照了同期现存的奴隶屋，通常是单间为 12~16 英尺（1 英尺 =0.3048 米）的木板屋。进一步的研究显示，非裔美国人在殖民时期的生活多变且复杂。最早的奴隶用枪打猎、建造自己的住所、自己准备食物，偶尔学习阅读和书写。

重建的奴隶角在 1989 年向公众开放（图 3-2-8），这些建筑是很重要的，因为他们给了讲解员讲述种植园奴隶生活的机会，还可以表现出与城市中奴隶生活的不同之处。殖民地威廉斯堡也因此成为第一个认真讨论殖民奴役的博物馆，讲述的内容与十九世纪大多数美国人所熟悉的版本大不相同。威廉斯堡副主任指出：“我们将在威廉斯堡以一种新的方式展示反抗、暴力和种族主义……我们需要学习历史的各个部分，包括不愉快的部分。”领导者们意识到需要用更复杂的观点来看待殖民时期的生活。

图 3-2-8 重建的奴隶小屋以展现奴隶的生活（许可 摄）

虽然威廉斯堡一直主要是白人游客的到访地，在这里可以看到他们光辉的过去，但通过不断的改变，这里也开始吸引更多的黑人游客，在这里他们可以了解城镇中一半居民的生活——这些人很有可能是他们的祖先。白人游客也开始询问关于奴隶的生活，这是所有美国人都需要理解的话题。最终，殖民地威廉斯堡被忽视了半个世纪的过去重见天日。

2. 对平民生活的展示

在十八世纪的大部分时间里，威廉斯堡都是弗吉尼亚州的首府，是人口最多、面积最大、最繁荣的殖民地，是商业、外交和独立的中心。为了展示这里千千万万人民日常的生活图景（图 3-2-9），威廉斯堡也开始通过丰富其他展示项目来构建这一丰富的画卷。

图 3-2-9 展示平民的生活（许可 摄）

在第一个 50 年里，威廉斯堡曾经草率地展示着殖民时期女性的角色。因为女性在早期通常作为女侍和向导，他们的角色往往只是男性的陪衬。威廉斯堡于 1981 年召开了为期三天的会议，旨在加强对女性历史的诠释。会议揭露了女性在十八世纪所谓的黄金时代的生活远不如复建初期所展示的那样简单。“走向女士”的项目第一次为游客提供机会了解殖民时期不同社会阶层女性的多样生活。

自二十世纪七十年代末以来，威廉斯堡在展示更广泛的过去方面已经取得了长足的进步。随着时间的推移，媒体也开始认识到这一趋势和运营的新重点。一些批评人士坚持将威廉斯堡与主题公园相比较，但历史研究者、考古学家和建筑历史学家的工作证明了这里不是仅仅只能游玩的乐土。由于复建城镇的初衷在于打造爱国主义教育基地，高唱的政治主旋律使更为广泛的社会历史被忽视，导致大多数游客对美国的历史缺乏完整全面的理解。所以，威廉斯堡试图更准确地描述奴隶制，展示平民阶级的生活并重点强调了女性的角色都说明了严肃地尝试着去改变并充实对过去的展示。

事实上，威廉斯堡试图描绘的十八世纪是非常有限的，那时的人们同现在一样有着各种各样的生活方式和信仰。虽然许多游客认为殖民时期的人们只有单一类型的服饰、工具或观点，但实际上十八世纪的生活与今天一样复杂。有学者指出，“我们这一代人对差异、人际关系非常感兴趣。生活、工作条件和知识之间有令人难以置信的多样性”。1970 年，法院的项目正是试图描绘十八世纪殖民社会如杀人、强奸、抢劫等阴暗的方面。游客可以进入法院帮助法官解决某些案件，希望游客通过这样的互动能获得更深入的感触。建筑历史学家卡尔・劳恩斯指出：“我不希望访问者认为十八世纪只是有点老，没有电。我想强调两者之间的差异，以及我们的社会是如何演变和发展的。”

第三节 迎合多样化的市场需求

从二十世纪六十年代开始，殖民地威廉斯堡一直优化着作为社会历史博物馆的角色，并且取得了重大进步。当前展示的十八世纪的生活已经相当全面，大多数游客在离开时都了解了很多关于殖民时期的信息，这也达到了最初的目标。但并不是所有到访的游客都希望被灌输美国殖民时期的历史，一些人来到这里可能只是为了体验早期社会中人们生活的乐趣、参观那时的建筑与园林景观或者了解十八世纪的人们是如何庆祝圣诞节的。因此，殖民地威廉斯堡需要不断改善其作为旅游目的地的角色来满足各种人群的需求。随着二十世纪五六十年代旅游市场的火热发展，威廉斯堡为了应对其他旅游地的竞争也开始不断完善多元化的活动项目、营造沉浸式的参与体验并且进行了大规模营销。如为了给游客提供更接近十八世纪的游览体验，甚至停止了城镇中街道的机动车交通而只能乘坐马车。

一、游乐功能的优化

1. 互动性的游乐项目

为了优化历史区的游览体验，后来推出的项目非常注重与游人的互动性，不限于演员表演游客观看的模式，很多地点都开展了创新的可互动式游乐项目（图 3-3-1）。在乔治·维斯住宅中，游客将会被带到启蒙时代，受到科学和艺术的启示。在詹姆斯住宅中，游客可以加入游戏并参与日常的琐事，体会那时生活中的烦恼。在兰德福住宅中，游客可以更深刻地理解早期黑人奴隶的生活，了解社会的阴暗面。在公众的军械库中，游客可以观察都是什么样的武器支持着革命战争。在法院中，游客可以通过参观案件的审理过程，了解殖民时期的法官是如何维护社会秩序的，游客还可以扮演目击者的角色与“小偷”斗智斗勇。

图 3-3-1　可互动式游乐项目（许可 摄）

游客通过参与采摘过程、制作铁具、纺织工艺等活动切实参与到那时人们的生活场景中来感知十八世纪。在与这些演员互动聊天的过程中，能更真切地了解到十八世纪人们的生活中都面临一些什么样的选择，这些选择将如何影响他们的家庭和他们的社区。大部分游客到来后都会认真地体验十八世纪人们的生活技能，他们学会了熟练地操作斧头、犁或使用针线。即使离开了威廉斯堡，游客在以后想起这里，随时都可以通过社交软件与这些演员交流，威廉斯堡也希望通过这些手段与游客建立更深层次的联系。

威廉斯堡的游乐项目不局限于白天，在夜晚也有多种多样的游乐项目。夜晚的舞会是殖民时期弗吉尼亚人非常喜欢的娱乐活动，他们常举办公共和私人舞会，用于交际、庆祝或单纯的娱乐。游客可以选择与“贵族”们觥筹交错，或与“平民”们聊聊日常。除了舞会，还有古典音乐会，吸引着热爱音乐的游客。最有趣的是搞怪的“鬼魂游街”项目，到了午夜会有由工作人员扮演或特效制作的“鬼魂”在街头漫步，人们可以听到这些“鬼魂”讲述的这里曾发生过的关于爱情、背叛与谋杀的真实故事。

2. 奢华的服务设施

为了满足人们不断变化的要求，殖民地威廉斯堡也致力于优化其服务设施。比如打造更加现代化的旅店，提供更加多样化的餐饮、更加复古的购物场所。同时，殖民地威廉斯堡保留并优化了一些传统优势。自二十世纪二十年代以来，洛克菲勒家族的影响力不仅促进了这个十八世纪城镇的修复，也促使殖民地威廉斯堡成为一个豪华的度假胜地以及召开商务会议的完美地点。因此，后来这里也推出了传统推拿按摩、现代水疗等服务项目。同时还在历史区外围修建高尔夫俱乐部、网球场等。这些都是为了将威廉斯堡打造为旅游观光的度假胜地，吸引富有的游客来此消费。

这些附属项目的部分利润将被用于街区设施的运营与维护，还有历史文化的研究。尽管这些项目可能是纯粹主义者的眼中钉，但他们有助于向消费者出售殖民地威廉斯堡。毕竟，让人们来旅游是复建的首要目的。因此，为了吸引游客，作为一个活着的历史博物馆的同时必须也是一个有吸引力的旅游目的地。最终的问题是如何平衡这些属性，使旅游的商业气息不掩盖博物馆的历史氛围。

二、教育功能的完善

1. 针对学生与教师的项目

除了游乐功能，教育游客的功能也是自创建殖民地威廉斯堡以来的主要目的，其间也一直努力优化着这一功能。威廉斯堡为各种规模的团体提供了多种教育娱乐项目，年龄层次从幼儿园小朋友到老年人，所有游客都能根据各自所需在小镇中探索美国殖民时期的新奇事物。70 多年以来，威廉斯堡作为多个学校的实习基地，协助学校丰富教育内容与形式，为不同年龄段的学生打造了独特的课堂。专业的教育工作者会与威廉斯堡的研究员合作，通过设置专门的学习计划涵盖数学、科学、英语与历史等方面知识。互动项目和跨学科的知识将开发学生的思维，也能让学生更加快乐地学习。

威廉斯堡教育的对象不仅针对学生，还推出了针对教师的教育项目，旨在拓展教师们关于美国历史与精神的理解，以强化他们教育下一代的爱国精神。使用跨学科课程计划，提高逻辑思维分析技能。运用模型教学策略，找寻美国历史与今日教育风格的相关性及各自的利弊。希望教师们在真实的学习环境中从多角度探讨美国历史。针对学生与教师的教育项目见表 3-3-1。

表 3-3-1　针对学生与教师的教育项目

项目	针对人群	项目内容
青少年团体项目	“发现威廉斯堡”(Discovering Williamsburg)——幼儿园至三年级	在该项目中，少年们将会探索为独立和自由奋斗的人民的日常生活，需要了解他们在工作和生活决策过程的点点滴滴，思考怎样才能成为一个合格的公民。参与者将参与实际活动，如手工组装木桶、从井中打水、尝试当时的时尚服装等
	“通过殖民和冲突塑造国家”(Shaping a nation through Colonization & Conflict）——四五年级	学生将听取并观察在创建国家的过程中重要决策的制定过程，还将参与调查自由者和受奴役者的生活和观点，见证从经济挑战到革命激进新思维的形成。可根据坚持和平的优点或战争会带来的负担来选择辩论的站队
	“创建新的共和国”(Creating a new Republic)——六至八年级	参与者将会与过去的居民会面并交谈，这些居民将透露自己独特的观点并分享他们的创新性想法。在与这些创始人交流的过程中，会听到革命家的真实想法，由此探索从公民角色过渡到决策者角色的思维升华，并讨论新政府应该采取什么执政形式是合理的
	九至十二年级	探索当自治仍然是新型革命思想的时代，探索“弗吉尼亚州权力宣言”也正是“人权法案”的灵感来源。走进过去，调查“独立宣言”和自治的开始是如何受到普通人们的思想、行为和不同观点影响的。讨论所有人应该保留什么权力，并决定这些权力是否应该扩展到每个人。由此讨论什么样的国家应该选择什么样的经济模式，谁该拥有最高的权威
家庭教学项目	家庭居住体验	参与者可以在商店、家庭和社区建筑中体验殖民时期的日常生活，如在这里住宿、就餐、在小酒馆中参与娱乐活动等。旨在通过更加深入的沉浸式体验激发想象力，使历史教育更加生动。希望以威廉斯堡殖民时期的经验启发下一代的梦想家

续表

项目	针对人群	项目内容
教师能力发展项目	小学教师课程	关注弗吉尼亚人的日常生活以及在革命时期公民角色是如何发生变化和过渡的。教师将通过参与在詹姆斯敦、威廉斯堡和约克镇的一系列实践活动，学习感知那时人们的故事
	中学教师课程	研究在殖民时期美国人的身份认同是如何建立的，并随着每一代人的发展是如何转变的。在访问詹姆斯敦、威廉斯堡、约克镇和里士满期间，通过对主要问题进行分析并探索这种认同在十八世纪六十年代是如何影响美国公民塑造并改变共和国的
	高中教师课程	通过对美国历史的研究考察公民对于美国必不可少的价值观之间的不断争论。在詹姆斯敦、威廉斯堡和里士满访问期间，教师将通过探索这些持久的主题并与当今问题的联系来激励积极的公民身份

资料来源：根据相关资料整理。

2. 丰富的在线教育资源

为了更好地履行其教育者的角色，威廉斯堡还推出电子教育计划，游客可以通过免费注册获取丰富的信息资源。多媒体资源每月都会直接发送至注册者邮箱，包括各种视频、教案与交互式学习游戏，更多的是威廉斯堡图书馆的电子资源（表 3-3-2）。

表 3-3-2　威廉斯堡图书馆的电子资源

项目	内容
电子新闻（e-Newsletter）——热点话题	· 园艺的历史与科学 · 木船 v.s.（对阵）铁船 · 第一夫人埃莉诺 · 罗斯福（Eleanor Roosevelt） · 1790 年人口普查 · 奴隶主乔治 · 华盛顿 · 天花接种 · 冰激凌 · 档案 · 刘易斯 · 海因（Lewis Hine） · 船舶和导航
在线学习（Enlight Online Learning）——教育资源	· 1968 年：改变世界的一年 · 二十世纪初的移民审查分析 · 人工制品、荒漠化和萨赫勒地区 · 军械库锻造的历史 · 面向公众的乔治 · 华盛顿 · 华盛顿的一些财产告诉我们什么？ · 公海和未知的冒险

资料来源：根据相关资料整理。

为了吸引威廉斯堡之外的游客，还推出了在线课堂计划，人们可以通过互联网访问来获得从十八世纪日常生活到考古研究的各种信息。这些在线实地考察法与早期电影和出版物一样，将殖民地威廉斯堡的信息传输给全国各地的学生，希望这些信息可以吸引学生让他们的父母带领他们到威廉斯堡来进行实地体验。因此，这一计划具有双重目的，既能教育学生也能促进收入并带来更多游客。

殖民地威廉斯堡还致力于通过网络技术与游客进行互动，游客可以通过在手机的应用中查询历史信息并下载相关材料。殖民地威廉斯堡的互联网主任还指出将创建博客以吸引新的观众来关注修复的全过程。其他博物馆和历史遗迹，如史密森学会也使用博客作为促使在线游客了解信息的手段，尤其是依赖新技术的年轻一代。

第四节　户外博物馆保护形式的成熟

毫无疑问，殖民地威廉斯堡成为美国二十世纪上半叶影响力最大的历史保护实践。在获得了巨大成功之后，似乎也成为一个绝佳的学习范例，保护者们从中学习重建、修复、复原和适宜性再利用历史建筑的方法。同时也使得户外博物馆的保护形式达到成熟，国民信托将户外博物馆（outdoor museum）定义为，“一个复原、重建或复制的村落，其中有一些或许多被复原、重建或移建的建筑，目的是用于解释历史和文化”。随着户外博物馆的发展，其教育功能越来越受重视，这一点与历史住宅博物馆是一脉相承的，其中的建筑群就类似于住宅博物馆中展示的艺术品，这些建筑以相互关联的方式被展示并最大化发挥教育潜力，向人们解释它们为什么会被创建，以及是如何被使用的。要达到这一效果，除了建筑之外，还需要环境、人以及各种媒介的协同合作。比如安排翻译或讲解员穿着符合时代语境的服装，在特定时间、地点开展活动，以强化教育功能。这样的宗旨也是希望既能从整体审视单体，也能从单体检验整体，因为身处于一个更大的“真实”

空间里的体验会比局限于一个房间里更为真切与生动。

在威廉斯堡的影响下出现了很多类似的户外博物馆，如密歇根迪尔伯恩的格林菲尔德村（Greenfield Village）、纽约库珀斯敦的农场博物馆（Farmer's Museum）、马萨诸塞州的斯特布里奇村（Sturbridge Village）以及北卡罗来纳温斯顿的老塞勒姆村（Old Salem Village）等。它们的发展都或多或少吸取了威廉斯堡的成功经验或失败教训，其中有的甚至成为威廉斯堡的竞争对手。

一、格林菲尔德村

美国的汽车大亨亨利·福特（Henry Ford）也早在二十世纪二十年代就萌生了建立户外博物馆的想法。1926 年的秋天，他决定在办公室附近建立一座博物馆，希望由一个大的展厅和一组适当规模的建筑群组成，用来展示美国的无限机会和过去人们的成就。最主要的建筑是费城独立大厅的复制品，表明福特的动机与爱国主义也有一定的联系。福特指出："我将会收集展品以展示美国人民的历史，是他们用双手创造的历史……我们将复制并重现从建立国家的那一天到今天普通人民的生活，这也是我们的历史和传统中需要保护的一部分……"①

福特将 100 多座历史建筑从原址移建至此以营造"村落"环境，包含从十九世纪至今的建筑。他搬入的第一座建筑是他孩童时期的学校，此后不久他搬入密歇根林顿的酒馆。到 1929 年，他的"村庄"由一座法院、一座火车站、一座邮局和一座工厂组成。此后他又搬入几座农舍和一座五层的珠宝商店，只是后来将其改建为三层。除了珠宝商店，他搬入的大多数建筑的大小尺寸以及初始特征等都在复建过程中被改变了。1933 年，这座博物馆村镇正式向公众开放（图 3-4-1）。

1. 展示内容

格林菲尔德村为游客提供了独特的、基于真实对象的故事，包含美国人的传统生活、智慧与创新，指出目的是激发人们受这些过去成就的感染，让他们立志于塑造一个更好的未来。展示内容涵盖多个方面，包括亨利·福特、交通、美国的工业革命、信息技术和通信工具、农业和环境、美国民主与民权、家庭和社区生活等。从展品中可以看出福特广泛的收藏兴趣，潜在的主题当然是歌颂美国的强大（表 3-4-1、图 3-4-2）。

---

① HOOVER T. Henry Ford Museum & Greenfield Village archives，manuscripts，library holdings，and special collections[J]. Michigan Historical Review，2001，27（1）：153-170.

图 3-4-1　格林菲尔德村（陈光浩 摄）

表 3-4-1　格林菲尔德村的展品

类别	展示内容
亨利·福特	·亨利·福特制造的第一辆四轮车，1896 年 ·亨利·福特发明的“厨房水槽”引擎，1893 年 ·员工徽章，1945 年 ·福特 V-8 发动机，1932 年 ……
交通	·由理查德·伯德在南极驾驶过的 4-AT-B 三电机飞机，1928 年 ·“山姆山”蒸汽机车，1858 年 ·Hildebrand & Wolfmuller 摩托车，1894 年 ·哥伦比亚安全自行车，1889 年 ……
美国的工业革命	·固定蒸汽机，1848 年 ·波特 - 艾伦发动机，1888 年 ·瓦特运河泵送发动机，1796 年 ·木材复制车床，1865 年 ·柴油机，1898 年 ……
信息技术和通信工具	·爱迪生电笔，1877 年 ·华盛顿印刷机，1848 年 ·打字机，1874—1876 年 ·留声机，1878 年 ·Macintosh 512K 个人电脑，型号 M0001W，1985 年 ·Datamath TI-2500- Ⅱ型电子计算器，1974 年 ……
农业和环境	·福特试验轻型拖拉机，1907 年 ·脱粒机，1820 年 ·草原破碎犁，1860 年 ·割草机，1836 年 ·自推棉花挑选机，1950 年 ……

续表

类别	展示内容
美国民主与民权	·乔治·华盛顿的弹簧床，1775—1780 年 ·亚伯拉罕·林肯在福特剧院使用的摇椅，1855 年 ·路易斯·维尔和纳什·维尔铁路休息室标牌，1929 年 ·雇用奴隶机械师的徽章，1850 年 ·第二次世界大战海报，“联合共赢”（United We Win），1943 年 ·弗雷德里克·道格拉斯画像，1860 年 ·腿枷锁，1840—1880 年 ……
家庭和社区生活	首饰盒，1830—1840 年 滚动式货架时钟，1817—1821 年制造 赛马奖杯，1699 年 衣柜，1790—1800 年 史密斯靴店贸易标牌，1875 年 罗伯特·莫格的第一个音乐原声合成机，1964—1965 年 玩具布偶，1925 年 Amana Radarange 微波炉，1975 年 胡佛吸尘器，1946—1950 年 ……

资料来源：根据相关资料整理。

图 3-4-2 展出的飞机、汽车（陈光浩 摄）

2. 教育项目

博物馆中大多数建筑都有特殊的功能，如用于陶器、玻璃和锡铁等生产加工的作坊。其中都有身着盛装的讲解员，一方面亲自对这些农业与手工艺相关的技术进行演示，告诉游客早期人们的生活是如何自给自足的；另一方面还会指导游客进行亲身体验并参与生产，产品还能作为纪念品进行售卖。

这些讲解员对于游客获取这里的信息十分重要。除此之外，格林菲尔德村推出的教育项目也极具特色（表 3-4-2）。其中一个叫作“启迪者之星”的项目重在启发人们对创新精神的重视，因而比较受学生与家长的欢迎。项目采取独特的、动态的与多媒体数字教育结合的方式来引导学生构建成为二十一世纪的创新者所必需的技能，激励学生学习美国的传统智慧和创新能力。此外，还有相关的实地考察，让学生在身临其境的真实环境中摸索实践经验。项目中也有针对父母的启示，旨在教育他们如何更好地激励、引导与培养下一代成为思想家、实干家、技术人员和企业家。

表 3-4-2　格林菲尔德村的教育项目

类别	项目	内容
创新性教育	“启迪者之星”	“启迪者之星”为学校教师、青年服务提供商、高校教员以及企业培训师设置。它详细介绍了创新的基本原则，并邀请参与者探索过去成功者所具有的各种特质 课程 1：什么是创新 课程 2：创新者的特点及品质 课程 3：创新的过程 课程 4：创新的关键点 课程 5：创新与知识产权等
与课程结合的实地考察和计划	实地考察	考察 1：亨利 · 福特博物馆 考察 2：福特工厂 考察 3：3D 巨幕体验厅
	野营和活动	夏令营：为二至八年级的学生设置，探索美国早期的科学、自然、交通和生活 户外生活实验室：体验如何平衡环境、工业和社会的需求，了解福特集团为何能成为可持续设计的领导者
	青年体验营	男孩：创业奖章，发明徽章 女孩：建立模型，节能住房
教育资源	主题	艺术、商业、工程、地理、历史、科学、社会学、科技
	适用年级	幼儿园至三年级、四至六年级、七至八年级、九至十二年级
教育机构	教育者能力发展计划	定期举办教师活动和研讨会，介绍教育计划和产品。为深化教育内容，在几个教学板块设置专业发展研讨会和沉浸式学习课程。 教师研究员计划（Teacher Fellow Program）于 2009 年创立，希望增加课堂教师与亨利 · 福特集团的沟通与协作。名为“起于老师，为了老师”（By the teachers，for the teachers）的论坛以“共同创造”作为主题，构建以创新和引人入胜的方式贯彻亨利 · 福特的教育理念。自 2009 年以来，超过 25 个学区和两个州的 40 多名教师参与了该论坛，共计 3500 多个学时。 这些教师代表着一群不同的教育工作者，他们在公立、私立、特许和职业学校为不同群体的学生讲授各种科目。自从该计划创立以来，“教师研究员”课程的参与者对亨利 · 福特集团提供的教育产品做出了重大贡献，并尝试将很多内容纳入了常规课堂课程。在此过程中，研究员与这些教师和机构人员形成了持久的合作关系

续表

类别	项目	内容
教育机构	亨利·福特学院	亨利·福特学院成立于1997年，与福特汽车公司和亨利·福特集团在设计和开发等方面展开合作，并由韦恩县区域教育服务机构承包办学。学生来自韦恩县区域，以及部分私立和家庭学校。这种示范伙伴关系将企业、非营利机构和公共教育领域中最好的想法聚焦到一起，为二十一世纪培养人才。 根据亨利·福特学院模式已经分别成功在底特律、芝加哥和圣安东尼奥建立了其他三所学校，都属于福特学院的分支。福特学院及其分支部门通过强大的学术能力、大学影响、职业发展以及重视创造力的现实经验，为社会输送了大批人才
	社区的青年导师计划（Youth Mentorship Program）	亨利·福特的“青年导师计划”（YMP）体现了创始人通过“学习做事”的理念，通过模拟成年人的工作环境，为青少年提供提前参与工作的机会，早日体验成年人在工作中可能遇到的问题而培养抗压能力。 与社区、学校合作，YMP为该地区的高中学生提供了获得额外学分和生活经验的机会，每个学生在下半年将与亨利·福特的全职员工一起工作，并由这些员工自愿担任导师。 青年导师计划在美国获得了很多人的认可，为学生提供了与在传统学校学习中不同的氛围，是一种产学研全方面结合的学习方式。学生可以与他们的导师一起工作，参与社区建设活动，完成每周设定的目标和要进行探讨的主题。 当学生毕业后，他们将具备强大的沟通和人际关系处理能力、稳定的责任感，还有坚信能够成功的信念，这正是青年导师计划的目标——培养年轻人积极生活的态度
比赛	教师创意奖	此奖项用于寻找能够创造性地教授并培养学生智慧的老师，以及如何激发学生创造力、解决问题和批判性思维的方法
	故事写作比赛	比赛中，参赛者将根据提供的“基础材料”撰写有关创新者的故事，该基础材料是亨利·福特的众多收藏品。这些资源与其他独立研究一起提供了历史信息来构建创意故事

资料来源：根据相关资料整理。

二、农场博物馆

二十世纪四十年代，纽约的库珀斯敦也开始建立以农业文化为主题的户外博物馆（图3-4-3），由于其所在地自1813年以来一直是当地农场的一部分，也更好地切合了这一主题。这一项目由纽约人斯蒂芬·克拉克（Stephen Clark）发起，他在夏天来到库珀斯敦地区度假，并且在当地开展了一系列商业业务，一方面维持了小镇的经济活力，另一方面也有助于保护并改善这里的乡村环境。不久后，克拉克会见了纽约州历史协会的领导爱德华（Edward Alexander），他建议协会搬迁到库珀斯敦办公，并且可以资助部分搬迁的费用。因为他认为搬迁至此有助于将此地建立为继棒球名人纪念堂之后的第二个有吸引力的旅游点。亚历山大本身也是训练有素的历史学家，他和克拉克都十分喜爱民俗文化，并且热衷于可以将其生动表达的三维展示形式，如户外历史博物馆。同时他们两人也都是这个时代特立独行的人，因为直到二十世纪六十年代初，历史学家仍然将研究院作为传播学科研究对象的主要方式，而不是历史博物馆。

图 3-4-3　农场博物馆（王贤宇 摄）

1. 展示内容

在纽约州历史协会到达库珀斯敦后，亚历山大敦促克拉克收集农业和民俗文化相关的物件，与他自己的收藏品一起建立展示体系，他们的目标包括收集纽约北部所有与农业相关的工具、技术和历史。农业工具的相关展品旨在记录十九世纪农业技术的演变过程，从十八世纪早期自制的干草耙、荷式耕犁到二十世纪中叶的“福特制造”，再到由当地人发明、彻底改变了十九世纪乳制品行业的乳脂检测器，都记录着从纯人力到工业化变革的这段历史。由于这一时期许多农场在不断地消失，仅存的传统耕作方式也在发生着现代化改变，因此他们不仅需要与时间赛跑，还需要不断扩大搜索范围才能及时拯救这些被遗忘在角落濒临腐坏的物件。

农村手工艺和贸易也一直是农场博物馆自成立以来的关注点，旨在收集和保存自二十世纪二十年代以来在东北部出现的手工艺生产工具。随着人们的努力，收集的展品越来越多，1944 年，第一批展览建筑建成，包括一座铁匠铺、律师事务所和几座农舍。到了今天，整个博物馆村镇中收集了超过 23000 件展品，它们被置于相关建筑之中进行系统展示，讲述着十九世纪纽约中部农场中普通人的生活（表 3-4-3）。

表 3-4-3　农场博物馆的展品

类别	展示内容
历史建筑	村庄中的建筑来自纽约州周边的农村社区，经过小心的拆解搬迁并在此复建。每栋建筑都是十八世纪末十九世纪初农村生活中常见的商业和居住建筑
纺织品	装饰性和实用性纺织品在纽约州的农村生活中有着重要的作用。两百年前，人们的服装和家庭中使用的精美纺织品大多由手工制作并自给自足。到十九世纪末，农民普遍购买如缝纫机等机器来加工衣服和家居用品，这不仅提高了纺织品的生产力，制作工艺也在不断提高
壁纸	壁纸是十八世纪末至十九世纪初美国的时尚商品，直到十九世纪中期，所有的壁纸都是手工制作的。在手工制作方法中，木块被雕刻成各种图样，再通过浸染颜料印刻到纺织品上。在革命之前，市面上能购买到的壁纸通常都是从英国进口的。独立后，美国制造商纷纷兴起，开始与国外壁纸公司竞争
农业	收藏品从十八世纪早期的荷式耕犁到二十世纪中期的福特拖拉机。从家庭制造的搂草机到乳脂检测器，再到斯蒂芬·巴布科克发明的巴布科克管，从而改变了十九世纪末期的乳制品行业
手工工具	十九世纪中期，纽约州北部村庄的十字路口都会找到木工、铁匠、轮辋和鞋匠的店铺。流动的织布工在某个地区停留期间，不仅传播了手工艺技术也带动了技术的发展。乡村手工艺文化自二十世纪四十年代初博物馆成立以来一直是展示的重点

资料来源：根据相关资料整理。

2. 教育项目

农场博物馆一直扮演着传承美国民间艺术传统和精湛手工艺的角色，在众多历史博物馆中处于领先地位。博物馆村中还包括很多生动的工坊展示项目：打印商店之中运用传统技术印刷文件的熟练工；纺织工坊中在纺织机上加工着精美织品的妇女；铁匠铺中正在打造当地农民使用铰链和工具的匠人；药品店用传统方式生产杀虫剂的工人。这些工作者不仅可以为游客解释任何疑问，也可以亲自指导参观者亲身体验这些传统工艺。

博物馆还设立了丰富、系统的教育项目，为游客、附近乃至全国范围内的学生提供了了解与学习这些技术的机会。如季节性项目、每日项目及定期的工坊、讲座和电影，还有专门针对儿童的迷你工坊，目的在于传授传统课堂之中不容易接触到的知识和能力（表 3-4-4）。

表 **3-4-4** 农场博物馆的教育项目

类别	项目
季节性项目	年度家畜展销（4月） 农场蔬菜销售（5月） 妇女权力运动（6月） 独立日庆祝活动（7月） 反租战争小插曲（8月） 年度丰收节（9月） 夜间“鬼魂之旅”（10月）
每日项目	演员们就历史事件、人物和民间文艺作品进行小型节目表演
工坊	农场博物馆长期以来掌握着民间艺术传统和精湛的手工艺。会举行各种各样的研讨会，由具有丰富经验的专家和介绍人员进行讲解，使得学生怀着激动的心情与求知欲融入课外课堂
讲座和电影	博物馆从午餐时间到晚间会安排很多有见地的讲座与有趣的电影，涵盖了许多与历史和文化相关的话题，与游客分享着这些有趣的故事
儿童项目	农场博物馆的儿童课程通过艺术创作、手工制作、问题探索、讨论和演示等方式启发并培养儿童的思考与动手能力，并教育他们了解这段可能已经与他们今天的生活失去了关联的历史

资料来源：根据相关资料整理。

三、斯特布里奇村

与库珀斯敦相似，马萨诸塞州的斯特布里奇村同样由从其他地方移建的历史建筑组成。斯特布里奇村从一开始就被构想为通过建设一系列新殖民时期的建筑，依据新英格兰时期传统的村落布局来整体重现（图 3-4-4）。

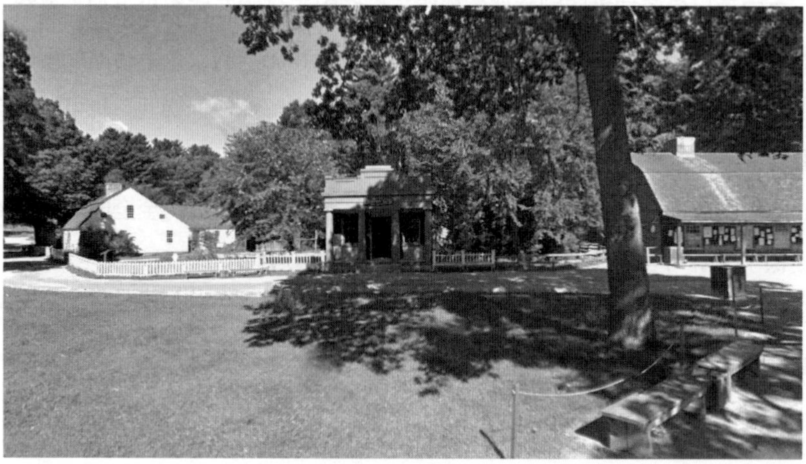

图 **3-4-4** 斯特布里奇村（王贤宇 摄）

创建者是美国光学公司的拥有者威尔斯（Albert Wells），他一直有收集与先人相关事物的兴趣。到1935年，他的收藏品已多到自己的家里无法容纳。因此他和两个兄弟建立了威尔斯历史博物馆并聘请了一位馆长。到二十世纪三十年代中期，由于威廉斯堡变得家喻户晓，威尔斯聘请当时参与殖民地威廉斯堡建设的景观设计师谢克里夫（Arthur Shurcliff）为他的户外博物馆建设出谋划策。到1938年，威尔斯成立了专门的公司，开始沿昆博格河建设这一博物馆小镇，旨在保护并铭记新英格兰早期的地方艺术与工业发展历史。他不仅想在这里展示早期的艺术和手工艺，也要真实呈现这一时期人们生活的状况，以及讲述这些措施如何被制造、如何被运用，并且如何影响多样化设计发展趋势的。他希望这些知识能有益于当代生活，为今天的生活提供启示。

1. 展示内容

威尔斯的一生都致力于实现建设博物馆小镇的梦想，但到他去世都没能完成。他的女儿于1945年接管了这一村镇，并且延续着父亲的理念。1946年，整个村子作为户外博物馆正式对外开放，主要包括三个区域：村中心是整个村镇的焦点；乡村区域由偏远的农场和农产品市场组成；工厂区域由各种商业建筑组成，依靠工厂自产的能源运作。最初包括18座历史建筑，有重建的也有从其他地方移建的。至今村落中有40多座建筑，包括从新英格兰地区购买移建与重建的，如汤普森银行、苹果酒坊、骑士商店、锡制品店等（表3-4-5）。每座建筑都与新英格兰时期的日常生活息息相关，描述着生活的不同场景，讲述着独特的故事。与大多数户外博物馆一样，教育游客当然是最重要的目的。斯特布里奇村的特点在于努力通过村庄自产自售的产品来达到收支平衡。

表3-4-5 斯特布里奇村的特色历史建筑

建筑	功能与内容
汤普森银行	汤普森银行是十九世纪通过借贷资金促进农村农业和贸易起家的商业银行之一，这些商业银行由它们所在的州管理。汤普森银行自1835年至1893年一直位于康涅狄格州的汤普森，直到1963年才搬到斯特布里奇村。 该建筑采用希腊复兴风格设计，配有星光灯、铸铁壁炉和古典风结构柱，以及由著名钟表匠西蒙·威拉德（Simon Willard）打造的时钟。此外，还有收银台和金库
苹果酒坊	苹果酒是该地区最常见的饮料，这座苹果酒坊是新英格兰幸存至今的少数几座酒坊之一，该建筑内仍然保留有最原始的苹果酒压榨机。在过去需要使用马力破碎机和手动螺旋压榨机将该地区出产的苹果酿造为苹果酒。将苹果酒带到酒窖后，农民特意对它“硬化”或“酒精化”处理以更好地保存

续表

建筑	功能与内容
骑士商店	骑士商店代表了农业社区与外部世界之间的重要纽带。这家商店最初是一座普通的一层楼建筑，于1838年被改造为一座两层半的商场，里面售卖着种类繁多的商品。人们通过出售黄油、奶酪、棕榈叶帽子和针织袜子等农产品来支付购买商品的费用。 商店里的商品来自世界各地，如来自英格兰的羊毛布，来自英国、法国和印度的棉纺织品，来自爱尔兰和中欧的亚麻布，来自中国和意大利的丝绸。本土商品包括床单、衬衫、花布、鞋子，还有扫帚、书籍和纸制品等
锡制品店	1820年后，新英格兰的锡业发展迅速。锡店的所有者从英国进口镀锡铁皮并将其制作成各种形式，再通过小贩和乡村商店分销。需求最大的是漏斗、铲斗、烧水壶、量具和平底锅。其他常见物品包括灯笼、炉灶、茶壶和咖啡壶等

村中的历史建筑展示着超过40000件藏品，都是由新英格兰人在1790年至1840年间制造或使用过的。其中还有几个特色展品系列，向人们展示着与当时日常生活相关的武器、玻璃制品、照明设施、钟表、工艺品和家具等（表3-4-6）。

表3-4-6　斯特布里奇村的特色系列展品

类别	展示内容
武装和装备：新英格兰的枪支和民兵（1790—1840年）	经过村庄历史学家和策展团队长时间的研究，武器和装备展览于2017年9月开展。在殖民时期和十九世纪初期的新英格兰，民兵是日常生活的重要组成部分。所有年龄在18~45岁之间的身体强壮的男人都必须在镇上服役。他们必须自己提供武器和设备，并且每年必须参加至少一天的培训。这一系列展览将在新英格兰的语境下讲述四个不同的主题：民兵、枪支技术、枪支制造和运动射击
玻璃画廊	玻璃画廊主要展示十九世纪新英格兰有关玻璃制品的历史，如制造和使用方式，并通过实际制作过程结合实物说明了风格随时间、生产方法、装饰习惯变化的发展情况。展出的物品包括餐具、镜子、眼镜、烧瓶以及由玻璃制作的各种工具
早期照明	该展览于1968年首次开放，并于二十世纪九十年代中期整修，重点展示了新英格兰早期日常生活使用的一些照明设备
钟表	切尼·韦尔斯钟表画廊于1982年开放，主要展示广泛收集的新英格兰早期的各种钟表。威尔斯是一位狂热的钟表收藏家，目前展出的大多数物品都是他捐赠的。其中包括各式各样的时钟，其中一些至今还在工作

资料来源：根据相关资料整理。

2. 教育项目

为了更好地展示这一再造的十八世纪的新英格兰社区，村里也有盛装的讲解员，扮演着日常生活中的农民、工匠、铁匠和工人等，目的是呈现那个时期生活中的事件。1957年开放的普利茅斯种植园，是对1627年朝圣者村庄的再造。讲解员扮演着著名的朝圣者，如威廉·布拉德福德、约翰、普里西拉·奥尔登和迈尔斯·斯坦迪什。讲解的日常故事包括烤面包、剪羊毛和盐腌制鱼等。与殖民地威廉斯堡不同的是，斯特布里奇村的出发点是基于社会历史博物馆的目的来展示普通人的生活方式。

同样，其教育功能也是博物馆的一大职能，面向游客和学生提供了多种多样的教学和工坊项目（表3-4-7）。

表3-4-7　斯特布里奇村的教育项目

类别	项目
学校项目	作为新英格兰最大的生活历史博物馆，斯特布里奇村具有完善的动态学习环境。在探索村庄的生活景观时，可以激发学生天生的好奇心来探寻过去与现在的联系
探索活动	教育工作者设计了具有特定主题和针对不同年龄段人群的冒险计划。每次冒险会让孩子们有机会探索村庄的历史和环境。项目包括宝藏搜寻、手工艺品制作、作物种植和动物养殖等。童子军们在这里通过完成任务获得徽章，锻炼体能的同时也收获了知识，可以单独行动，也可以与家人合作
历史之夜	为童子军、学校和其他青年团体设计了惊险有趣的午夜冒险活动，当然这一定是针对团队作战的行动
家庭学校课程	家庭学校日为孩子们提供参观村庄并参与实践活动的机会，有不同的参与时间可选择，如两天、三天、五天等
实习计划	实习计划旨在促使高中和大学生体验十九世纪的历史，并通过参与博物馆教育、行政管理以及游客关系维护等实际工作获得宝贵的实践经验，全面体验村庄运作者们的工作。完成实习课程并毕业后，实习生可以选择直接开始在斯特布里奇村工作，当然也可以在其他博物馆工作

资料来源：根据相关资料整理。

四、走上专业化轨道

1. 建筑保护的理论成果

这一时期大多数博物馆村镇的共同点大多是在慈善家的大力推动下快速发展，展示内容大都是他们认为值得被铭记但被忽视的内容，也体现出精英们的理想与社会责任感。随着户外博物馆保护形式的成熟，其作为教育者角色的权重也在不断增加。人们创造了各种各样的方法来展示物体、建筑、工业和手工艺，以及生活中的各方面，展示的内容也越来越复杂。人们越来越热衷于通过各种不同的方法来展示不同时代中的生活，解释者也将之视作教育资源。户外博物馆和其对复杂历史的诠释促进人们对所谓“日常”（everyday）历史，或是通常与物质文化有关的大众历史的兴趣。对物质文化的兴趣就包含对乡土建筑和普通人生活的关注，也是通常被传统历史学家所忽略的部分。[①]

美国先锋协会（Pioneer America Society）于二十世纪六十年代末在弗吉尼亚成立，将“乡土”视为其组织关注的对象。生活历史农场和农业博物馆组织（Association for Living Historical Farms and Agricultural Museums）成立于1970年，进一步关注物质文化。穿着盛装的解释者演示着传统工艺和日常琐事的完成过程，试图为游客创造一个持久且生动的教育经历。今天的美国有很多户外博物馆，虽然其作为教育工具的功能十分重要，但这种保护形式在美国并没有成为历史保护最主要的形式。

如果说历史住宅博物馆是保存历史建筑最传统的解决方案，那么户外博物馆就是第二重要的解决方案，并且随着众多户外博物馆的出现，历史建筑修复的技术也越来越成熟且专业化。在威廉斯堡修复工程开始的几年后，一些参与建设的工程师才陆续发表一些研究成果，威廉·佩里（William Perry）作为主建筑师在《建筑实录》上发表了一些文章。1949年，建筑师库彻、劳伦斯和霍华德合著的《威廉斯堡的建筑与园林》[②]出版，从参与者的角度记录了威廉斯堡修复过程中的很多细节，内容涵盖建筑、花园与室内家具。此外，还包含很多丰富的图片资料、历史资料与测绘图，对系统地了解这一里程碑式的保护实践非常重要。

得益于修复工程期间以及前期的研究工作，建筑师也陆续发表了一些与威廉斯堡相关的成果。1932年，托马斯·瓦特曼（Thomas Waterman）和约翰·巴罗斯（John Barrows）出版了《弗吉尼亚泰德瓦特的本地殖民风格的民居建筑》。[③]这本书介绍了弗吉尼亚十七世纪和十八世纪一些最著名的住宅，包括很多照片和详细的测绘图纸。沃特曼还有一本出版于1945年的《弗吉尼亚的宅邸》（*Mansions of Virginia*），除了包含一些前一本著作中没有的建筑，该书中还有他基于个人偏好的一些评价。1939年，哈罗德·夏特里夫（Harold Shurtleff）出版了《圆木屋之

---

① MURTAGH W J. Keeping time：the history and theory of preservation in America[M]. Hoboken：John Wiley & Sons，2005.

② KOCHER A L，Dearstyne H. Colonial Williamsburg：Its Buildings and Gardens；a Descriptive Tour of the Restored Capital of the British Colony of Virginia[M]. New York：Holt，Rinehart and Winston，1961

③ WATERMAN T T，BARROWS J A. Domestic colonial architecture of tidewater Virginia[M]. New York：Da Capo Press，1968.

谜——北美殖民时期的住宅》[①]。在威廉斯堡进行修复工作时，夏特里夫对圆木屋产生了浓厚的兴趣，通过系统的研究在著作中客观地纠正了当时存在于建筑学和史学界的错误观点，不认为圆木屋是十七世纪典型的英国建筑。

在威廉斯堡的影响下涌现出一系列优秀的户外博物馆，它们在互相学习借鉴之中共同进步，学者们针对这些保护实践的相关研究也取得了丰硕的成果。1938年，斯托克斯（Frederick Stokes）出版了《亨利·福特与格林菲尔德》[②]，系统地梳理了这一规模仅次于威廉斯堡的同样由大财团所资助建设的博物馆村镇的发展历程。安德森（Anderson）于1982年所著的《活着的历史：在博物馆中模拟日常生活》[③]，正是通过美国几个主要致力于展示“日常历史”的博物馆来分析其中对日常生活展示的动机、理念以及内容。卡兹（Katz）与维瑟尔（Weiser）于1965年出版《美国的博物馆》[④]，其中就包含有住宅博物馆和户外博物馆，系统地介绍了美国建筑保护历程中这两种主要保护形式的发展历程。

也有人对博物馆的教育功能与效果进行追踪研究。如科雷于1960年发表的《博物馆能教育吗？》[⑤]，通过体验与调查研究博物馆教育项目实际能起到的教育作用，其中就包含纽约农场博物馆的案例。还有贝（Bay）于1973年发表的《针对青少年的博物馆项目》[⑥]，也是通过案例研究探讨诸多博物馆中教育项目的开展情况，并且对受教育者进行追踪调查，研究是否达到了教育项目的预期目的。

2. 与学校的密切合作

在户外博物馆中，室内展示空间是教育项目最根本的载体，需要展示的内容都陈列在其中，需要注意的是这些室内空间的设计需要与展示内容相协调。好的户外博物馆都由历史保护者参与设计，并且由教育工作者来规划其展示内容。

---

① SHURTLEFF H R. The Log Cabin Myth：a study of the early dwellings of the English colonists in North America [M]. Boston：Harvard University Press，2013.

② SIMONDS W A. Henry Ford and Greenfield Village[M]. New York：Frederick A. Stokes Company，1938.

③ ANDERSON J. Living history：Simulating everyday life in living museums[J]. American Quarterly，1982，34（3）：290-306.

④ KATZ H M，Weiser M P K，Katz M. Museums，USA：a history and guide[M]. New York：Doubleday，1965.

⑤ CLAY G R. Do museums educate? [J]. Museum news，1960，39（2）：36-40.

⑥ BAY A. Museum programs for young people：Case studies[M]. Washington，D.C.：Smithsonian Institution，1973.

在大多数博物馆中，教育项目都会结合各个学校具体相关的课堂单元或教科书章节进行规划和设置，目的正是对课堂教学起到补充作用，因此与学校的充分合作是基础。同时，如果教师想高效利用博物馆中的教育资源，就必须清楚地了解博物馆能做到什么。正如理查德·格罗夫在《博物馆和教育》一书中指出："很多教育工作者非常乐于探寻博物馆提供的资源并对此感到非常欣慰，他们认为有必要以最快的速度和最直接的方式让学生参与其中并且受益。"① 为了达到双赢的目的，博物馆常常通过出版物和研讨会与教师进行交流。大多数博物馆在学年开始时都会向学校发布手册或简报以宣传教育项目的相关信息。但这些出版物的缺点是比较耗时且成本昂贵，邮寄也难以遍及所有的受众群体，而比较方便经济的方式是通过电子邮件的推送，一般这些博物馆会通过学校的教务系统进行定期的推送。

多年来，博物馆教育工作者一直在呼吁加大与各级学校的合作力度，以达到更好的结果。早在 1938 年，拉姆斯（Grace Ramsey）就在《美国博物馆的教育工作》一文中呼吁博物馆与学校应实现更多、更充分的交流，以利于成功的方法被更多的人知晓，并且通过反馈使用后的经验达到进一步提升教育质量的目的。②

3. 专业的教育工作者

随着博物馆的发展，为保证教育项目能达到的质量，会雇用专业的教育工作者在博物馆村镇中工作。有调查研究表明，美国户外博物馆工作人员中大多数持有大学本科学历，且多数是文科。约六分之一的工作人员有研究生学历，教育方面专业居多。此外约三分之一有过教师的经历。也有以前是家庭主妇的，但多数有社区志愿者工作的经历。女性和男性工作人员的比例大致相同。除了全职的工作人员，大多数博物馆也有兼职的工作岗位。由于时间的不确定性，兼职工作的灵活性较大。在工作之前一般都有系统的培训课程，在学习完之后才能上岗。而在二十世纪三十年代户外博物馆刚兴起的时期，户外博物馆的工作几乎没有任何门槛和要求，普遍认为穿上传统服装在街上表演即可。

美国的户外博物馆大多很注重项目的参与性（participatory），大多鼓励参观者通过亲身体会达到更好的学习效果，这也正是需要教育工作者进行引导的原

---

① HOOPER-GREENHILL E. Museums and education：Purpose，pedagogy，performance[M]. London：Routledge，2007.

② RAMSY G F. Educational Work in Museums of the United States：Development[J]. Methods，and Trends，New York：Wilson，1938.

因。除了游客，大多数有组织的参观者都是四至六年级阶段的学生，有学者将这一阶段的学生称作参观博物馆的主要对象①。因为他们心智已经足够成熟，可以掌握抽象概念。年龄更小的学生很难自由进行分散的活动。因此大多数二年级及以下的学生在参观博物馆的过程中都需要由家长带领，或由教师与工作人员进行引导。所以，工作人员的选拔标准除需具备专业方面的知识，也需要有足够的耐心。

博物馆的工坊项目（workshop）正是体现参与性特征最重要的教育项目，这类项目是免费参与的，但由于工坊项目的运作成本较高，因此必须保证足够的出席率。由于游客数量的不确定性，需要学校作为合作方定期定时输出参与者，这也保证了对教育资源的充分利用。

当然，为了更好地迎合户外博物馆的氛围，这些教育工作者往往会通过精心专业的打扮来扮演特定的角色，这也是为了更好地保证教育项目的质量。大到服饰的材质式样，小到饰品的设计等，都需要严格基于历史研究以符合语境特点。

第五节　阶段发展小结

一、保护的理论

1.“回到那时”的保护原则

威廉斯堡对公众开放以来迅速受到诸多关注，吸引了络绎不绝的游客。但学界对这一实践褒贬不一，批评的声音甚至盖过了赞美。其最受诟病之处也就是其“回到那时”的前提，这一前提的时间设定即是将威廉斯堡恢复到十八世纪还是弗

① BAY A. Museum programs for young people：Case studies[M]. Washington，D.C.：Smithsonian Institution，1973.

吉尼亚州首府时的状态。因此需要通过一些颠覆性的方法来达到目标：①拆除所有十八世纪以后建造的建筑，其中包括许多优秀的古典复兴建筑；②抹去所有建筑在十八世纪之后发生的任何变化来恢复到发生变化之前的状态；③重建所有已消失的但在十八世纪存在过的建筑。学者们指出这一方法是错误的，“回到那时”的静态传统只是现代思想的产物，不能将“传统”简单地看作传统静态的过去，也不应该扼杀变化，更不应该试着在现在伪造过去。大多数学者都批判该保护实践扭曲了历史保护的真正角色，呼吁理性地看待这一保护实践。

可以看出威廉斯堡与弗农山的保护理念是一脉相承的，是美国早期建筑遗产保护的一贯特点。虽然威廉斯堡成为美国二十世纪早期影响力最大的保护实践，且在其影响下出现了多个户外博物馆，但这类保护形式并没有得到普及。一方面，这类保护实践需要大量的资金投入作为基础，不具有普适性。另一方面就是普遍认同了学界指出的弊端，逐渐开始认同变化，积极投身于保护这个复杂的、综合的世界——集合着新和旧、秩序和混乱。

2. 客观面对真实、完整的历史

户外博物馆的保护与修复有着如同住宅博物馆相同的缺陷——容易被主观意识左右。他们都会主观地优先保护公众乐于接受的部分，如威廉斯堡依据“修复十则”来恢复城镇格局、复原建筑与庭院来达到视觉真实性；再通过设计一些细节为游客营造十八世纪听觉、嗅觉与触觉的真实体验以达到感官真实性，这些努力都体现出对细节的高标准追求。但对文化真实性的修复是二十世纪六十年代末才开始、七十年代才成熟，因为关于黑人奴隶的历史始终是大众迟迟不愿意面对的。但随着社会的发展与人们思想的成熟才开始积极地面对这段历史，并致力于对其进行真实、完整的展示，代表着完成了从歌颂理想的圣地到社会历史博物馆身份的转变。威廉斯堡终于能够处于客观、真实的角度来阐述这段历史。这段更为真实、全面的历史，学界的关注与批判是推动其发展的重要因素。

可以说，在威廉斯堡的影响下，户外博物馆成为这一时期影响力很大的保护形式，进而也出现了很多类似的户外博物馆如格林菲尔德村、农场博物馆、老塞勒姆村、斯特布里奇村等。它们都是当时比较成功的代表，也都相互学习借鉴着各自的保护理念、展示方法与运营模式。

从这一时期开始，很多博物馆关注普通、平凡人们的生活。一方面他们认为这部分故事早已被现今人们所遗忘，却又具有重要的意义，因而需要被重新认识；

另一方面这部分历史是完整历史的必要组成部分。格林菲尔德村认真展示着从工业革命至今普通人们的生活；农场博物馆努力展示着快要消失甚至已经消失的农业文化；斯特布里奇村认真地营造了十八世纪新英格兰地区人们的生活场景。它们都希望教育人们铭记这些被忽视的且正在消失的历史，试图呈现给参观者真实的、完整的、客观的历史。

二、保护的实践：游乐功能的优化与教育职能的完善

与威廉斯堡相同，游乐功能的优化是大多数户外博物馆最主要的关注点。虽然洛克菲勒对外界宣称的出发点是创造能体现十八世纪美国理想的圣地，但大多数关于殖民地威廉斯堡的介绍都将它看作一个旅游景点，游客一方面可以在这里娱乐，另一方面可以学习认知他们的历史。因此可以看出洛克菲勒对这一项目的风险投资不仅仅是出于慈善，很大程度也有经济利益方面的考虑。威廉斯堡发展到后期，无论是改善游乐设施、丰富教育项目还是引进先进技术等，都是为了优化游客的旅游体验，也是为了吸引更多的游客前来体验以获取更多的利益。毕竟实现了经济的可持续性才能更好地贡献于历史保护与修复，这是个相互促进的过程。虽然在纯粹主义者看来这过于功利，但这样的市场导向是不可避免的。只是需要努力寻求市场化和历史保护的平衡，美国的户外博物馆这一点做得比较好，可以说在这些博物馆之中感受不到纯商业化的气息，这也是努力权衡所取得的结果。

虽然大多数户外博物馆的建立都是起于对经济的追求或理想的歌功颂德，但可贵的是它们在发展中都越来越注重自身的教育者角色。可能是由于二十世纪上半叶大多数户外博物馆都是由大财团、慈善家引领进行的建设，他们往往也希望通过这类建设对参观者进行教育，进而彰显他们作为社会精英的责任感。因此在这一时期，大多数户外博物馆都很努力地与学校合作，致力于丰富与优化教育项目，不仅针对学生也有为教师提供的项目。此外，教育内容与方法也注重互动性、启发性与实践性，这也是美国人先进教育理念的直接体现。同时这些户外博物馆大多无偿为参观者提供多种教育资源，如多媒体、文献与在线教育等。学界对这些博物馆的教育项目也进行着热切的讨论与细致的研究，也出现了很多专题成果。可以说学界的关注也是促使这些教育项目质量与技术进步的重要因素。现今，教育职能成为美国各大户外博物馆至关重要的一部分，也是一大特色。

三、阶段性发展与演变（图 3-5-1）

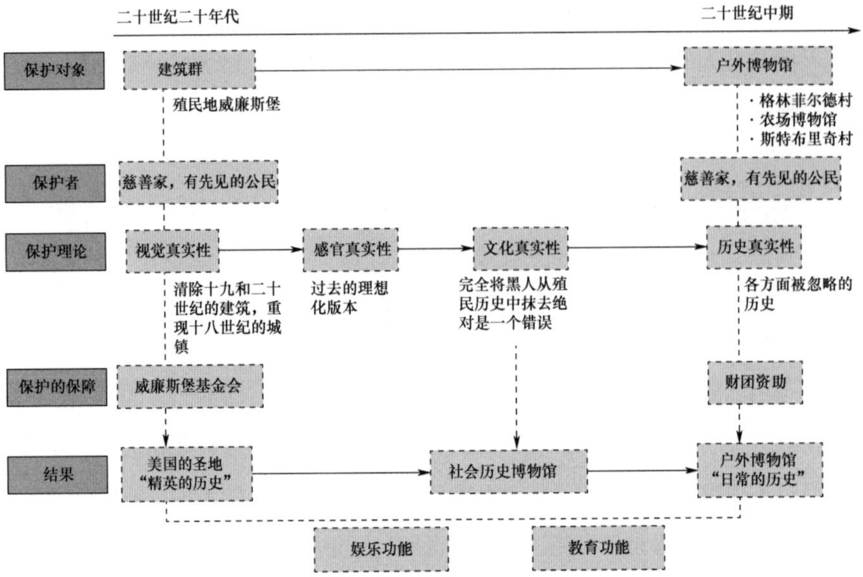

图 3-5-1　发展演变分析图

在“走向专业化”时期中，社会精英们对历史保护的发展做出了巨大的贡献。正如殖民地威廉斯堡的初建时期，恰逢美国经济大萧条，如果没有洛克菲勒财团的鼎力相助，相信这一实践很有可能会不了了之。还有很多博物馆村镇也相同，社会精英们在其中倾注了很多心血，不仅实现了自身的理想，彰显了社会责任感，也通过他们的理想对参观者进行了深刻的教育。

学界对户外博物馆的发展也起了重要的积极作用，扭转了一开始的错误设定——“回到那时”的保护原则，使得威廉斯堡从视觉真实性的保护开始，逐步完成感官真实性与文化真实性的保护。最后也从宣扬美国理想的政治课堂转变为历史博物馆，开始客观直面真实、完整的历史。也是从这时开始，一些普通的、常被遗忘的对象成为人们的保护对象。此外，由于户外博物馆的教育职能在发展后期成为受关注的部分，也通过与学校的密切合作、雇用专业的教育工作者对之进行着不断的优化。

在这一时期，由于建筑保护刚刚步入专业化轨道，很多保护原则、理论也初步建立，涌现出很多理论成果。但各种刚形成的保护原则与理论在实践过程之中未必得到了很好的执行。如威廉斯堡在“视觉真实性”修复阶段中，虽然提出了严格按照历史真实性进行修复，但还是有的实例在修复过程中，历史真实性向审美要求妥协。建筑师对历史中的真实设计进行了不同程度的美化与改造，因而破坏了历史真实性原则。但是，这些妥协在面对如此大规模复建过程中的无数困难是可以谅解的，因为这毕竟只是一个开端，万事的开头都不可能做到完美。

美国乡土建筑保护

第四章

法律基础的确立
——保护历史城区

第一节 经济大萧条与历史保护

一、大萧条中的美国社会

经济大萧条发生于二十世纪二三十年代，这一场世界性的灾难正是因美国而起，1929 年 9 月 4 日开始股价大幅下跌，而后于 10 月 29 日全面崩盘，这一天也被称为黑色星期二。大萧条带来的最明显的影响就是失业，美国的失业率曾一度飙升至 25%。[①] 住房危机也伴随而来，二十世纪二十年代相对繁荣的时期，银行普遍提供五到十年的抵押贷款，使得大多数美国家庭都获得了自有住房。但大萧条时期伴随着失业，人们由于无力还贷而被迫流浪街头，很多银行也因此破产。大多数人都居住在临时搭建的住所中，还有的人在冬天就只能拥挤在公共厕所中取暖，纽约中央公园中也出现了被戏称为“胡佛村”的临时居住区。

在此情况下，罗斯福政权通过推行新政（New Deal）来应对大萧条，新政喊出了“3R”的口号，主要指复兴（Recover）、救济（Relief）和改革（Reform）三大方面。新政从复兴经济出发，救济工作也是核心内容，其中就成立了以从事大型建设工程项目为主的公共工程署，以及从事小型建设项目的民用工程署。前者主要是吸引青壮年劳动力；后者主要为一些普通的失业者提供就业。这一期间工匠、非技术工人、建筑行业的人员重新获得了就业机会。二战前，各种救济项目解决了超过四百万人的工作。很多失业的建筑师、历史学家以及艺术家在这一时期投身于历史保护工作，对历史保护的发展起到了巨大的推动作用，其间也出现了很多重要的研究成果。可以说历史保护极大地受益于新政。

二、联邦政府介入历史保护

1.《古物法案》的颁布

美国的历史保护始于对自然环境的保护，联邦政府早在 1872 年就建立了黄石

① DUHIGG C. Depression，You Say? Check Those Safety Nets[J]. New York Times，2008，23.

国家公园，旨在保护早期探险者们在这里发现的奇景。1889 年，联邦政府购买了亚利桑那州的大卡萨（Casa Grande）并将其设为国家纪念碑，这次活动可以被视为联邦政府早期参与的历史保护活动。1896 年，美国最高法院支持联邦政府行使权力以保护盖地斯堡战场遗址，此决议为后来的历史保护奠定了宪法基础。自此以后，议会意识到联邦政府需要介入国家遗产的保护，并且在 1906 年颁布了《古物法案》(Antiquities Act)。该法案“禁止未经许可对联邦土地范围内任何历史遗迹、纪念建筑与文物的挖掘、破坏与买卖”，正是应对西南部的史前文物一直遭到破坏采取的行动；赋予总统具有将历史性地标、历史性构筑物，以及其他具有历史及科学意义（historic or scientific interest）的对象指定为国家纪念碑的权力。[①] 这些条款针对联邦土地范围内的所有对象，但不包括私人财产。《古物法案》对考古资源的保护十分有效，其最重要的贡献在于它促进当代联邦保护法律的发展，代表着十九世纪的零星的保护努力过渡到了国家层面的保护政策。

2. 美国历史建筑测绘（HABS）

1916 年，国家公园管理局（NPS）成立，旨在“促进对国家公园、纪念地和保留地的管理和保护”，国家公园管理局直属于美国内政部（Secretary of the Interior)。国家公园管理局发展迅速，至今有 21000 多名雇员分管全美的 401 个管理单位。国家公园管理局虽然属于政府的职能部门，但也开始了筹集私人资金用于保护活动的传统。除了关注以往的东北部和南部地区，也开始关注西南部、中部地区，除自然资源之外也开始注重对考古遗址与历史文化遗产的保护。

1933 年，国家公园管理局建立了“美国历史建筑测绘项目”(Historic American Buildings Survey，HABS)。一方面认为有必要为当前的历史保护工作建立信息档案库，另一方面也是应对于大萧条期间的工作救济方针的行动，这一计划在获取当局大力支持的情况下展开。该项目使用了不到 50 万美元，雇用失业的历史学家来书写当地的历史，让失业的建筑师来测绘并记录重要的历史建筑，各种各样知识背景的人都参与到考古项目之中。一方面，在后来大规模建设活动开始前建立了历史信息数据库；另一方面，这是首次全国范围内开展的针对历史建筑进行普查、测绘和研究的工作。

这次调查工作对美国本土建筑历史进行了系统整理、研究与重新审视。首先，该项目建立了一整套田野调查的技术标准旨在标准化管理并指导实际工作，包括

---

① LEE R F. The Antiquities Act of 1906[M]. Washington，D.C.：Office of History and Historic Architecture，Eastern Service Center，1970.

测绘、拍照、文字记录等方面的规范。其次，在项目进展过程中，历史保护得到了巨大的促进。一方面促进了保护者对建筑风格的思考、对建筑之美的主观感知以及对历史价值的客观认知，另一方面也大大地扩展了历史保护的视野。测绘对象十分广泛，不仅包括一些具有重要价值的对象，如十八世纪的公共建筑、上流社会的住宅，也包括普通人的住宅，促进了对长期被忽略的乡土世界的涉足。

众多学者在积极投入建筑调查工作后也陆续出版了很多优秀的建筑研究专著，这些学术成果不仅是大萧条期间丰硕成果的总结，更对后来的保护运动产生了至关重要的影响。1931 年，约翰·豪威尔（John Howells）出版了《消失的殖民地风格建筑》[①]，其中正式介绍他在二十世纪二十年代调查的许多殖民时期的建筑，其中包含很多珍贵的图像、文字资料以及测绘图，对当时的学界乃至政府产生了重大影响。1936 年，查尔斯·斯托兹（Chartes Stotz）出版了《宾夕法尼亚西部的早期建筑》，主要调查收集了很多早于十九世纪六十年代的历史建筑。在前言中，他指出："这一测绘的主旨意在展示对本土建筑传统的研究和继承，希望以这本书作为先例来丰富那些真实可信的原始资料，希望这本书的出版能推动对有价值建筑的保护。"[②] 菲利浦·瓦利斯（Philip Wallace）与威廉·邓恩（William Duun）于该时期出版了三本图册，其中一本研究费城殖民时期的建筑铁艺工艺——《老费城的铁艺》[③]，一本研究住宅——《费城殖民时期以前的住宅》[④]，还有一本研究教堂与会堂——《宾夕法尼亚殖民时期的教堂与会堂》[⑤]。其中都包含许多能够充分展示建筑特点与装饰细节的图片，还有很多精确的测绘图。

3.《历史场所法案》与国家历史场所和建筑调查（NSHSB）

1935 年，议会通过《历史场所法案》(Historic Sites Act)，进一步促进联邦政府致力于文化资源的保护。该法案对当代保护法律的重要影响有两方面：它建立

---

① HOWELLS J M. Lost Examples of Colonial Architecture：Buildings that have disappeared or been so altered as to be denatured[M]. New York：Dover Publications，1963.

② STOTZ C M. The Early Architecture of Western Pennsylvania：A Record of Building Before 1860，Based Upon the Western Pennsylvania Architectural Survey，a Project of the Pittsburgh Chapter of the American Institute of Architects[M]. New York：W. Helburn，Incorporated，1936.

③ WALLACE P B. Colonial Ironwork in Old Philadelphia[M]. New York：Courier Corporation，1998.

④ WALLACE P B. Colonial Houses，Philadelphia，Pre-revolutionary Period[M]. New York：Architectural Book Publishing Company，Incorporated，1931.

⑤ WALLACE P B. Colonial Churches and Meeting Houses：Pennsylvania，New Jersey and Delaware[M]. New York：Architectural Book Publishing Company，1931.

了历史保护的国家性政策；授权发展识别（identify）与评估（evaluate）文化资源的项目［该项目是一项国家政策，旨在为美国人民的灵感和利益保护为大众所有的、具有国家重要性（national significance）的历史场所、建筑和对象①］。

该法案其实并没有创新。第一，该法案依旧坚持对公共所有财产的保护；第二，坚持对具有国家重要性的对象的保护，但对国家重要性的评判标准比较模糊。《历史场所法案》最重要的贡献见于第二部分，授权内政部开展三项工作：①获取、整理和保存关于历史（historic）和考古（archeologic）场所、建筑和对象的图纸、照片和其他数据；②调查历史和考古场所、建筑和物品，以确定哪些对纪念或阐述美国的历史具有重要价值；③对一些特别的场所、建筑或对象进行必要的调查和研究以获得真实和准确的考古信息。②

该法案最主要的贡献就是创建了"国家历史场所和建筑调查"（National Survey of Historic Sites and Buildings）项目。1937 年，该项目开始识别并评估对美国历史具有国家重要性的文化资源，同时也是对之前临时性历史建筑测绘项目（HABS）的修编和制度化。项目建立的对历史场所调查的标准见表 4-1-1。③

表 4-1-1　国家历史场所调查的标准

序号	内容
1	对美国历史产生重大影响，或与美国历史大事件相关，人们从中可以很好地感知和崇敬美国精神
2	与美国历史中的重要人物相关
3	能体现美国人民的伟大思想或理想
4	能体现作为建筑类型标本的显著特征，对于研究特定时期建筑风格或建造方法具有重要价值
5	由环境中不可分割的部分共同组成的能阐释生活方式或文化价值的实体，具有特殊的历史或艺术价值
6	由此类场所推导出的信息很可能会影响理论、理念和思想的发展，对揭示新文化可能产生重大科学意义
7	一般情况下，公墓、出生地、历史人物的墓地、宗教机构所有或使用的财产、从原址搬迁过的建筑物、重建的历史建筑或不足 50 年历史的财产是不符合重要性标准的。但满足一些特定条件的除外

资料来源：根据相关资料整理。

这一对重要历史财产的识别与评估项目也成为"国家历史地标项目"（National

①② BEVITT E A. Federal historic preservation laws[M]. Washington, D.C.: US Department of the Interior，National Park Service，Cultural Resources Programs，1993.

③ MACKINTOSH B. The Historic Sites Survey and National Historic Landmarks Program：A History[M]. Washington，D.C.：History Division，National Park Service，Department of the Interior，1985.

Historic Landmark Program)(后被整合入《国家历史保护法》)的前身。历史财产的所有者可以自愿参与这一项目，如果愿意参与，则必须同意保护该财产的历史整体性，需要以与历史特征协调的方式使用财产，并且同意对其进行周期性维护。国家调查项目的方法和标准为后来应用于各州、地方的文化资源识别和评估项目提供了基础。可以说《历史场所法案》是当代联邦政府对文化资源识别方式的转折点。

第二节 开创性的区域保护模式

由于联邦积极推动各级政府参与历史保护，美国东海岸的城市最先响应。南卡罗来纳州的查尔斯顿在这一时期成为历史保护的引领者（图 4-2-1）。查尔斯顿充满活力的语境孕育了私人拯救地标性建筑的浪潮，也催生了区域整体保护的理念。二十世纪，查尔斯顿成为历史保护的代名词。如果不研究查尔斯顿的区域性保护方法从最初提出到发展再到成熟的过程，那么研究美国历史保护的法律框架必然是不完整的。

图 4-2-1 查尔斯顿街区（张楷 摄）

一、从博物馆式保护到区域整体改造

1. 拯救重要的建筑

查尔斯顿与大多数其他城市一样，二十世纪初大量地标建筑的不断消失激起了人们的保护意识。1902 年，南卡罗来纳州的国家殖民女士协会通过购买的方式拯救了一座即将被拆迁的火药库（Powder Magazine）。这是十八世纪早期沿着城墙修建并用于存储火药的建筑，与南卡罗来纳州的殖民历史有重要的联系。在获得这座建筑后不久，协会将之修复后作为州分会的总部，随后作为博物馆向公众开放。[①] 美国革命女儿协会在保护南卡罗来纳州殖民时期的建筑遗产中也扮演着类似的角色，拯救了诸如十八世纪中期的市政厅，并将之作为博物馆向公众开放。查尔斯顿早期的保护运动都专注于保护殖民时期的公共建筑。国家殖民女士协会和美国革命女儿协会拯救地标建筑的目的都是将之作为博物馆来教育人们相关的历史，特别是美国民族主义的开端。

到了二十世纪二十年代，与公共建筑一样，住宅建筑也受到了威胁，查尔斯顿的居民开始担心快速的社会变化对城市景观造成的破坏。这一时期出现了两个最大的威胁：加油站的兴建和人们自由对历史建筑组件的拆解。为了迎合越来越多的汽车，石油公司开始在便利的位置新建加油站，难免会拆除现有建筑为加油站腾出空间。标准石油公司正试图进入查尔斯顿市场，该公司的建设项目很快成为居民的担心之处。此外，外地的艺术收藏者也是对查尔斯顿住宅建筑的另一个威胁。很多富裕的居民希望将它们的住房装饰成早期的美国风格，受此风潮的影响，博物馆也纷纷以早期风格来装饰展廊，因此原汁原味的室内装饰镶板和室外铁艺物件有了很大的市场。在收购者的高价诱惑下，查尔斯顿的居民非常乐于出售自家老宅中的各种物件。鉴于此，建筑师 Alber Simons 严厉地指出，这些古董商与石油公司相比，是保护历史建筑更大的威胁。

1920 年，当地居民采取了保护行动，当地著名的地产商苏珊（Susan Frost）创建了老住宅保护协会（The Society for the Preservation of Old Dwellings），这也是美国最早的基于当地社区的保护组织之一。在协会的努力下，老住宅保护协会在二十世纪二十年代拯救了很多私人住宅。最早对抗拆毁私人住宅的保

① WEYENETH R R. Historic preservation for a living city：Historic Charleston Foundation，1947-1997[M]. Columbia：Univ of South Carolina Press，2000.

护运动开始于拯救约瑟夫住宅，这是一座建造于1803年新古典主义风格的砖房。二十世纪早期，这座建筑多次辗转，曾被作为公寓出租，也曾被用作干洗店。[①] 虽然外表看上去十分破旧，但有一群富有建筑灵感的人们将这座建筑改造成福特汽车的经销店，这一群人正是老住宅保护协会的成员。虽然老住宅保护协会在1920年5月通过购买的方式拯救了这一住宅，但这个羽翼未满的组织不能承担对房产可持续的运营花销，最终被查尔斯顿博物馆所有，将之作为家庭博物馆对公众开放。约瑟夫住宅是查尔斯顿第一座通过公众救援活动拯救的私人住宅，这代表着这座城市最古老的保护组织的第一场胜利。之后，该协会也成功地拯救了布雷顿住宅、哈沃德住宅等一系列殖民时期老建筑，它们都作为博物馆对公众开放（图4-2-2）。早期取得的胜利成为里程碑的同时，保护者们也逐渐意识到本地资源通常不足以支撑购买历史建筑和将其作为博物馆运行的花销。

图 4-2-2　殖民时期的建筑（火药库、约瑟夫住宅、布雷顿住宅）（张楷 摄）

2. 区域性改造

当人们意识到“博物馆方案”的缺陷后，就开始积极探索其他方法来保护这座城市的建筑遗产，如将历史建筑作为生活和工作空间继续使用。早在二十世纪初，老住宅保护协会的创始人房地产商苏珊就开始了她自己的努力。通过在圣迈克尔街和泰德东街购买、加固和转售房屋，将这个区域中的修复工作看作一个整体。她在重新装修的过程中十分富有想象力，充分利用了她多年以来拯救的各种建筑构件，如壁炉、门、铁艺的阳台和其他建筑组件等。苏珊的努力相继拯救了街区内的很多房屋，也预示着现代“区域式”保护理念的出现。多萝西是另一个保护先驱，也是通过个人的工作激励了整个衰败街区的复兴。她的保护方法更加大胆且富有创造力，她使用丰富的色系对东海湾街的很多商业建筑进行改造，结

① POSTON J H. The Buildings of Charleston：a guide to the city’s architecture[M]. Columbia：University of South Carolina Press，1997.

果就是创造出风景如画的建筑群，如彩虹排屋，这一系列的建筑至今都是去查尔斯顿旅游的必到之处（图 4-2-3）。1936 年，雷诺兹先生和夫人在教堂街修复了一座厨房建筑和庭院，将之改造为冬季景观住宅，开辟了将附属建筑改造为私人住宅的潮流。作为美国城市景观敏锐的观察者，弗雷德里克·奥姆斯特德（Frederick Law Olmsted Jr.）感慨于这些来自个人的努力。他指出“相当数量老住宅的修复和翻新，以及赋予旧建筑新用途的适宜性改造，似乎强有力地逆势抵抗着二十世纪查尔斯顿的恶化”①。

图 4-2-3　东海湾街的“彩虹”排屋（改绘）

在众多私人努力的影响下，公共机构也开始对历史建筑进行适宜性改造，使之能为当代人所用。借助于二十世纪三十年代新政提供的联邦资金，政府实施了两个重要的历史建筑适宜性利用项目：船坞街剧院和罗伯特·米尔斯庄园公共住房项目。整个二十世纪二三十年代，保护者们对十九世纪种植园酒店的命运忧心忡忡，直到市长安排专项资金对这座老酒店进行修复，将之改造为十八世纪存在过的船坞街剧院继续使用后才松了一口气。1935 年至 1937 年之间，在建筑师阿尔伯特·西蒙斯（Albert Simons）的主导下，将建筑内部装修成了具有十八世纪风格

① WEYENETH R R. Ancestral architecture：The early preservation movement in Charleston[J]. Giving preservation a history：Histories of historic preservation in the United States，2004：257-282.

的剧院，内部还使用了很多真正的古董木构件，讽刺的是这些构件大多来自被拆毁的托马斯住宅。罗伯特·米尔斯庄园公共住房项目旨在将历史建筑整合成为公共住房综合体。在建筑师与景观设计师的合作下，1939—1941年建造了34座多单元的砖房住宅（图4-2-4）。

图 4-2-4　由种植园酒店改造的船坞街剧院、罗伯特·米尔斯庄园公共住房（张楷 摄）

3. 创新的融资模式

其实，博物馆式解决方案最致命的缺点就是资金的不可持续性，而美国人值得称赞的就是会积极寻求市场资金的介入。在查尔斯顿，区域性改造能够得以实施很大程度上依赖于循环基金（Revolving Fund）的运作，这是在二十世纪五六十年代开创的，其前身正是埃伯顿在二十世纪初运作的历史保护基金。查尔斯顿最具影响力的房地产商苏珊，通过操作循环资金在多个区域购买并翻新了很多住宅。通过复原其外立面并将其出售，出售房产的资金可再用于收购并修复另外的房产。购买者可以根据个人爱好及需求来修饰房产的内部，但同时也必须满足一些附带的标准，特别是不能对修复后的房产外观进行大的改动而破坏整个区域和谐的视觉特征。

通常，循环基金分为收购/转售（acquisition/resale）基金和借贷（lending）基金。收购/转售基金通常用于购买有问题的历史财产并且将它们出售给受保护限制的买家（需要康复；禁止拆除；限制改变，砍伐大树等）。循环借贷基金通过创建对个人或企业有利的借贷条款以购买或修复重要的结构；一旦偿还了贷款，就可以新增贷款，周转同样的资金（图4-2-5）。循环基金主要通过低于市场利率的贷款、税收优惠和地役权等方面强化了其可行性。

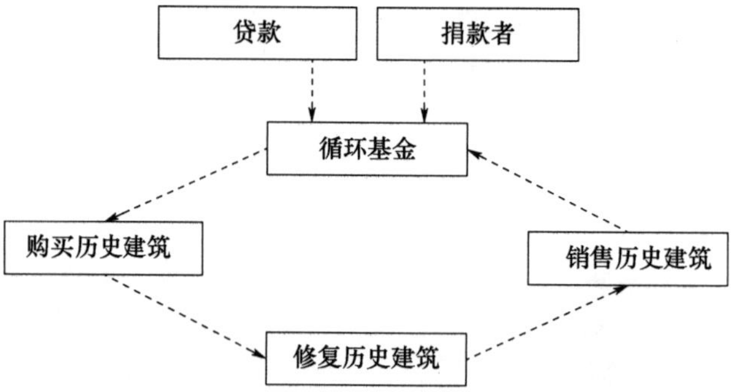

图 4-2-5　查尔斯顿循环基金运转模式示意

二、历史区域保护条例的颁布（1931 年）

1. 保护条例的目的

可以说查尔斯顿早期历史保护取得的成果主要得益于历史保护协会与诸多群众的共同努力。特别是如苏珊、多萝西等房产商，他们的贡献在于使查尔斯顿看到了区域整体保护方式的成功，这也为出台历史区域保护条例奠定了坚实的基础。房产商苏珊也是最早思考当地政府可以采用什么样的办法来保护建筑遗产的公民之一，她曾在二十世纪二十年代中期劝说市长起草市政条例来禁止查尔斯顿历史建筑中铁艺制品和木材构件的买卖。由于律师找不到法律依据来限制私有财产所有者的权力，因此这一提议只有作罢。

在联邦政府呼吁各级政府积极参与历史保护后，南卡罗来纳州议会也授意各地政府都可以颁布法规致力于历史保护，区域条例的制定就提上了日程。1929 年 10 月，市议会成立了一个特别委员会并提出了草案，同时委任宾夕法尼亚匹兹堡的莫里斯·诺里斯公司作为规划方面的顾问，最终于 1931 年 10 月正式出台了区域条例，主要内容包括：

> a. 目的声明；b. 定义；c. 建立本地保护委员会或建筑审查委员会来监督本地保护条例的执行情况；d. 赋予当地保护委员会的权力；e. 建立提名历史资源的标准和程序；f. 声明由当地保护委员会审查的行为，以及对应的标准和程序；g. 解决经济问题的程序和标准；h. 肯定的维护要求；i. 处罚；j. 业主对当地保护委员会决定的上诉程序。[①]

① EDWARDS H S. The Guide for Future Preservation in Historic Districts Using a Creative Approach：Charleston，South Carolina's Contextual Approach to Historic Preservation[J]. U. Fla. JL & Pub. Pol'y，2009（20）：221.

其中目的声明部分指出：

> 为了促进城市的经济和公共福利发展，并确保和谐、有序、高效地增长，议会认为必须保护城市中能吸引游客、被居民喜爱的历史特点与和谐的市容市貌；这些特点是依托历史区域和建筑而存在的；现代建筑的风格（style）、形式（form）、颜色（color）、比例（proportion）、材质（texture）和材料（material）都应该与历史建筑相和谐（harmony）；目的是通过保存和保护旧的、历史的或有建筑价值的结构和社区，使之成为城市、州乃至国家历史和文化遗产的证据。[①]

查尔斯顿的保护条例之所以有开创性，是因为其保护理念是由情感因素出发的，指出保护是因为被居民喜爱，进而指出不仅仅要保护历史建筑，更需要保护的是拥有特殊魔力的整个历史环境（a historic environment possessing a special magic）[①]，并以美学、建筑、文化、历史、经济、社会、地理等因素为依据，赋予条例管制权（police power），所有这些因素是制定合理、合法决策的必要因素。

这一条例是系统地研究并总结二十世纪二十年代早期的努力与经验教训之后的成果，鼓励"保护城区历史语境的同时平衡与发展的关系"。早期保护条例重要的是意识到保护历史语境的重要性，但仍处于试探阶段，历史保护管理机构的管制权十分有限，普遍不具有强大的法律效力。当条例干涉业主的发展时，常常会导致不满而对簿公堂。这个时期仅从情感和审美方面出发也很难为历史保护提供强有力的支撑，必须依赖于高于审美的原因来进行监管控制，例如公共健康、社会安全或福利等。直到后来一系列先例的判决，以及 1966 年《国家历史保护法》的通过，才正式赋予当地政府强大的监管权。

2. 保护区域范围与设计导则

保护条例定义了需要保护的区域，这是基于早期的建筑调查而划定的，由规划公司的专家连同一些市民完成。他们首先对市内的历史建筑资源进行了全面的调查，识别出具有重要的"历史和建筑价值"的对象，主要是殖民风格、联邦风格的建筑。与规划部门商洽后，将这些对象密集所在的区域划定为保护区，也就是 1931 年划定的"老的和历史的查尔斯顿"（Old and Historic Charleston District）。

---

① EDWARDS H S. The Guide for Future Preservation in Historic Districts Using a Creative Approach：Charleston，South Carolina's Contextual Approach to Historic Preservation[J]. U. Fla. JL & Pub. Pol'y，2009（20）：221.

该区域由半岛尖端的一小部分组成，宽街的南面、东面以海湾街为界，南面至电池街，西面以卢沃德和洛根街为界（图 4-2-6）。[①]

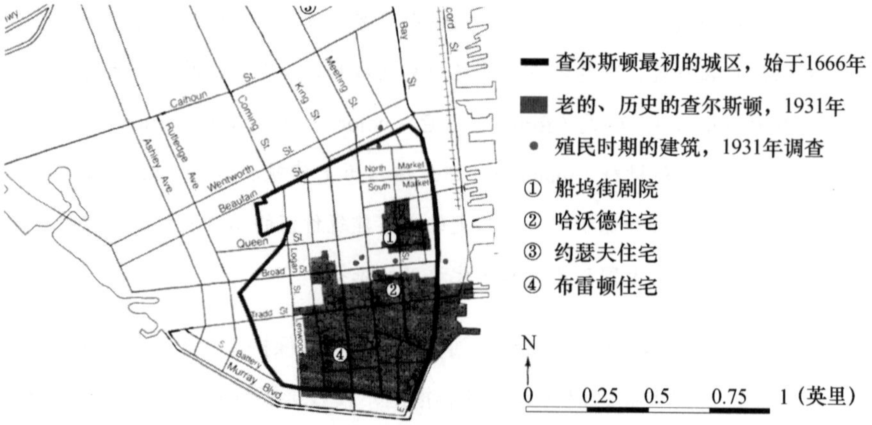

图 4-2-6　老的、历史的查尔斯顿（根据 1931 年版保护规划改绘）

注：1 英里 =1.61 千米。

根据当时划定的保护区域以及人们关注的保护对象，可知二十世纪二三十年代人们的保护视野是非常局限的。总体来说，这一时期的建筑师与历史学家关注的对象大多是十九世纪中期以及更早的建筑，并且从这一时期历史建筑测绘调查的成果也可以看出人们对殖民时期建筑的痴迷：《消失的殖民地风格建筑》《宾夕法尼亚西部的早期建筑》《老费城的铁艺》《费城殖民时期以前的住宅》《宾夕法尼亚殖民时期的教堂与会堂》。

设计导则是在区域条例的基础上侧重指导性的说明，本着动态保护的视角来引导业主。首先在一定的限制条件下规范业主的发展行动，同时注意保护其个人权益，这样既能完成历史保护也能保持区域的正常活力。一般的历史保护区都会有相应的设计导则来规范区域内建筑的更新，同时还设有建筑审查委员会对所有建筑的修复与改造进行审批。通常会使用具有描述性的图片来进行示例并附有说明，表达力图清晰易懂。

设计导则在广泛公示和推行的过程中，有助于公众建立关于历史建筑更新和新建筑建设的基本价值体系——从历史语境出发。因此设计导则在制定之前必须对地方的历史特色和现状进行专项研究，在制定过程中需要和公众特别是业主充分沟通并达成共识。如查尔斯顿条例指出审查委员会需要考虑多种因素来做出决策，如建筑高度、开口类型、屋顶风格、材料类型、建筑风格和颜色等，因为这

① DATEL R E. Southern regionalism and historic preservation in Charleston，South Carolina，1920–1940[J]. Journal of Historical Geography，1990，16（2）：197-215.

些因素都可能造成巨大的不和谐。这些标准往往被称作语境的标准（contextual standards）。设计导则和发展标准主要的目的在于协调新旧建筑风格以及保护与发展的关系，如查尔斯顿的设计导则：

a. 建筑高度：新建筑的高度与相邻建筑的平均高度相比不超过 10% 的变化幅度。

b. 比例：建筑正立面宽度与高度的关系；立面开口的比例，如窗户和门洞。

c. 韵律感：正立面上虚实的对比，通常通过重复的窗户、门洞来体现。

d. 材料与材质：对老建筑进行改造时需要考虑使用的新材料与旧材料的和谐；新建建筑时需要考虑与相邻建筑材料与材质的和谐性。

e. 颜色：对颜色进行更改需要注意新旧关系的和谐。

f. 建筑细部：细部包括檐口、门窗、栏杆、铸铁构件、烟囱等，维修应尽量与原有设计保持和谐。

g. 屋顶形状：建筑物的屋顶有很多不同的形式，如有山墙的、斜屋顶、平屋顶等；在对建筑进行改造或新建时，也需要考虑新旧关系以及与相邻建筑的和谐性。

h. 景观元素：不应该任意移除乔木、灌木、栅栏、坐凳等能保证良好视觉环境的元素。①

美国的建筑保护管理对下一级政府都会留有很大的自主权，而保护标准的制定都是根据各地独特的历史语境出发的，因此不同地区的导则也各不相同，因而造就了各地富有特色的历史环境。

3. 建筑审查委员会的建立

（1）合理的人员构成。1931 年条例另一个重要的贡献是建立了建筑审查委员会（Board of Architectural Review，BAR）来监督条例的执行，并负责审查历史街区内的改建、拆除和新建活动。作为最初的构建，委员会由五个组织的专家组成：城市规划和分区委员会、美国建筑师学会的地方分会和美国土木工程师协会、查

---

① EDWARDS H S. The Guide for Future Preservation in Historic Districts Using a Creative Approach：Charleston，South Carolina’s Contextual Approach to Historic Preservation[J]. U. Fla. JL & Pub. Pol’y，2009（20）：221.

尔斯顿房地产交易所和南卡罗来纳州艺术协会。委员会由 5~7 人组成，目的是既要保证规模不能太小以免个人偏见影响决策，又不能太大而造成太多的意见分歧，维持奇数的成员能保证投票一定有结果。委员以四年为一个任期，确保每两年会有三到四个新成员加入。这一规定就是为了通过使新鲜的观点加入保护活动来防止单一利益团体主导查尔斯顿的保护决策。

（2）不同的监管力度。在建筑审查委员会建立以后，为了逐渐获得居民的认同而不是一开始就招致反感，委员会没有强行使用规划条款来干预私有财产业主的权力，而以“免费的建筑诊所”的角色对私有建筑的新建、改建及拆除给出对历史保护有益的建议[①]。由于起初审查委员会只具有监管建筑外观变化的权力，而业主是可以对建筑进行拆除的，因此建筑的拆除似乎成为比外观变化更大的破坏因素，直到 1959 年委员会才具有否决建筑拆除申请的权力。这一时期监管的建筑主要是建于 1860 年前的建筑。1975 年，审查委员会关注的对象已不局限于具体年代的建筑，所有建筑外观变化或拆除前都需要由委员会进行审查，进而确定哪些对象应该采取一般的保护，哪些对象需要“积极的保护”（affirmative protection），哪些对象的发展需要进行“适宜性认证”（certificate of appropriateness）[②]。

在查尔斯顿，“积极的保护”是强制不能加建、拆除或移除历史区域内建筑的任何部分，不能改变从公共空间可见的建筑的外观，直到委员会批准可能的改变并且提供“适宜性认证”。适宜性认证的目的在于确保历史区域内所有“发展”发生之前“保护的问题”都得到了解决，这类“积极的控制”非常有利于整体历史语境的保护。当然，并不是所有建筑对维持历史语境都是同等重要的。因此，查尔斯顿不会对保护区域中每座建筑都采取“积极的保护”。不同的监管力度往往是结合建筑的不同重要性考虑的，如应对二十世纪六十年代的建筑资源调查划分的四类不同重要程度的建筑辅以不同程度的保护力度：

> 杰出的（exceptional）：必须不惜一切代价（at all cost）原址保存和保护（in situ）。
>
> 优秀的（excellent）：要不惜一切代价原址保存。

---

① WEYENETH R R. Ancestral architecture：The early preservation movement in Charleston[J]. Giving preservation a history：Histories of historic preservation in the United States，2004：257-282.

② EDWARDS H S. The Guide for Future Preservation in Historic Districts Using a Creative Approach：Charleston，South Carolina's Contextual Approach to Historic Preservation[J]. U. Fla. JL & Pub. Pol'y，2009（20）：221.

重要（significant）：要尽量保留和保护。

有贡献的（contributory）：适当地保存和留存。

从最初划定保护区域进行整体保护，到后来根据不同重要性进行分级对待，查尔斯顿明白了不是所有对象都应该不惜一切代价进行原址保存。审查委员会可以根据建筑不同的重要程度给出不同的审查结果，适宜性再利用在这个时期也更加活跃。正是因为保护对象的分级才能够更加优化保护力量，以更好地协调保护与发展的关系。

尽管审查委员会具有非常大的自由裁决权，但由于参与审议的专家所处的领域不同，意见有时难以统一，也可能做出不同的决策。因此设计导则虽然建立了统一的标准，但在具体的实施过程中保留有一定的宽容度。为了避免专断且主观的判断，查尔斯顿的保护条例规定，如果业主对审查委员会的决策不满意可以进行上诉，进而会在法院中进行再一次的探讨，以消除任何可能的主观决策造成的不利影响，尽量保证决策的客观性。

建筑审查委员会的管制权在不同的地方差别很大，但也有一些相同点：实施历史资源调查来识别具有历史或建筑重要性的财产；指定地标和历史街区；审查关于改建、拆除历史区域内地标或建筑的申请；对历史财产有肯定的保护权；对区域条例的修改提出建议；对公众进行历史保护教育；记录其情况；为提名和发展审查建立标准和程序；购买、出售或接收财产的权力；土地征用权；能够接收地役权，或其他非经济利益的收益。

三、历史区域保护模式的发展（1931—1990 年）

1. 保护十九、二十世纪的优秀建筑

1930 年，波士顿马歇尔批发商店（Marshall Field Wholesale Store）的拆毁对学界及历史建筑保护领域产生了巨大的影响。马歇尔批发商店的设计者是著名的建筑师理查德森，其设计风格以他的名字命名——“理查德森式罗马风”（Richardsonian Romanesque）。理查德森在马歇尔批发商店的设计中将自己的风格融入了现代风格的商业建筑之中，内部是木和铁的框架，外墙是粗琢的石材，类似于意大利罗马式宫殿。窗户整合于巨大的罗马式拱之中，看似只有四层，但其实有七层以及一层地下室。拱允许在其间设置轻薄结构，并且比实心砌体能够容纳更大的窗户空间。理查德森的设计使他成为预知建筑风格走向的先知，他整合

了罗马式风格，功能部分运用了富有表现力的材料，特别是使用窗口作为内部空间发展不可分割的一部分，而不只是外观元素。

杰弗里·奥克斯纳（Jeffery Ochsner）对理查德森所有的建筑作品进行汇编，指出建于1885年的马歇尔批发商店可能是他最著名的作品，是理查德森式商业建筑的杰出代表（图4-2-7），其非凡的设计影响了沙利文、莱特等许多建筑师。[①]

图4-2-7 马歇尔批发商店、托马斯公共图书馆、埃姆斯门房（资料来源：Wikimedia Commons）

詹姆斯·顾尔曼在《美国的三位建筑师》的开篇即指出，“美国孕育了其自己的建造者，也孕育了其自己的风格”（America brings builders，and brings its own styles），[②]指出三位做出了重要贡献的建筑师：亨利·理查德森，路易斯·沙利文（Louis Sullivan）和弗兰克·莱特（Frank Wright）。詹姆斯·顾尔曼指出，理查德森、沙利文与莱特这三位建筑师的职业生涯形成一个连贯的情结——创立了美国自己的建筑风格。

> 理查德森的主要历史成就之一是为内战后的美国提供了一种模式：城市的商业街区和郊区的家庭住宅。如马歇尔批发商店和埃姆斯门房和波特住宅中，他主张采纳的一种方式来自然化对外来风格化的丰富，主导着沙利文和莱特的早期职业生涯。沙利文融合了理查德森的方法，使用新的结构材料和技术以及富有装饰性的元素，并结合来自自然的元素创造体块，运用各种想法来装饰商业建筑，从芝加哥礼堂到温莱特办公楼、沙利文商业中心，莱特传承了理查德森的平静、新技术，沙利文式的自然主义，一个世纪的住宅规划和环境理论，来建造国内的住宅，如布拉德利住宅、托马斯住宅等。后两个建筑师的工作虽然没有完全依赖于前者，但是如果没有理查德森是不可想象的。他们每个人都发展了自己的风格，三人的工作形成一个集体成就——美国自己的建筑风格。

① OCHSNER J K. HH Richardson：complete architectural works[M]. Cambridge：Mit Press，1984.
② O’GORMAN J F. Three American Architects：Richardson，Sullivan，and Wright，1865-1915[M]. Chicago：University of Chicago Press，1992.

刘易斯·芒福德在《褐色的几十年》中指出这三个建筑师之间的关系，并指出这一过程逐渐“走向了现代建筑”(Towards Modern Architecture)，“在理查德森的坚实基础上，沙利文创造了新的有机建筑。沙利文是理查德森与莱特的过渡者，在莱特的发展之下，出现了美国的现代建筑”。他还指出“这三人的建筑作品表明美国建筑新形式的发展轨迹”（图 4-2-8），并且指出工业化席卷了所有的城市，留下的都是废墟。在这一过程中摧毁了很多珍贵建筑，理查德森的优秀作品都被视为彻头彻尾的怪物：

> 我们总认为一些所谓“最正式”的殖民时期的建筑才是自己的，但实际上它们明显是外来的、未被同化的。就像曾经被认为是丑陋的厂房，一些势利的时尚思想认为理查德森设计的建筑是“荒谬”的，被谴责为社会的错误，完全没有用审美的眼光来审视这类对象。①

图 4-2-8　芝加哥礼堂（沙利文）、托马斯住宅、流水别墅（莱特）
（李雨熙、吴逸青 摄）

希区柯克早在 1928 年 12 月的《建筑实录》中就曾指出：“十九世纪留下的重要建筑缺乏保护者，对这些建筑的毁坏不仅没有受到质疑，反而被认为是正当的。”1936 年，他又在《理查德森和其同时代的建筑》中指出理查德森积极地发展着全新的、真正属于美国的建筑语言，但他的很多作品都在二十世纪二十年代遭到破坏。② 除了马歇尔客栈，他为约翰·霍（John Hay）在华盛顿修建的建筑也被拆毁了；芝加哥的格林斯勒住宅（Glessner House）只能通过被改造为建筑师俱乐部才得以拯救，而且他早期设计的很多木构建筑更加危险。很多学者指出如果不能很快达成共识将失去更多优秀的作品。幸运的是莱特的草原住宅，因为代表了美国建筑最宽敞和舒适的时期得到了人们的重视。希区柯克积极呼吁人们认识到这些

---

① MUMFORD L. The brown decades：a study of the arts in America，1865-1895[M]. New York：Courier Corporation，1955.

② HITCHCOCK H R. The Architecture of H.h. Richardson and His Times[M]. Cambridge：M.I.T. Press，1966.

优秀的十九世纪建筑的价值。

二十世纪三十年代末，哥伦比亚大学成为很有影响力的建筑史研究中心，1939 年到 1944 年间对十九世纪的美国建筑进行了系统的研究，旨在增加公众和学术界对这个时期美国建筑的理解和欣赏。埃弗拉德·阿普乔（Everard Upjohn）撰写了《理查德·阿普乔——建筑师与教徒》，对其祖父理查德·阿普乔（Richard Upjohn）的职业生涯进行了系统的研究。肯尼斯·柯南特（Kenneth Conant）为该书写了简短的前言：①

> 美国人在建筑思想中总是疯狂地追求浪漫主义。在殖民时期，他们总是热衷于在英国寻求模范；十九世纪的欧洲又为美国提供了范例，但美国的作品似乎或多或少总是遥远理想不太令人满意的反映。但近几十年来，人们看到出现了很多伟大的有特色的作品。这些从业者获得了成功，他们的成果值得被很好研究。十九世纪九十年代初，美国建筑第一次从功能主义出发，理查德森正是一个先驱。关键是他具有不可思议的创意，在理解历史风格的同时创造了自己的作品，以一种功能性的方式来使用不同的传统元素。比如，在他著名的阿勒格尼县大楼（Alleghny County Building）的设计中，能够加入诺曼罗马式的塔、德国的圆形的塔楼、哥特式时尚与法国式屋顶和纯粹朴素的砌体外皮，以及功能表达的砖和金属内部结构——没有损坏统一性或一致性。他可以在框架结构中创造不同的类型。理查德森是一个引人注目的焦点，在十九世纪千变万化风格中独树一帜。
>
> 希望人们能更多地关注那些已经为我们国家遗产的杰作。对已经成为十九世纪建筑史中的一些优秀建筑，很多已经被破坏，有时是因为一场灾难，但更多的时候仅仅因为眼前利益而被摧毁，人们也没有意识到这样做会造成损失。作为一种补救，我们需要更多地了解这些历史，更多地理解那些前人留给我们的礼物，这些礼物已经是艺术爱好者的共同财富。

这本著作一方面是为了抒发对其祖父阿普乔职业生涯的赞美，另一方面，也是更重要的目的是呼吁人们认识到十九世纪优秀的建筑师，以及由他们创造的、已经成为遗产的这些作品的重要性，也成为对历史保护者的激励。

---

① UPJOHN E M. Richard Upjohn，Architect and Churchman[M]. New York：Columbia University Press，1939.

2. 保护景观与开放空间

二十世纪三十年代末，查尔斯顿的增长和旅游发展对城镇景观造成了巨大的压力。作为委员会的特聘顾问，景观设计师奥姆斯特德（Frederick Law Olmsted Jr.）指出好的保护规划不仅需要对建筑对象进行调查，还需要对开放空间和景观单元进行全面的调查。① 虽然查尔斯顿在之前进行过针对建筑的调查，但是从来没有考虑到景观空间。在奥姆斯特德的建议下扩大了调查的对象，对 1168 座建筑以及城市中重要的开放空间与特色景观单元展开了识别与记录。这一次调查在 1941 年完成，并于三年后出版《这就是查尔斯顿》，这也是第一本关于美国城市历史资源调查的著作。由于调查结果中大约三分之二的历史资源都位于 1931 年划定的保护区之外，因此保护范围在原有基础上增加了东北部的一片区域。

二十世纪六十年代又进行了一次范围更大的调查，包括大约 2500 座建筑与相关的景观空间，并且根据不同的重要性将建筑分为了四个等级：杰出的、优秀的、重要的和有贡献的。②

> 杰出的：建筑质量很高的建筑，具有体量匀称、精确的结构特征，如门、窗户、古典法式（或其他时期的风格）、烟囱、阳台、门廊、材料、肌理、精致的细节和工艺。
>
> 优秀的：鲜明的区域建筑风格——“查尔斯顿风格”，具有良好的设计和比例，良好的细节。这些都是高贵的、创新的、罕见的、吸引人和有趣的。
>
> 重要的：建筑质量良好的乡土风格。逊色于“优秀”，但依然具有吸引力并且十分有趣。
>
> 有贡献的：建筑价值没有前三类重要。

除了考虑到建筑以及与其相关的重要开放空间与景观单元，查尔斯顿的历史保护部门基于历史保护的目的对城市规划给出建议。预测了人口变化趋势，也评估了学校、公园、游乐场和交通路线的位置，希望应对有序增长的同时保证

---

① WEYENETH R R. Ancestral architecture：The early preservation movement in Charleston[J]. Giving preservation a history：Histories of historic preservation in the United States，2004：257-282.

② STONEY S G. This is Charleston：A Survey of the Architectural Heritage of a Unique American City Undertaken by the Charleston Civic Services Committee[M]. Charleston：Carolina Art Association，1944.

区域条例与城市规划的目的一致[1]，查尔斯顿的实践也是历史保护第一次与城市规划的密切结合。因此，结合建筑调查的结果与城市规划部门的协商之后，于1975年再一次扩大了保护区域的范围，留出了充足的缓冲区域，防止城市增长的破坏。

就查尔斯顿保护实践来说，人们的视野已经从建筑扩展到了其周边的景观与开放空间，景观设计大师奥姆斯特德是促进这方面进步的主要学者。就整个美国历史遗产保护来说，景观和建筑遗产的保护往往是紧密关联而又相互促进的，一方面，景观和建筑难以分割，正如以上提到的保护信托等保护组织，在保护历史建筑的同时，也对其周边的景观空间加以保护和管理。另一方面，历史建筑和景观都被视为城市环境和公共生活的组成要素，这在某种程度上与美国较为短暂的历史有关。保护者们将历史建筑和自然景观等同起来，将之视为美化城市环境的重要因素和市民的重要权益，这是美国建筑遗产保护的特色之一。

3. 区域保护模式的成熟

（1）保护区域范围的不断拓展。从1931年第一次划定的保护区域，到后来的数次扩展，可以看到保护区域与其中历史资源的关系也发生着变化，从最初由建筑的栅栏或院墙界定的保护区域，到由街区界定的保护区域，再到整个老城区界定的保护区域以及缓冲区的考虑，历史保护区域一直在不断地扩展。这一过程可以分为三个阶段：

第一阶段是出于对区域内建筑资源优良状况的考虑，将重要建筑集中区域划定为保护区，且该时期认为重要的建筑往往局限在十九世纪中期或更早的建筑。

第二阶段面向建筑调查的对象进行了较大规模的拓展，开始关注十九世纪乃至二十世纪优秀的建筑作品，学界的呼吁对人们价值观的形成起到了至关重要的作用，并且在保护建筑的同时也考虑到了与其相关的开放空间与景观单元。

第三阶段认识到保护历史资源必须与城市的总体区域条例、市政建筑法规、州法规和再发展等问题协调。不仅需要预留出一定的缓冲区，还需要结合规划把对历史资源有消极影响的活动排除在保护区与缓冲区以外。

图4-2-9显示了查尔斯顿保护区域边界的数次拓展过程，以及景观空间的分布。

---

① HANCKEL W H. The preservationist movement in Charleston 1920-1962[D]. Columbia：University of South Carolina，1962.

其实分区条例的重要性不在于划定历史街区的范围大小，而是将整个社区视作保护对象，进而关注到了其中不同类型、不同重要性的建筑，并且对这些对象也有不同的保护力度及管理措施。

图 4-2-9　拓展的保护区域边界、保护区中的景观与公共空间（根据保护规划绘制）

（2）保护共识的达成——查尔斯顿原则（1990）。查尔斯顿作为历史区域保护模式的引领者，最初的目的是保护能够吸引游客的优美历史环境。设立区域条例始于视觉保护的理念，一方面为了防止过度商业化导致的拆迁而扼杀这些发展旅游的资本；另一方面是为了限制过大或者难看的标牌，以保护游客参观时的视觉感受。后来不仅仅对标牌进行限制，还开始关注建筑外观的改变。历史保护的目标也从最初为了保护环境以发展旅游，到二十世纪八十年代重在平衡历史语境的保护与发展的压力。正因为这些努力才成就了今天历史风格独特、文化底蕴深厚的查尔斯顿。

鉴于查尔斯顿在二十世纪三十年代开创性保护方法的成功，很多城市在随后的几年里纷纷效仿。如路易斯安那州的新奥尔良（1937 年）、弗吉尼亚州的亚历山大（1946 年）、北卡罗来纳州的温斯顿塞勒姆（1948 年）、加州的圣巴巴拉（1949 年）、华盛顿的乔治敦（1950 年）、密西西比州的那切兹（1951 年）、马里兰州的安纳波利斯（1952 年）、佛罗里达州的圣奥古斯汀（1953 年）、新墨西哥州的圣达菲（1953 年）、亚利桑那州的墓石（1954 年）、马萨诸塞州的波士顿（1955 年）。直至 1970 年，美国二百多个城市都效仿查尔斯顿的保护条例颁布了自己的保护法令，旨在保护具有历史或建筑重要性的历史财产。1990 年 10 月，国民信托于查尔斯顿举行了第 44 届年会，在会上达成了美国历史区域保护模式的共识，主要包括八条主要内容，后来被称为“查尔斯顿原则”（Charleston Principles）：

a. 识别能够体现社区特点，对社区发展有益的历史建筑与历史场所；

b. 充分将现存的历史建筑遗产作为复兴和发展社区的工具，监管中低收入家庭住宅的设计质量；

c. 尊重社区的历史资源，基于历史保护的视角制定发展政策，优化区域的可居性（liveable）；

d. 建立激励机制来促进公众积极参与历史保护工作；

e. 必须把保护历史资源视作城市规划的土地利用、经济发展、交通与住宅建设的终极目标；

f. 要充分挖掘并理解社区的文化多样性；

g. 教育不同年龄层次的市民意识到历史资源的重要性；

h. 不但要精心设计新建筑，更要善于管理现存的历史建筑与历史场所。①

可以说，今天美国城市中多样、丰富的建筑遗产与深厚的历史氛围都是历史区域保护方法长期以来积累的成果。查尔斯顿拓展了历史保护的视野，不仅关注与前人有联系的建筑，也正式开始关注与普通人生活相关的普通景观，将所有公民的利益与权力纳入历史保护的考虑范围之中。

第三节　区域保护模式的基础

由于区域保护方法面对的是整个社区，因此也牵扯了多种利益团体，其复杂

① STIPE R E. A richer heritage：Historic preservation in the twenty-first century[M]. Chapel Hill：Univ of North Carolina Press，2003.

性可想而知。因此要达到保护的效果，除了有出色的领导团体之外，广泛群众的支持与坚实的法律基础也十分重要，这两者在美国都经过了漫长发展而不断走向成熟。

一、历史悠久的群众基础

美国自建立之时起就一直自称为“新世界”，认为国家基于一种前所未有的民主体制。市民社会（Civil Society）正是美国社会独特且重要的组成部分，被定义为“能体现公民利益和意志的非政府组织和机构的集合”，包括家庭、私人等不属于政府和企业的领域，也被称为社会的“第三部门”[①]。

美国的市民社会历史悠久，可追溯至建国之初。一方面，美国社会建立在民主体制之上，这种个人主义和自由主义构建了美国社会文化的传统，成为市民社会的基础。另一方面，美国文化强调个人身份的同时又赋予了公共道德标准，又反过来影响着美国的社会和政治。法国思想家托克维尔在《论美国的民主》一书中就分析了美国的市民社会，他指出美国社会中充斥着各种各样的民间组织。这种组织的特点是基于个人的道德观与价值观，它既不为政治目的服务也不为商业和营利目的服务[②]，可以说民主、无私性是这些民间组织的核心。

美国的历史保护运动与市民社会的传统有着密不可分的关系，可以说正是这些民间组织书写了美国的保护史。在保护弗农山的过程中，坎宁安女士的呼吁正是旨在将人们最初的良知从世俗和唯利是图的价值观中唤醒，投身于完全没有经济利益回报的历史保护之中。安德鲁格林在十九世纪末创建美国历史与景观保护协会时也指出，为后代保护历史文化遗产是既定的、崇高的使命。埃伯顿创建新英格兰古物保护协会时，也指出是为了后代而保护，如果不这么做，这些消失的对象就再也不存在了。重建威廉斯堡也是杰出的慈善家为了重现旧时的辉煌并重建民族自豪感的产物，也是彰显社会责任感的方式。查尔斯顿的保护中，历史保护团体的无私贡献也功不可没，如老住宅保护协会一早就致力于拯救历史建筑，以苏珊为代表的具有长远眼光的地产商，通过区域性改造为查尔斯顿留下了大量价值不可估量的遗产。在一小群公民的带动之下，众多公民纷纷响应，甚至推动着政府也投入了保护活动，查尔斯顿的历史区域保护条例的颁布也在很大程度上

① COHEN J L，ARATO A，COHEN J L. Civil society and political theory[M]. Cambridge，MA：MIT press，1992.

② DIONNE E J. Community works：The revival of civil society in America[M]. Washington，D.C.：Brookings Institution Press，1998.

归功于公民的积极敦促。奥姆斯特德当时就指出，“如果没有这些公民的努力也就没有今天的查尔斯顿”。二战后历史保护最大的组织国民信托也是一个非营利性组织，有效地起到了调和私人力量与公共力量以共同致力于历史保护的作用。

可以说美国历史保护的群众基础是长久以来发展和积累的结果，一方面可能众多历史保护引领者的号召确实十分具有煽动力，但是最根本的还是美国人从古至今遗留下来的一种传统——公民主导的社会中，总有人具有为广大人民利益奋斗的责任感。

二、逐步建立的法律基础

美国宪法规定私有财产神圣不可侵犯，在此前提下业主有权将私有财产用作任何用途。但当对财产的改变可能损害社区利益时，就应该考虑社区利益和个人利益的权重。美国宪法的第五次修正案规定，在没有合理补偿的情况下私有财产可以拒绝为公共所用。第十四次修正案赋予每个公民“正当法律诉讼程序”以及“平等保护”的权力；公民会被告知对财产产生影响的任何行动，并有权在行动实施之前召开公开听证会。第十四次修正案也是为了保证可能影响私人财产的政府行动的“合理和“公平”。

在地方历史保护中，保护机构管理历史区域的法律效力受制于宪法，因此有时候一些保护措施不能得到实施。而美国的法律注重先例，一些具有里程碑式的判决为历史保护法律基础的建立具有促进作用。

1. 欧克里德对漫步者判决

1926 年欧克里德村与漫步者实业公司的法律纠纷（Euclid v. Ambler Reality Company）是对历史保护具有重要意义的事件，当年欧克里德村通过当地的区域条例来阻止漫步者实业公司将土地用于房地产开发，理由是该开发项目会改变村落的景观特点与氛围。漫步者起诉了欧克里德村，认为其区域条例限制了漫步者对公司私有土地的开发形式，不仅降低了土地的价值，也剥夺了对私有土地的自由使用权。最高法院支持欧克里德村，将公共利益凌驾于个体业主的利益之上，站在维护公共利益的立场来消除争端，从而为后来的分区和保护立法奠定了基础。虽然政府希望保护公民免受负面变化的影响，但是也不能确保这样做一定能带来积极的结果。

可以说欧克里德村与漫步者实业公司的法律先例为后来区域保护条例与历史保护法的建立奠定了基础。

2. 巴曼对帕克判决

1954年前，政府只能基于维护公共健康、安全或福利等因素来干预历史保护。而巴曼对帕克判决（Berman v. Parker）改变了这一前提，使得审美（aesthetic）也成为政府干预历史保护的依据。联邦最高法院在1954年宣判哥伦比亚街区可以拆除一座外观“萎靡”的建筑，因为其对区域的整体视觉审美产生了消极影响。这一案例建立的原则就是，单独依靠审美（构筑物的外观）就足够为政府的法规辩护。保护者意识到这一先例还可以用来证明保护历史建筑的条例。如果一个城市可以依据审美原则来规范所谓“丑”的建筑，那么它也可以用于保护所谓“美”的建筑。巴曼对帕克判决的案例为基于审美出发的历史保护法提供了最初的法律先例。

3. 费加斯基对历史街区委员会判决

1976年，康涅狄格州的最高法院处理了一起历史街区“模糊审美立法”的案例。在费加斯基对历史街区委员会（Figarsky v. Historic District Commission）的案例中，一座面对着格林历史街区的老建筑被城市的建筑检查员认定为处于不安全的状况。由于它没有独立存在的重要性，业主也没有再利用这一财产的想法，因此申请允许拆除它。但建筑委员会否认了这一请求，指出它处于格林历史街区的视野之中且已经与这一区域融为一体，保护它对保护该街区的历史氛围具有重要的意义。这一“先例”在之前的新奥尔良的案例中也出现过，新奥尔良的法院发现历史街区中的某座建筑已经不具有值得被保护的个体价值，但重要的是其与周围环境已经建立了相互依存的联系。在费加斯基的案例中，业主觉得对街区历史特征的保护不是委员会拒绝业主的拆除申请的足够原因，所以对委员会的裁决上诉，指出法院使用的“模糊美学”依据是不合理的，属于滥用其自由裁决权。然而康涅狄格最高法院指出，禁止拆除可以维修的建筑不是对建筑审查委员会权力的滥用，维持拒绝拆迁的决议。

4. 中央车站决议

历史保护最具里程碑意义的先例是1978年最高法院关于宾州中央运输公司起诉纽约市（Penn Central Transportation Company v. City of New York）的判决，后来通常被称为中央车站决议（Penn Central Decision），这一决定奠定了大多数历史保护条例的法律基础。中央车站决议反映的是私有财产的发展权与当地对历史建筑管理权之间的矛盾，这也是美国最高法院关于历史保护案例的第一个直接的判决。

宾州中央运输公司作为纽约中央车站的所有者，向纽约城市地标保护委员会（New York City Landmarks Preservation Commission）提出申请，欲在中央车站之上建设一座55层的建筑。由于车站是当地认定的地标性建筑，因此地标保护委员会拒绝了加建的请求。宾州中央车站认为损失了发展私有财产的权力，因此要求获得政府的补偿。但很多人觉得这一提案是对地标建筑乃至纽约市的亵渎，他们纷纷上街游行以提倡“拯救中央车站”。历史保护领域很多专家也是这场游行的组织者与参与者，为保卫战的成功起到了决定性作用。这一案例呈现的主要问题是地标保护法对拥有历史性建筑的业主是否不公平。一般的区域条例所针对的是区域中所有的财产，这种义务或多或少是均匀共享的。然而地标法规仅针对少数的业主，他们必须为其他人承担社区的利益。在这种情况下，地标建筑保护法（Landmarks Preservation Law）的通过“是为了所有人的利益，对纽约不到千分之一的建筑实施了强制的监管”。

从1966年《国家历史保护法》颁布以后，对私有财产依然没有做出有效的限制。历史保护与私人发展权之间的矛盾一直存在，中央车站决议对这一问题给出了很好的答案。

第四节　阶段发展小结

一、保护的理论

1. 政府的积极介入——迅速推上法制化轨道

虽然联邦政府努力保护具有历史意义的场所最早可以追溯到1872年黄石国家公园的建立，但是直到二十世纪初才出现真正意义上国家层面的保护。以1906年《古物法案》为时间节点，在这之前联邦政府的活动主要局限于通过收购保存一些古印第安遗址、古战场遗迹等。以1935年的《历史场所法案》为节点，在这之前联邦政府参与历史保护有着显著的特点：首先，联邦政府只关心对国家有历史意义的财产；其次，只关注与军事相关的遗址或史前遗址，限制可能会对历史资源造成威胁的活动。

大萧条时期，联邦政府的权力得到了极大的扩展，政府的干预涉及生活的各个方面，当然也包括历史保护，并且大萧条时期对将历史保护融入美国生活起到了积极的推动作用。二十世纪三十年代的经济危机，使整个美国社会重新评价历史财产，特别是代表美国辉煌过去的一些建筑地标。也是在此期间，地方政府越来越多地参与到历史保护的工作中，并且开始意识到不仅是单独的伟大的建筑应该被保护，整个社区也应该被保护。这标志着历史保护新的起点，将保护的理念与城市规划结合，使普通公民生活的住房、环境和社区成为历史保护的关注点。

自1906年《古物法案》制定以来，联邦政府保护历史财产的职责被持续拓展着，成为今天保护活动的基础。1933年的美国历史建筑调查项目试图全面地通过图纸和照片来测量并记录历史建筑，1937年的国家历史遗迹和建筑的调查项目正是对前者的整合和发展，旨在识别和评估国内具有重要价值的财产。

1935年法案启动的项目对当前的保护活动具有双重意义。一方面，促使联邦政府积极介入历史保护，议会第一次明确了历史保护是国家性政策，建立了行政管理框架，确立了执行这些职责的行政机构的角色，并发展成为今天的组织机构。另一方面，建筑调查项目中的方法、评价准则和标准成为1935年、1966年法案的内容与基础。例如，1937年国家测绘项目对重要财产的评价标准，很大程度上发展成为1966年国家史迹名录的标准并沿用至今。

其实，联邦政府在历史保护中的角色一直是“指引”而非“执行”，主要责任是识别、记录重要遗产并颁布立法。正如很多保护者指出，联邦政府的角色实质就是保护的“标准倡导者”（Standard Bearer）。

2. 学界的积极介入——不断拓展的保护视野

从查尔斯顿1931年保护条例的内容与划定的保护区范围可以看出，这一时期的保护视野是比较局限的，人们只对十八世纪或之前的建筑感兴趣，用希区柯克的话说，人们对殖民时期的建筑“近乎虔诚”。后来，学界广泛呼吁人们关注更多的对象，如十九世纪乃至二十世纪的优秀建筑。也是在这一时期，人们意识到不仅应该通过富有想象力的适宜性再利用来保护老建筑，还应该与其周边的景观空间与公共空间一同考虑，营造城市、城镇和乡村优雅和多样性的环境特征。希区柯克、奥姆斯特德等学者对拓展人们的保护视野与理念起到了重要的作用。

正是保护视野不断拓展，才使人们由只关注具有重要历史意义的纪念碑发展到后来开始关注城市中大量非文物建筑和乡土建筑。基于不同的重要性对保护对象实施不同的管制力度，这种分级对待的方法不仅可以保护良好的视觉环境，还可以维护区域的活力，也正是这一时期保护条例的核心——协调保护与发展。在保护区域中对建筑特色的维护也从建筑单体层面拓展到规划层面，这种被称为“tout ensemble”的保护理念也就是“整体观”。

查尔斯顿通过创建历史区对整个街区实施保护的做法在美国是具有开创性的。作为历史区域保护条例的引领者始于视觉保护的理念，为了保护该区域的视觉审美性以防过度商业化扼杀掉发展旅游的资本，最初的条例只是为了禁止加油站和停车场在老城区中建设，后来开始对过大或难看的标牌实施限制以保护景观空间的美感，再后来也开始限制建筑外观的改变，最后限制对建筑的拆除。这一过程最重要的就是保护条例关注的对象不断增多，最后旨在保护区域中所有公民的共同利益。历史保护正是从查尔斯顿的条例的颁布开始，公共利益与私人利益展开了长期的博弈，法律基础也在此过程中不断发展完善。

二、保护的实践——可持续的融资模式

在保护实践中，起初各保护协会面对数量众多的历史建筑，只要一有对象面临拆毁就会牵动保护者们的神经。他们通常通过广泛游走、四处筹款将面临拆迁的建筑买下，其后作为博物馆进行展示。但即使通过艰难的过程筹得资金以后，博物馆式的管理也不可持续，微薄的收入与巨大的维护费用往往不成正比。拯救下来的对象与需要拯救的对象相比永远太少。在此情况下，一方面人们通过发展创新的融资模式来筹款，另一方面发展适宜性再利用对这些建筑进行改造，出卖、出租后达到资金的可持续性。

美国历史保护传统的融资方式很大程度上依赖于私人投资、捐赠、政府补助和慈善等方面的支持。二十世纪中期，循环基金机制成为美国的保护系统中富有创造性的融资技巧。查尔斯顿历史基金、萨凡纳历史基金、匹兹堡历史和地标基金还有加尔维斯顿历史基金就是循环收购 / 转售基金的开辟者，也取得了巨大的成功。整个社区中被遗弃的建筑都通过私人买家的购买而后进行修复，创造了数百万美元的当地税收，并且为遗产旅游创造了利润丰厚的市场。

后来，循环收购 / 转售基金发展出了更多元化的使用目的，曾经主要用于拯救地标建筑，而后主要被用于创造保障性住房并且鼓励社区的多元化发展。自二十

世纪六十年代匹兹堡历史和地标协会与当地房屋管理局、基金会和非营利住房组织合作以来，激励了对历史区域建筑的修复，使历史建筑可以被现有居民继续使用，循环基金成为振兴历史街区的工具，将取代低收入居民的可能性最小化。普罗维登斯保护协会在1980年创建了当时全国最好的循环借贷基金，使用由市政府提供的基金来购买和更新中低收入社区中有问题的建筑，修复后结合优惠的条件转售给合格的购买者。大多数循环基金已经能够稳定地工作，对城市社区的过渡产生着稳定的影响力。美国的这一经验对诸如南美和东南亚等已经远离了计划经济、转向市场导向的国家具有重要的借鉴意义。

循环基金机制的吸引力之一是资金可以被多次重用。然而因为它处理的财产是私人房地产，因此在计入管理费用之后，循环基金在每笔交易后通常会发生亏损。因此，循环基金需要持续的金融补给来维持资本总额。陷入困境的房地产和需要持续筹资达到更高的资本总额，常常使许多非营利保护组织胆怯，不敢在循环基金之中陷得太深。

虽然循环基金取得了很大的成功，但在二十世纪末其发展速度逐渐减缓，没有出现新的循环基金。一个原因可能是由于许多非营利组织都担心风险，认为收购市内空置或破烂的建筑很容易导致破产。循环基金需要高度专业化的人员来操作，操作人员必须同时了解房地产、法律和金融等领域，成本很高，难度系数也较大。另一个原因可能是大多数社区引人注目的建筑物并没有受到威胁，循环资金操作的对象是一些不能够吸引公众关注的一般建筑。例如二十世纪六十年代，波士顿试图保存旧的市政厅，得到了当地和全国范围的声援。而一座纺织厂、维多利亚时代的排屋或由非裔美国人修建的乡土住宅，无论其经济或社会价值，可能都只能激发最热心的保护主义者们的关注。

三、阶段性发展与演变（图4-4-1）

在“法律基础确立期”，一方面，政府的积极介入是无比重要的，将历史保护迅速地推上了法制化轨道。随着《历史场所法案》的颁布，联邦政府开始重视历史保护，并且随之建立了历史建筑测绘等项目，这正是后期国家历史场所登录制度的基础。建筑审查委员会的成立也使得保护具有专门的监管部门，虽然一开始审查委员会的管制能力十分有限，但随着发展不断进行着优化，奠定了后期保护法律的坚实基础。另一方面，学界的积极介入对保护视野的拓展也是至关重要的，体现于认识到了更加多样化保护对象的价值，从最初痴迷于十八世纪的建筑，到认识到十九、二十世纪的建筑，以及与建筑相关景观空间的价值。保护视野的拓展也就是意识到了“整体观”的重要性，这也是户外博物馆保护实践中对建筑群进行整体保护理念的发展与延续，“整体观”促使保护区域的边界进行着不断的拓展。

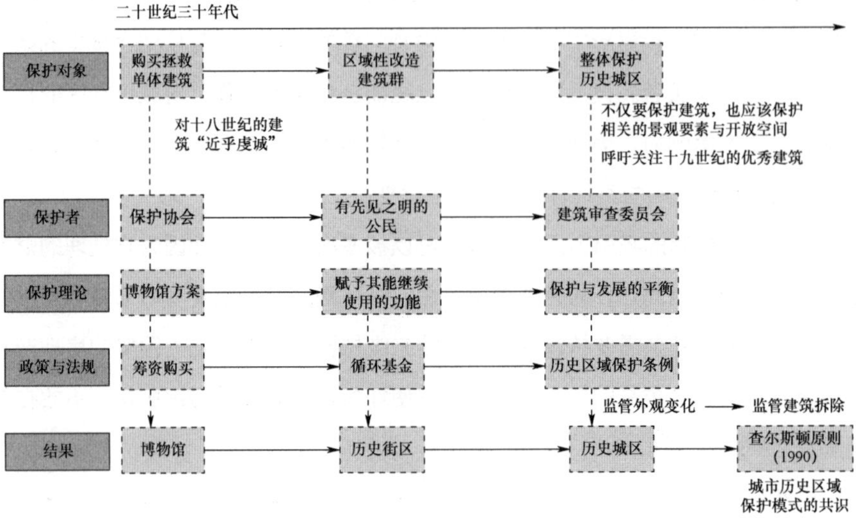

图 **4-4-1**　发展演变分析图

最初，不可持续的资金来源是建筑保护最大的消极因素，这也导致了面对如此多的保护对象心有余而力不足，不可否认美国人在融资方面具有足够的创新意识。在“早期自发的保护阶段”中，埃伯顿就试图将新英格兰古物保护协会拯救的建筑修复后重新投放市场，达到收支平衡。这一思路也奠定了循环基金的基础，可以说查尔斯顿的保护成果离不开良好运作的循环基金。稳定的资金流为建筑保护提供了坚实的保障，配合理论的不断完善达到更好的保护结果。

第五章

体系化与市场化发展
——复兴衰败的城镇中心

第一节　当代保护体系的确立

一、历史保护与都市关系的思考

二十世纪三十年代的“新政”成为联邦政府干预城市建设的开端，它所提倡的改善大都市交通空间、提供低息住房抵押贷款、改善住房条件、花园城市等措施在短期内确实改善了城市的物质空间。在成功渡过经济大萧条后，美国进入了一个相对稳定的时期，人们个人收入增加的同时也有了更多的闲暇时间，战前很少有的一年一度的休假，在五十年代已经相当普遍。美国社会中革命性的变化就是汽车时代的到来，小汽车的广泛普及和油价的下跌刺激了美国人的出游热潮。有研究报告指出，人们驾车从城市中心去往郊区乃至更远区域旅游的趋势十分明显，成为现代娱乐最主要的方式。正因为如此，高速公路的建设也在轰轰烈烈地进行着。

在社会飞速发展的同时，历史、文化和自然资源面临着巨大的威胁。不仅优美的自然风光被一条又一条的高速公路切割，城市中的停车场和加油站也如雨后春笋般涌现。由于城市中心区域的建筑多是工业化时期的产物，因此老建筑与配套的基础服务设施早已老化，与崭新的郊区一对比就显得比较破旧，本来独具特色的居住建筑和商业建筑也因此不断被拆毁。但由于市中心依然是经济活动的中心，政府、城市规划部门、地产商等仍然致力于对中心城区进行再开发。很多城市也将改造城市中心区提上日程，私营企业尤其是房地产商成为积极的推动者，很多政府甚至把土地征用权授予私人公司以便于其实施开发项目。

1949 年，《住房法案》（Housing Act）的颁布开启了重塑美国城市的浪潮——“城市更新”（Urban Renewal）。该法案旨在消除并复兴衰败的老社区，要使每一个美国家庭都能够拥有体面的住房和舒适的生活环境，以全面提高公民的生活质量作为终极目标。城市更新宣扬着三个理念：①工业经济只有在由当代理论建立的以汽车为主导的大型城市之中才能得到绝佳的发展；②贯穿城市的公路系统将为市中心区域带来巨大的可达性，象征着机械化文明的出现；③崭新建筑和城市形态的现代化市中心将使美国城市摆脱乡村的根源并且具有世界级的理想城市面貌。

《住房法案》正是为了有效地使用联邦资金用于重塑城市，联邦政府相信复兴城市的第一步就是清除这些“萎靡”的地区与建筑，随后被政府和私人开发商用于新的发展。这一时期的领导人坚持着一个简单的理念——老的就是不好的，新的就是好的。

城市更新的具体做法如下：

（1）改造物质环境，丰富中心城区的住房类型。优化住房类型以满足各个阶层人口的需要，吸引更多的人返回中心商业区居住或活动。

（2）功能的重新定位。赋予了中心商业区多样化职能，促进由单一的商业职能转变为以商业职能为主，辅以办公、行政、服务等功能。随着中心区的繁华，居民和白领阶层的工作人员增多，消费能力增大。

（3）改善交通，通过对中心商业区内交通的建设，加强了中心商业区与周边地区的联系。

城市更新虽然出发点在于开发中心城区并改善住房条件，但实际是追求经济利益最大化的肆意建设。在官僚和开发者的手中，“现代城市”项目迅速恶化为模式化、单一且枯燥乏味的设计，因此也造成了很多问题：

（1）大拆大建，千城一面。否认了不同地区特定的历史和地域特征，以国际主义的形象塑造着每一个城市的市中心。拆除了很多珍贵和不可替代的建筑，从未被忽视的过去在那个时期却被故意地破坏。成百上千个城市的历史面貌被永久地抹去。

（2）非但没有解决中低收入者的居住条件，反而剥夺了很多贫穷公民负担得起的保障性住房，居民被迫迁往更偏远的地区。造成新的种族隔离，社会犯罪呈上升趋势，并导致后来的城市危机和黑人骚乱。

（3）城市中蔓延的高速公路切断了传统的社会纽带、步行可达的社区，人们变成依赖汽车的受害者。

城市更新加速自然和文化资源消亡的速度，也造成一系列严重的社会问题。诸多学者对政府这一不理智的行为进行了严厉的批评。詹姆斯·芬奇就曾指出城市更新对城市肆意的破坏是一种文化犯罪，历史文化成为和平时期政权的牺牲品。简·雅各布斯在这一背景下出版了《美国大城市的死与生》（*The Death and Life of Great American Cities*），在当时引起了巨大反响。这本书的第一句话就阐明了目的：“这本书是对当前城市规划和重建的攻击。”[1] 在纽约，雅各布斯曾与城市规划师们

① JACOBS J. The death and life of great American cities[M]. New York：Random House，1961.

探讨，希望他们意识到现存城市社区的价值，她指出老建筑对居民社区意识的重要性，提出了一个新的视角来认识现有城市的内在价值，并且认为保护老社区比建设新社区更为重要。这本书出版的初期遭遇了美国规划界的冷眼，因为人们认为这本书除了能给规划和建设制造麻烦以外一无是处。然而时间证明了它的价值，城市更新带来的恶果纷纷得到印证，她的书也开始被认真研读，并得到了广泛的认可，许多建筑规划相关院校也将之列为必读的专业参考书目。

在意识到大规模城市更新的弊端之后，许多城市开始进行反思。在波士顿，社区保护者提出终止正在建设的高速公路项目。旧金山出现了第一个公开否定城市更新政策的市长，在社区团体的支持下，强迫州政府终止贯穿城市中心的公路建设项目。林登·约翰逊（Lyndon Johnson）总统在他的执政期间喊出“向贫困宣战”的口号后，导致很多政策也发生改变。1974 年，《住房和社区发展法》（Housing and Community Development Act）颁布，并且建立了社区发展地块补助计划（CDBG），开始认真关注现有社区的保护和复兴，而不是仅仅对不合格住房和经济落后地区进行拆除与重建。

二、《国家历史保护法》的颁布

二十世纪五六十年代，人们逐渐看清了城市更新的负面影响，政府官员托马斯·金指出，“美国的城市化伴随着肆意的拆迁与重建……正在一点点摧毁历史的物质证据，应该重新开始关注能体现个人身份的、高质量的生活”[①]。为了回应联邦政府发起的建设活动造成的全国性破坏，约翰逊（Bird Johnson）夫人通过报告系统地分析了国家的现状和城市更新带来的影响。报告为《丰富的遗产》（*With Heritage So Rich*）[②]，这是由很多文章组成的合集，指出自 1935 年颁布《历史场所法案》以来，国家历史场所和建筑调查项目（NSHSB）普查的 12000 座建筑中一大半都已经被破坏，很多能体现国家历史文化特色的财产都只能留存于图片之中了。这一报告指出了三点提议：①应该建立相应的机制来保护这些财产不受联邦建设活动造成的消极影响；②建立相应的经济激励计划；③建立一个独立的联邦保护机构来协调可能会影响历史保护的联邦政府计划。这一报告通过生动的陈述结合触目惊心的图片牵动着人们的神经，使公众对这一问题有了深刻的认识，为国家历史保护法的颁布做了良好的铺垫。作为回应，约翰逊总统于 1966 年 10 月

---

① KING T F. Cultural resource laws and practice[M]. Lanham：AltaMira Press，2013.

② RAINS A，Henderson L G. With heritage so rich[M]. Washington，D.C.：Preservation Press，1983.

15日签署法案，正式颁布《国家历史保护法》（National Historic Preservation Act，NHPA）。它成为美国有史以来影响最深远的保护立法。其中最实质性的条款陈述如下：

> a. 国会发现并宣称……应该努力保存国家的历史和文化遗产，它们早已成为社区生活的重要组成部分，能够为美国人民指明生活的方向。
>
> b. 面对不断扩大的城市中心，不断拓展的公路建设，以及商业和住宅的发展，政府和非政府都应该积极参与历史保护活动，为后代传承这些丰富多彩的文化遗产。
>
> c. 当前大部分历史保护工作主要由私人组织和个人承担，他们也做出了巨大的贡献。因此联邦政府更需要加快制定保护计划，应最大限度地鼓励并协助国家和各级政府以及历史保护国民信托，共同致力于历史保护。①

这是联邦立法第一次明确了历史保护对维系文化根源的重要性，同时也是大众的职责，呼吁各级政府、各种组织积极参与。可以说NHPA实质性的创新有两方面：一方面创建了全面的经济援助项目（Grants-in-aid）计划，为各州提供了用于调查、规划，以及获取和发展历史财产的资金；另一方面创建了历史财产的保护机制。虽然都代表着联邦历史保护发展的重要转折点，后者的意义更加重大，也就是NHPA的106节审查（Section 106 review）、历史场所登录制度（NRHP）与历史保护咨询委员会（Advisory Council on Historic Preservation，ACHP）。

1. 106节审查

《国家历史保护法》指出：

> 任何联邦机构的直接或间接负责人，在进行任何项目之前，都必须考虑该项目对国家登录的街区、场所、建筑、结构或对象可能产生的影响。因此都应当咨询历史保护咨询委员会（ACHP）……以寻求合理的意见。①

106节审查建立了一个强制的审查过程，要求联邦机构在项目开始之前进行审查，促使联邦政府与保护文化资源的关系更加密切。这一机制就是为了确保联

① MACKINTOSH B. The National Historic Preservation Act and the National Park Service：A History[M]. Washington，D.C.：History Division，National Park Service，Department of the Interior，1986.

邦机构足够地考虑到其行动对历史财产的潜在影响。该法令简单明了，《国家历史保护法》需要联邦机构评估其行为可能对历史财产造成的影响。这一套由监管法规、法院解释、法律修正、继续采用组成的过程已被整合到联邦机构的日常规划程序之中，对联邦政府对待历史资源的态度产生了重要的影响。比如联邦政府计划在一个历史农场附近建设一条高速公路之前，就需要进行 106 节审查以判定这条高速公路的规划和实施过程对财产可能产生的具体影响，并采取应对措施（图 5-1-1）。该审查最主要的步骤如下：

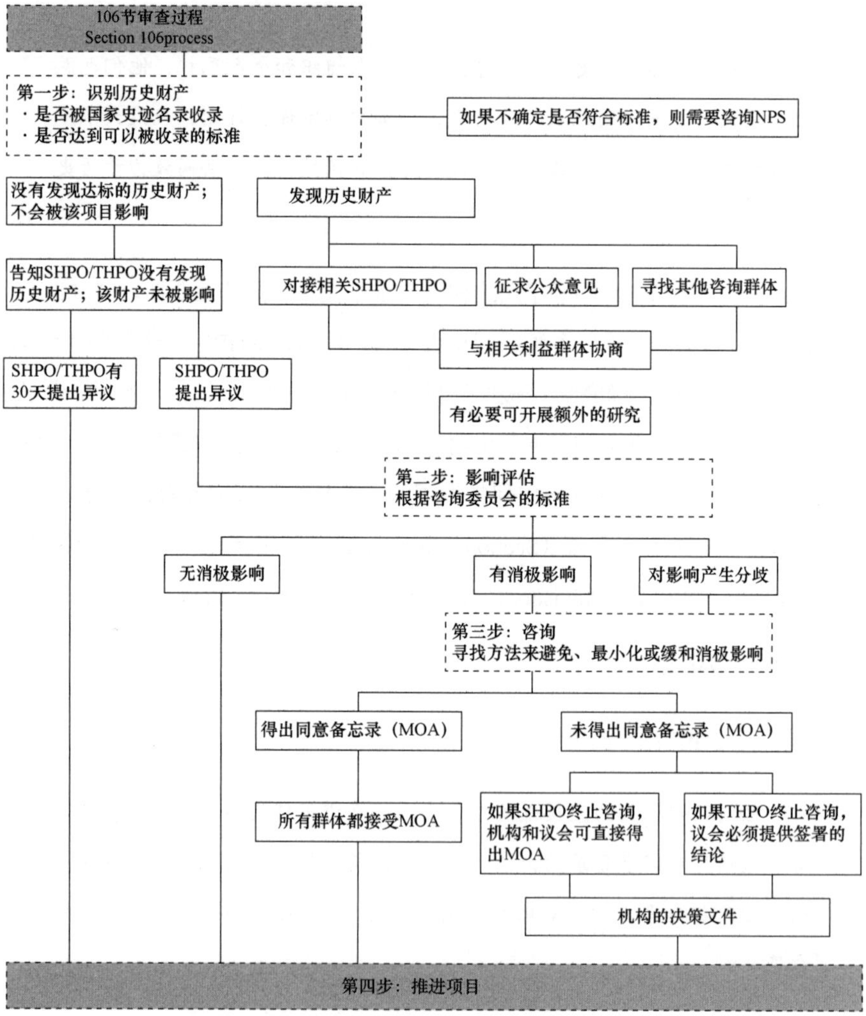

图 **5-1-1　106** 节审查的流程

（1）联邦机构会向州历史保护办公室（SHPO）或部落历史保护办公室（THPO）咨询该工程可能影响的历史财产是否被国家史迹名录收录，或是否达到可以被收录的标准。

（2）机构会评估该工程对历史财产的影响：无消极影响；有消极影响；对影响产生分歧。

（3）如果预期会出现不利影响，机构则会向 SHPO、THPO 或相关利益集团咨询以寻求降低消极影响的措施。这一步将得出同意备忘录（MOA），内容包含将要采取的措施。

（4）如果同意执行 MOA，机构可以依据相关条款推进项目。

2. 历史场所登录制度与历史保护咨询委员会

106 节审查促使《国家历史保护法》创建了历史场所登录制度（NRHP）与历史保护咨询委员会（ACHP）。

为了应对 106 节审查，需要识别历史财产的重要性，《国家历史保护法》授权内政部“扩大并维持对美国历史、建筑、考古和文化具有重要性的街区、场所、建筑、构筑物和物体的注册”。这一列表也被称为国家史迹名录，形成了文化资源库存的基础，引导着国家历史保护政策的实施。

它的前身正是根据《历史场所法案》在 1960 年建立的国家地标登录项目（Register of National Landmarks）。联邦政府也逐渐意识到国家重要性和有杰出价值的财产只是更加广泛的文化资源的一部分，因此才授意内政部“拓展”登录项目，也展示了联邦保护视野的拓展。

《国家历史保护法》（NHPA）提出国家登录的级别以及文化重要性都应该被拓展，最重要的变化就是摒弃了“国家重要性”这一提法。将文化资源的重要性分为国家、州和地方的级别。这一概念体现在 NHPA 所有的条款之中。NHPA 也进一步指出国家登录应包含“街区”和“结构”的类别。这一转变是为了包含一些被“场所、建筑和物体”狭义的定义所排除的对象。历史街区（historic district）的提法是特别重要的，正式承认了建筑群这一新兴的概念，反映了 NHPA 用于识别和保护文化资源的综合方法。

国家史迹名录收录的财产主要有五大类：建筑（building），构筑物（structure），场所（site），历史街区（historic district），物件（object）。建筑指因庇护（shelter）功能而创建的对象，如房屋、谷仓、旅馆或教堂。构筑物区别于建筑，因庇护功能以外的功能创建，如桥、露台等。场所指与历史上重要事件相关的场所，如战场、露营地、自然场所等。历史街区指全部或部分包含其他四类对象的区域。重要性的衡量标准为“重要的历史、建筑、考古和文化价值”。该范围几乎包括所有国家登录的标准能识别出的有潜力的文化资源类别。表 5-1-1 为由国家公园管理局发布的四个标准。[①]

表 5-1-1 国家历史场所登录标准

序号	内容
1	“事件”（event）：必须与美国的历史有重要的关联性
2	“人物”（person）：必须与过去的重要人物有所关联
3	“设计 / 建造”（design/construction）：建筑的设计和建造具有独有的特征，能体现伟大的艺术价值或大师的作品
4	“潜在信息”（information potential）：能从财产中发现，或可能会从中发现历史的潜在信息

资料来源：根据相关资料整理。

同时指出，历史场所登录制度一般不包括以下几类财产：公墓、出生地、历史人物的坟墓、宗教机构拥有或用于宗教目的的遗产、进行过搬迁的结构、重建的历史建筑、纪念性财产、在最近 50 年内获得重要性的财产。然而也补充道：所有上述情况都有例外，需基于实际情况进行权衡。

为了协调国家历史保护项目并且监管联邦机构对国家登录财产可能产生影响的行为，《国家历史保护法》（NHPA）建立了历史保护咨询委员会（ACHP）。委员会为评估联邦政府的相关项目对文化财产造成的影响提供了最高水准的审查，也是参与 106 节审查最重要的机构。其主要职能如下：

· 向总统和国会提供关于历史保护的建议；

· 采取措施协调联邦、州、地方、私营机构与个人在历史保护中的关系；

· 为法规的制定提出建议，进行相关方面的研究，如立法、管理框架、历史保护相关政策的效果反馈；

· 为联邦政府项目的审查提供建议；

· 进行历史保护的教育工作，提高大众的关注度。[②]

委员由联邦、州、地方政府机构及外部组织的成员共同组成。

① FRANK K，PETERSEN P. Historic Preservation in the USA[M]. New York：Springer Science & Business Media，2002.

② BEVITT E A. Federal historic preservation laws[M]. Washington，D.C.：US Department of the Interior，National Park Service，Cultural Resources Programs，1993.

三、历史保护的主要机构与组织关系

《国家历史保护法》颁布后，政府建立了“联邦—州—地方”的三级保护体系，并且赋予了各级保护机构在历史保护中的职能。同时，以国民信托为代表的非营利组织也在历史保护中扮演着举足轻重的作用。

1. 联邦政府机构

（1）内政部（Department of the Interior）。内政部是历史保护的最高领导部门，负责定义历史保护活动相关的标准，主要下属部门为国家公园管理局（NPS），其职能也通过 NPS 进行具体执行。

（2）国家公园管理局（NPS）。美国国家公园管理局于 1916 年 8 月 25 日根据美国国会的相关法案成立，隶属于内政部，主要负责美国境内的国家公园、国家历史遗迹、历史公园等自然及历史文化遗产的保护与管理，大体来说这个角色就是土地资源管理者。同时它有义务执行《国家历史保护法》、106 节审查，以及其他保护法案赋予它的职能。历史文化资源相关的项目常被称作 NPS 的“外部职能”，主要包括：

①国家历史场所登录（National Register）项目：作为登录财产名录的管理者，并维持对财产的提名与名录的更新工作。

②考古与民族计划（Archeology and Ethnography Program）：涉及考古学资源保护法（ARPA）和美国原住民坟墓保护遣返法（NAGPRA）相关的问题，向议会提供关于国家考古项目的年度报告，并且出版杂志《共同大地》（*Common Ground*），负责发布与考古和原住民相关的信息。

③美国历史建筑测绘（HABS）和历史工程测绘（HAER）项目：负责监管对历史建筑和工程建筑进行的调查、记录和研究。2000 年，还开展了历史景观测绘项目（HALS）。

④建筑保护计划（Architectural Preservation Program）：促进对历史建筑和构筑物的保护与修复，监管税法与这些项目的相关经济政策，参与监管 106 节审查过程。

⑤资金援助计划（Grants Program）：为州历史保护办公室、印第安部落、地方政府、保护技术研究人员和教育工作者提供援助资金。这些资金援助计划使得 NPS 能更加直接地对各个层面的历史保护活动进行监督与指导。

国家公园管理局作为联邦层面历史保护的实际管理者，与相关机构的关系如图 5-1-2 所示。

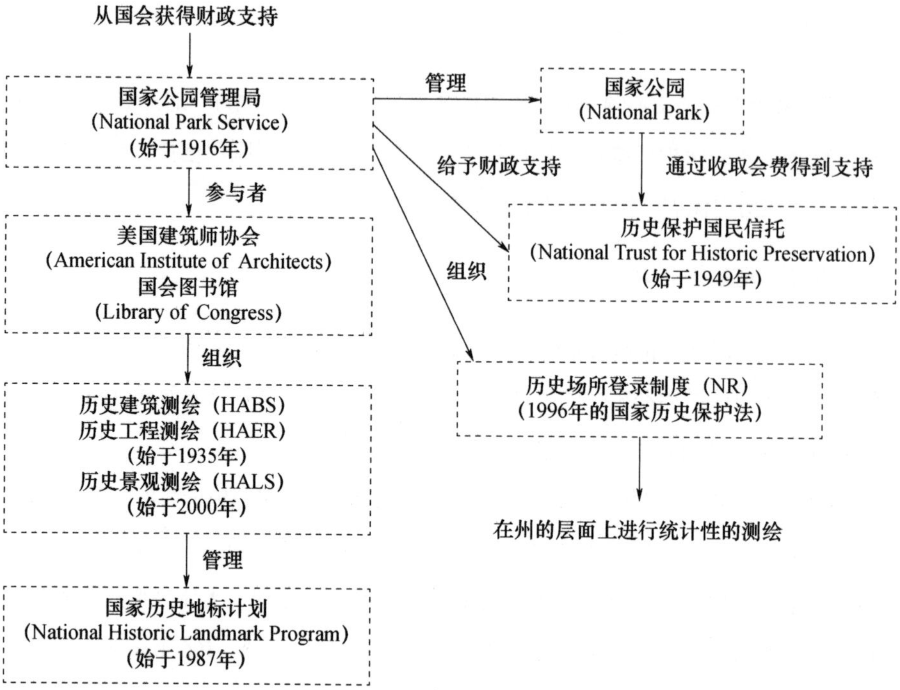

图 5-1-2　国家公园管理局与其他机构的关系示意

(3) 历史保护咨询委员会。历史保护咨询委员会是联邦层面的独立机构，致力于维护、增强和有效利用国家的历史资源，并就历史保护政策向总统和国会提供意见。根据《国家历史保护法》，咨询委员会是总统和国会最主要的联邦政策顾问，提供建议对行政和立法进行改进以保护历史文化遗产；主张联邦决策中充分考虑到历史文化遗产的价值，负责审查联邦计划和政策，促使与国家历史保护政策达成协调与一致。

2. 州政府机构

州历史保护办公室（State Historic Preservation Officer，SHPO）是联邦政府根据《国家历史保护法》的第 101 节创建的州政府职能部门。SHPO 的职能包括调查和识别历史财产，审查对财产的提名，监管可能会对财产造成影响的活动，并支持联邦、州和地方层面的组织以及私营部门的活动。每个州都负责建立自己的 SHPO，因此，每个 SHPO 发布的规范和条例都略有不同。因此，《国家历史保护法》也创建了州历史保护办公室全国会议（NCSHPO）来协调这些差异。NPS 会向 SHPO 提供保护援助资金，资助金额视具体项目而定。SHPO 的主要职能如下：

· 与联邦、州政府机构、地方政府以及私人组织和个人合作，指导并进行全面的历史财产调查，并对这些财产进行登录；

· 识别符合标准的财产并进行国家历史场所提名，以及管理所有申请提名的申请；

· 准备并实施州层面的历史保护规划；

· 管理州内由联邦援助计划资助的历史财产的保护活动；

· 为联邦、州和地方政府酌情提供建议，并协助履行历史保护的责任；

· 与内政部、历史保护咨询委员会，其他联邦、州、地方政府、组织和个人积极合作，确保历史财产被所有层面的规划和发展都考虑到了；

· 提供有关联邦和州历史保护计划相关的公共信息，以及教育和培训等技术援助；

· 与地方政府合作制定地方历史保护规划，并协助地方政府进行历史保护职能认证（CLG）。[①]

3. 地方政府机构

认证的地方政府（Certified Local Governments，CLG）是由州历史保护办公室授权，在地方层面建立的历史保护职能部门。CLG 主要负责直接对地方的保护对象进行保护和管理，地方层面保护条例、法规和激励政策的起草，执行地方层面的审查，以及直接与财产业主联系。总体来说，地方层面的保护活动才是最实际也是最主要的。地方层面的保护机构关系如图 5-1-3 所示。认证的地方政府也可以越过 SHPO，直接将对象进行国家登录的提名。

4. 非营利组织

非营利组织是美国市民社会的主要组成部分。历史保护领域也有各种各样的非营利组织，如保护联盟、历史协会、社区组织等，它们都代表着大众、私人个体的利益参与到历史保护中。

① MACKINTOSH B. The National Historic Preservation Act and the National Park Service：A History[M]. Washington，D.C.：History Division，National Park Service，Department of the Interior，1986.

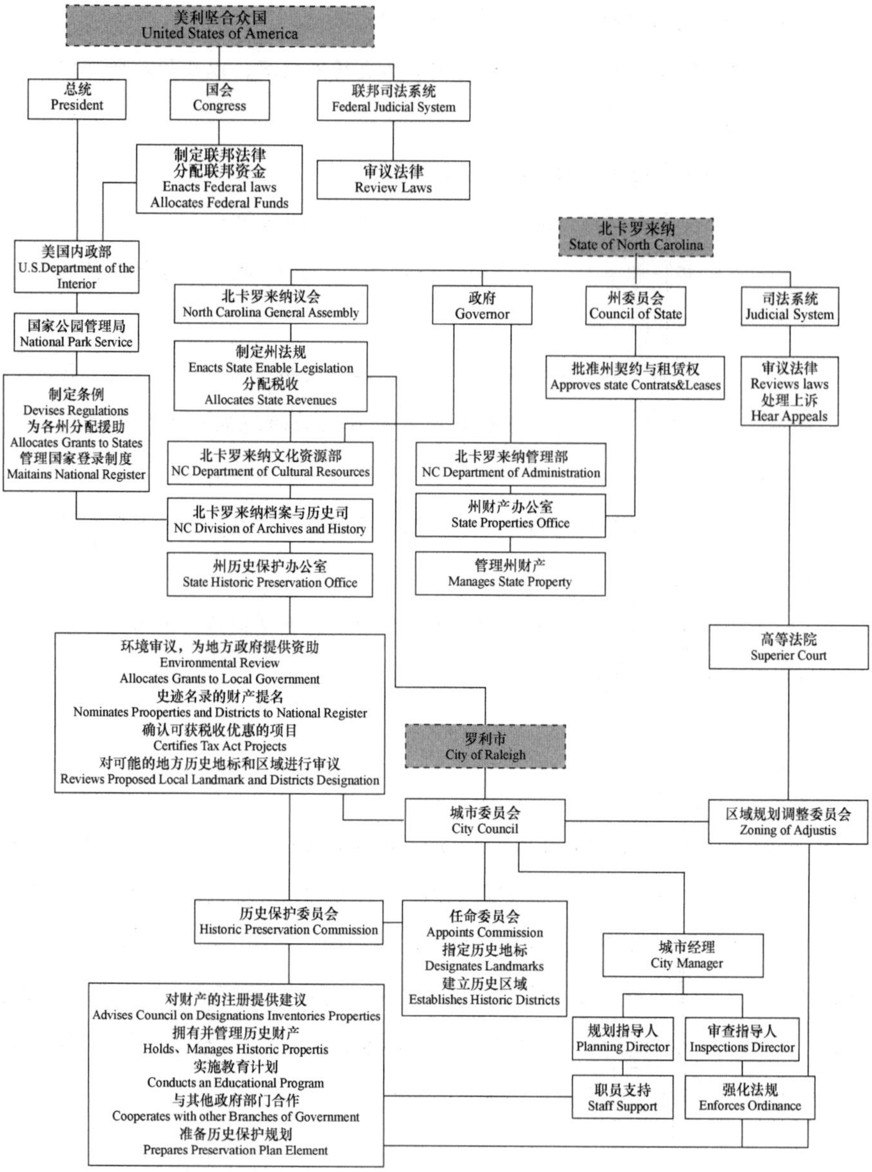

图 5-1-3　美国历史保护的政府管理体系（以北卡罗来纳州罗利市为例）

美国全国性、最大的非营利组织正是历史保护国民信托（National Trust for Historic Preservation）。其主要职能是领导和整合保护力量以应对各种历史保护活动并参与制定相关标准①，其正是应对于二十世纪四十年代后期快速发展造成的各种负面影响的结果。当时美国历史保护领域的领导人认为需要一个国家性组织来统筹并支持各地的保护工作，1946 年，芬利（David Finley）、克里特诺顿

① MULLOY E D，FINLEY D E. The History of the National Trust for Historic Preservation，1963-1973[M]. Washington，DC：Preservation Press，1976.

（Christopher Crittenden）等人在国家美术馆会面，讨论创建这个国家性组织的相关事宜。此次会议后，又于1947年4月15日举行了一次大型聚会，一大批艺术家、建筑师和历史保护协会的代表都前来参会，会上达成了共识并成立了国家历史场所和建筑委员会（National Council for Historic Sites and Buildings）。这一事件重要的贡献就是打破了地域的界限，使得全国的保护者们共聚一堂相互交流。参会人员也成为委员会的第一批成员，委员会的第一个总部设在华盛顿特区的福特剧院。1948年，理事会在年会中提出成立一个类似于英国国民信托的组织，旨在获取并保护历史财产。随后创建国民信托的议案被呈交给议会并很快通过。1949年10月26日，杜鲁门总统签署了议案后，历史保护国民信托正式成立。其主要职能致力于获取和保存具有重要意义的历史遗迹和物品，并向国会提供年度报告。

国民信托与国家历史场所和建筑委员会并存了多年，最终于1952年合并，国民信托成为会员制的组织并且整合了国家历史场所和建筑委员会的所有功能。国民信托早年的工作主要是致力于获取并管理历史场所，并且鼓励号召公众积极参与保护活动。1957年，国民信托正式收购了第一处历史财产——位于弗吉尼亚州北部的伍德罗恩种植园。随后，国民信托的保护对象不断增多。在接下来的十年中，国民信托迅速发展为国家历史保护的领导性组织。其开始与公民和城市规划部门在诸多方面进行合作，包括制定联邦、州和地方层面的历史保护条例。国民信托的工作人员也前往不同地区，通过与基层充分接触了解各地的实际保护需要，并且为他们提供保护的建议。其还致力于组织地方培训和研讨会，提高基层市民对历史保护的认知度和知识储备。国民信托从基层出发的理念使这类非营利组织成为公众参与历史保护的重要途径。在这一过程中，还出版了大量关于历史保护的研究成果，积极推动理论界的研究。

1966年《国家历史保护法》颁布之后，联邦政府还特地为国民信托提供资金以支持其工作，这也是其他历史保护组织可望而不可即的。1969年，国民信托成立了保护服务基金（Preservation Service Fund），旨在为各地的保护项目提供经济援助。1971年，国民信托在旧金山开设了第一个外地办事处。随着组织的发展，国民信托也一直在扩展其工作范围，开展了诸多保护项目、教育培训和倡议计划。1980年，国民信托建立国家主街中心，通过推行主街计划致力于历史性商业区的复兴。此外，还包括很多乡村保护以及社区保护项目。

美国的环境保护运动创立了大量的国家性组织共同致力于保护自然资源，历史保护运动中只有唯一一个也是最大的国家性组织，也就是历史保护国民信托。[①]因此，研究国民信托的历史实际上就是在研究第二次世界大战后美国历史保护的发展历程。

四、历史保护的理论

1. 理论基础——多个流派

学者诺曼·泰勒（Norman Tyler）指出："美国历史保护的理论大都体现于具体的保护实践，而非书面文字，且前人在实践中总结出的理论也都成为美国当代保护理论的基础。"不同的人认为历史保护有着不同的职责：拯救老建筑、保护文化遗产、促进城市更新、贡献于可持续发展，或作为当前发展实践的替代方法。应对不同的保护实践，保护者们也总结了多种方法，比如拯救老建筑，有人认为应该保存其原始的状态，如果已经被改变则应该恢复到最初的状态。也有人认为应该保护遗存至今的部分，并且认可发生的变化。关于这类问题没有标准答案，无休止的争论最早可追溯到十九世纪，其中具有代表性的主要有法国提倡的"风格性修复"理论、英国提倡的"反修复"理论，以及意大利基于维护"历史真实性"的理论。

"风格性修复"是以法国的维奥克勒·杜克（Viollet-le-Duc）为代表的建筑保护者所提出的，是对早期"艺术性修复"的发展。杜克被认为是世界上第一个建筑修复师，他在一系列著作中展示了自己的方法、技术和理念。他的工作没有先例，对整个欧洲早期的修复工作具有重要影响。杜克的修复理念基于重要的纪念碑不仅应该被重建以回到最初的状态，还应该按照"它应该是这样"的准则来修复。如他所述，"修复一座建筑不仅是保存、修复或重建，而应该把它带回一个完成状态,可能在任何时刻都没存在过的状态"[②]。该理念的特点其实就是对修复对象进行美化处理。

在杜克去世后不久，一位批评家保罗指出："一座见证过去的纪念碑必须保持过去留给它的状态。假装将其还原为原始状态是危险和有欺骗性的；我们必须保

---

① STIPE R E，LEE A J. The American mosaic：preserving a nation's heritage[M]. Washington，DC.：J.D. Lucas Printing Company，1987.

② TYLER N，TYLER I R，LIGIBEL T J.Historic preservation：An introduction to its history，principles，and practice[M]. New York：W.W. Norton，2000.

存建筑的状态，尊重一代又一代的贡献。”[①] 保罗认为被增添的新元素和装饰没有适当的历史基础。虽然杜克的理念现在被普遍怀疑，但他的贡献是重要的，因为他承认了有必要对重要的历史建筑进行修复。

美国当代有一些实践就是基于杜克的理念提出的。加州的圣巴巴拉市在1925年被地震摧毁，市区必须从零开始重建。政府认为建筑应该按照同样的建筑风格进行重建，为了限制新的设计出现在老的西班牙风格的建筑之中，因而建立了一个建筑审查委员会来确保风格一致性。事实上，大部分的新建筑自那以来一直在模仿这种风格，结果就建成了一个风格无与伦比的一致的街区。圣巴巴拉在这一时期采用的指导思想认为，复建的城市应该比历史中更完美，正如杜克在一个世纪前的主张。殖民地威廉斯堡也被认为与杜克的理念相似，认为需要去除1775年后改变和加建的部分，这样的修复和重建最困难的是需要找寻充分的证据作支撑。

在轰轰烈烈的修复热潮之后，兴起了针对法国风格性修复弊端的“反修复运动”，代表人物为约翰·拉斯金（John Ruskin）和威廉·莫里斯（William Morris）等。“反修复派”认为不应该对建筑采取任何形式的干预，允许其以自然的方式衰变。他们认为现今社会没有权利去改进、修复其他时期的建筑。拉斯金在《建筑的七盏明灯》（*The Seven Lamps of Architecture*）中说道，“正如人不可能死而复生，也不应该修复任何曾经伟大或美丽的建筑”[②]。正因为它们经历了几个世纪才获得了现在的外表，所以应该保留它们使之看起来就是老的，即使被视作废墟也是美的。他指出，“建筑最大的荣耀就是它的年龄”。在他看来，复建就像一个年长的人通过整形手术而变得年轻，应该尊重年代感而不是人为地改变。他指出人们常常想让老建筑看起来是完美的，但修复后更像博物馆里的展品，而不是被日常使用的建筑。他认为“越准确的模仿越会误导后人”。拉斯金的观点可能比较激进，因为他否定了建筑的修复也有好处。拉斯金和杜克的观点处于两个极端，都各有利弊，这场争论是不会有结果的，因此必须以批判的眼光来看待每一次历史保护的实践。

十九世纪中期，意大利保护专家在风格性修复和反修复理论的基础上，提出了以保护“历史真实性”为核心的保护理念，以意大利派为核心的理念也形成了后来的《威尼斯宪章》。历史真实性的保护方法指出：“修复是一个高度专业化的操作过程，旨在保存并揭示保护对象的美学和历史价值，以尊重原始材料和真实文

---

① WILLIAMS N，KELLOGG E H，GILBERT F B. Readings in historic preservation：why? what? how?[M]. Piscataway，N.J.：Center for Urban Policy Research，Rutgers University，1983.

② RUSKIN J. The seven lamps of architecture[M]. New York：John Wiley & Sons，1885.

件信息为基础。当出现主观猜想时必须停止修复，并且必须将修复的部分与原物进行区分，必须留下当代的印记。在任何情况下的修复都必须基于对保护对象进行了充分的考古和历史研究后的行动。”

《威尼斯宪章》颁布后，保护“历史真实性”原则迅速成为西方国家文化遗产保护与修复的共识。二十世纪六十年代的美国与国际保护领域也进行着密切的联系，美国历史保护国民信托的两位专家即查尔斯·波特（Charles W. Porter）和查尔斯·彼得森（Charles E. Peterson），参与了《威尼斯宪章》的制定过程。由于宪章的主旨与理念核心得到了美国历史保护界的普遍认同，因此将其中的一些原则基于美国的现状进行了改写与完善，最后总结出了美国自身的方法论，可以说《威尼斯宪章》正是美国方法论的基础。

2. 内政部的保护标准与相关导则

其实早在 1937 年，国家公园管理局就发布了当时非常全面的历史建筑修复标准，首先指出了建筑修复实践中的矛盾性：[①]

> 以教育目的为出发点的保护往往使保护者更倾向于重现那些消失的、残破建筑的辉煌时刻。这经常需要移除历史发展过程中发生的一系列变化，也就不可避免地会对历史证据造成一定破坏。需要用学院式的态度来对待每一座建筑和其包含的考古证据，让历史建筑能够为大众呈现出其最重要的历史特征。
>
> 在美学意义上，最初的形式、建成后历次加建与改建造成的多样性，以及直至今日形成的肌理感和年代感，往往不能相互协调。
>
> 为了协调以上诸多因素，该导则必须成为指导工程负责人的行为和判断准则。

这一文件阐述了建筑遗产中的不同特点和矛盾性。过多强调教育意义可能会对考古价值造成破坏；以“学院式”的态度刻板地对待历史保护又往往会使建筑失去鲜明的历史特征，破坏其美感。这些问题反映了对建筑保护的一些思考，该导则并没有给出明确的答案，但指出了可以作为参考的标准，并应该基于具体情况以客观的态度进行判断（表 5-1-2）。[②]

① HOSMER C B. Presence of the past：A history of the preservation movement in the United States before Williamsburg[M]. New York：G. P. Putnam’s Sons，1965.

② JOKILEHTO J. A history of architectural conservation[M]. New York：Routledge，2017.

表 5-1-2 国家公园管理局的保护标准

序号	内容
1	必须基于充分的考古和文档证据对历史财产的形态和历史变迁进行研究，之后才能做出最终的决定
2	应该保留所有的档案依据，包括图纸、记录、样本等，在对保护对象采取任何行动之前应该进行完整的记录
3	应当保证最小的干预性——“保护优于维修，维修优于复原，复原优于重建”（Better preserve than repair，better repair than restore，better restore than construct）
4	不能基于某一特定时代对建筑进行修复，要正确认识并保留老建筑中不同时代所遗留下来的特征
5	上一点同样适用于所有风格的建筑，包括出现较晚的建筑风格，因为其中同样能体现出创造性
6	不应当让审美倾向和先入为主的判断主导行动，就美学角度来说，历史财产往往代表了历史时期的审美品位
7	当修复过程中缺乏足够的文献证据支撑时，应该参照现存的同时期的实例
8	应当努力使新加部分的材料、构造方法等与原有部分相协调，但也不能用夸张的手法对新材料“作古”（antique）
9	建筑修复的施工速度应当比新建慢，要仔细地确保准确性

资料来源：根据相关资料整理。

国家公园管理局拟订的标准所呈现出的核心内容与1931年的《雅典宪章》和1938年的《意大利导则》基本一致，比如最小干预原则、尊重不同时期多样性的风格、修复前的充分的史料支撑与历史研究，以及不应刻意作古等。从中可以看出，这一时期已经对威廉斯堡式“回到那时”的修复方式持否定态度，这也反映了美国建筑保护理念的初步成熟。

1966年《国家历史保护法》通过后，要求联邦政府“加快其历史保护项目和活动”，授权内政部“扩大国家史迹名录”和“直接管理国家登录财产的保护资金的相关项目”，同时还要负责“创建保护历史财产的标准”。1978年，《内政部历史建筑的修复标准与导则》（The Secretary of the Interior's Standards &Guidelines for Rehablitating Historic Buildings，以下简称《标准与导则》）正式颁布，在全国范围内广泛宣传与普及。《标准与导则》设立了统一的标准，规范了各个层面的保护工作，并且与后期历史修复税额抵免政策、历史保护津贴项目充分结合，成为评判能否获取经济激励的依据。《标准与导则》也指出了历史建筑保护的七种不同处理方法以及各自对应的标准：获取（acquisition）、保护（protection）、加固（stabilization）、保存（preservation）、修复（rehabilitation）、复原（restoration）和重建（reconstruction）。它还指出“修复”应是最常用的处理方式，“修复是经过修缮和改动的过程，使建筑恢复到可使用的状态，赋予其当代使用功能的同时保护财产重要的历史、建筑和文化价值特征”。从定义可以看出一方面强调对历史真实性的重视，要最小化改变其重要的材料、形态和空间特征，另一方面也很注重当代的使用功能，这也是对当时历史建筑再利用热潮的肯定与呼应。

随着保护领域的发展，内政部于 1983 年、1992 年、1995 年相继对 1978 年的标准进行了修订，于 1995 年发布《内政部历史财产的处理标准》（The Secretary of the Interior's Standards &Guidelines for the Treatment of Historic Properties），将处理方式的种类由七种整合为四种。取消“获取”，将“保护”“加固”合并到“保存”之中，即“保存、修复、复原、重建”。这四种方法组成了一个清晰的等级体系，对建筑实施的干预程度递增，对建筑真实性的保护程度递减。需要注意的是，这一时期开始用“历史财产”（historic property）一词。表 5-1-3 整理了内政部历史财产保护标准①。

表 5-1-3　内政部历史财产保护标准

处理方式	序号	内容
保存	1	应当基于财产历史上出现过的使用方式对其进行利用，如果要赋予其一种新功能，需要最大限度地保持其独特的材料、特点及空间关系。在没有确定进一步处理措施之前应严格保护
	2	应最大化保留财产的历史特征。应避免替换完整的或尚可修补的部分，避免对历史特征和空间关系造成破坏
	3	每件财产都应被视为其所处时期、地点和使用方式的物质证据。应采取措施来稳定、加固并保存这些特征，并且维持物质上和视觉上的和谐性，但依然可以在近距离观察的情况下识别，充分记录以备后期的研究
	4	若历史财产已经发生了改变，但这些改变获得了新的历史意义，也应该保存这些改变
	5	尽量保存财产的特色材料、特征、表面处理方式、施工技术或能体现财产特别之处的工艺
	6	将首先对现存的历史特征进行评估，以确定所需的适当干预程度。当恶化十分严重不得不需要修复或限制性替换时，应做到新材料与旧材料在组合、设计、颜色和质地等方面相和谐
	7	本着不损伤历史材料的原则，尽量采用温和的物理或化学处理方式
	8	应尽量原地保存考古资源，即使要干预也要把握好程度

① WEEKS K D，GRIMMER A E. The Secretary of the Interior's Standards for the Treatment of Historic Properties：With Guidelines for Preserving，Rehabilitating，Restoring & Reconstructing Historic Buildings[M]. Washington，D.C.：Government Printing Office，1995.

续表

处理方式	序号	内容
修复	1	无论基于历史上出现过的方式使用历史财产，还是赋予其新的功能，都应该最小限度地改变初始特征
	2	应最大限度地保留和保存财产的历史特征。应避免移除或改变其初始特征
	3	每件财产都应被视为其所处时期、地点和使用方式的物质证据。应采取措施来稳定、加固并保存这些特征，并且维持物质上、视觉上的和谐性，但依然可以在近距离观察的情况下识别，充分记录以备后期的研究
	4	若历史财产已经发生了改变，但这些改变获得了新的历史意义，那也应该保存这些改变
	5	尽量保存财产的特色材料、特征、表面处理方式、施工技术或能体现财产特别之处的工艺
	6	将首先对现存的历史特征进行评估，以确定所需的适当干预程度。如果恶化十分严重不得不修复或限制性替换，应做到新材料与旧材料在组合、设计、颜色和质地等方面相和谐
	7	本着不损伤历史材料的原则，尽量采用温和的物理或化学处理方式
	8	应尽量原地保存考古资源，即使要干预也要把握好程度
	9	新的添加、外部的改造或相关的新建部分不能破坏能体现财产特点的历史材料、特征和空间关系。新工作应与旧的部分有所差别，但历史资料、特点、尺寸、规模和比例等应该与旧的部分保持和谐，以保护财产及其环境的完整性
复原	1	对财产的使用方式要能够反映复原时期的特征
	2	应当保留复原时期的材料和特点，避免其被移除
	3	每件财产都应被视为其所处时期、地点和使用方式的物质证据。应采取措施来稳定、加固并保存这些特征，并且维持物质上、视觉上的和谐性，但依然可以在近距离观察的情况下识别，充分记录以备后期的研究
	4	在改变和移除之前，应首先记录这些展现历史时期的材料、特征与空间
	5	尽量保存财产的特色材料、特征、表面处理方式、施工技术或能体现财产特别之处的工艺
	6	对复原时期损坏的历史特征，应做到修补优于替换。特别严重的毁坏需要对明显的特征进行修复或有限制的更替时，新材料应当在设计、色彩、肌理以及可能情况下在材料上与原物相匹配
	7	如果需要替换复原时期已消失的特征，应基于充足的历史研究和物质证据。避免伪造错误的历史，避免进行猜测、主观臆断
	8	本着不损伤历史材料的原则，尽量采用温和的物理或化学处理方式
	9	应尽量原地保存考古资源，即使要干预也要把握好程度
	10	不可复原历史上从未出现过的设计

续表

处理方式	序号	内容
重建	1	应该通过重建来描绘财产消失了的或不存在部分，需要基于充足的资料和实物证据，避免进行猜测、主观臆断；重建对正确引导公众认知至关重要
	2	对景观、建筑乃至物品的重建将严格依据考古调查以识别并评估精确的历史特征
	3	将通过一系列措施来保存任何现存的历史材料、特征和空间关系
	4	应该基于充足的资料和其他物质证据来精确地复制历史特征，应避免猜想的设计与主观臆断。重建将再造不存在的历史财产的材料、设计、颜色和材质
	5	重建将被清楚地识别为当代行动的结果
	6	不能使用历史上未被执行的设计

资料来源：根据《标准与导则》整理。

这四种方法有共性也有各自的特点，由于实际情况的复杂性，对历史财产的处理往往会结合以上几种方法进行。

修复历史财产的“导则”与标准共同发布，旨在为项目规划阶段提供设计和技术建议，指导业主、开发商和联邦管理者应用这些“标准”。导则与标准一起为使用者提供了一个模板过程。导则应对建筑的各个部分进行分别的指导，分为建筑外表面（材料、特征）、建筑内部、建筑所在地、环境（街区、社区）以及相应的安全规范。与修复标准相符的方法、处理方式和技术将会出现在“推荐”的内容部分；对建筑的历史性格会产生消极影响的方法、处理方式和技术将出现在“不推荐”的内容部分，导则的模板框架如图 5-1-4 所示。

“推荐”与“不推荐”的行动都会基于历史保护的逻辑顺序排列，首先从识别开始，确定现状的情况以拟订工作计划；然后是“保护和维护”，以确保工作能够最大化保护目标；如果损坏不太严重，则推荐维修建筑的历史材料和特征；当恶化太严重导致维修的方式已不可行时，则需要考虑更强烈的干预方式——用新的材料来替换历史材料和历史特征。为了应对其新的用途，通常需要一些改变来添加。导则建议的措施也是按从易到难的顺序递增的，干预程度也较大。

1995 年的《标准与导则》虽然精简了上一版的保护方式，由七种变为四种，但是可以看见的是其实进行了深度的细化和完善，不仅对这四种保护方式分别拟订了标准，而且也分别拟订了导则。通过分析这些导则，从一些细微差别中不难发现美国历史保护者思维的缜密。表 5-1-4 整理了内政部历史保存的导则。

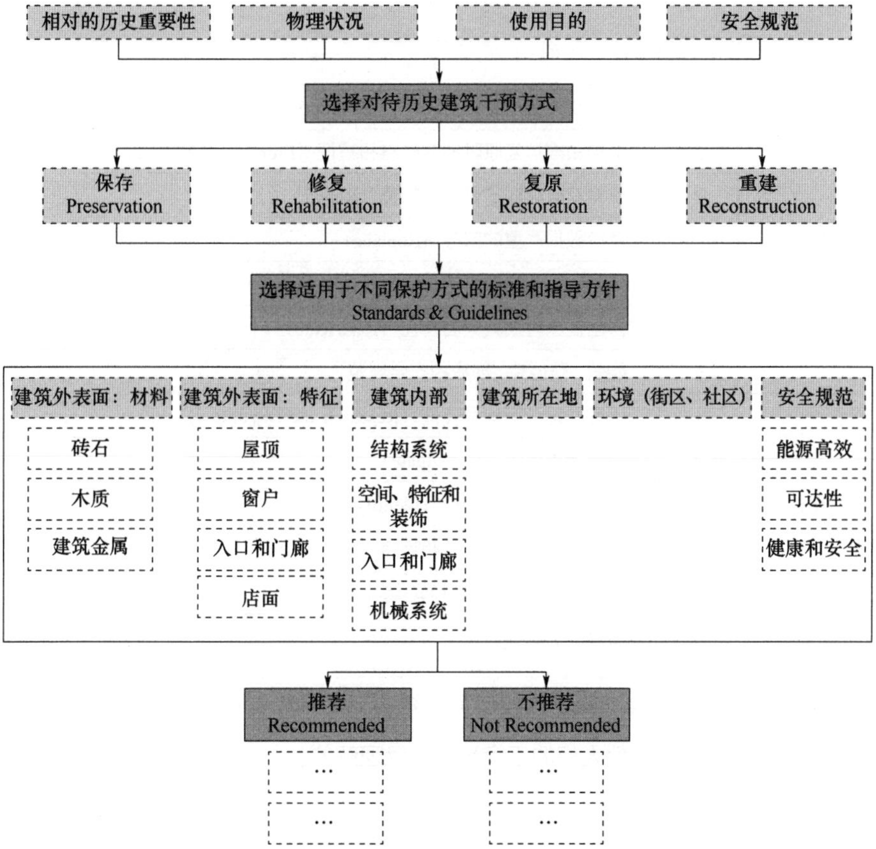

图 **5-1-4** 导则的模板框架（根据《标准与导则》改绘）

表 **5-1-4** 内政部历史保存的导则

处理方式	序号	内容
保存	1	识别历史材料和特征（Identify）
	2	加固破损的历史材料和特征作为初步措施（Stabilize）
	3	保护和维护历史材料和特征（Protect and Maintain）
	4	维修（加固和保存）历史材料和特征（Repair，Stabilize，Consolidate，and Conserve）
	5	有限地替换破损严重的部分（Limited Replacement）
	6	能效 / 可达性考虑 / 健康和安全规范（Energy Efficiency/Accessibility / Health and Safety Code）
修复	1	识别历史材料和特征（Identify）
	2	保护、维护历史材料和特征（Protect and Maintain）
	3	维修历史材料和特征（Repair）
	4	替换破损严重的历史材料和特征（Replace）
	5	设计缺失的历史特征并进行替换（Design for the Replacement）
	6	修改 / 添加用作新用途（New Use）
	7	能效 / 获得性 / 健康和安全规范

续表

处理方式	序号	内容
复原	1	识别复原时期的材料和特征（Identify）
	2	保护和维护复原时期的材料和特征（Protect and Maintain）
	3	维修复原时期的材料和特征（Repair）
	4	替换破损严重的部分（Replace）
	5	移去现存的其他历史时期的特征（Remove）
	6	再创复原时期缺失的特征（Re-Create）
	7	能效 / 获得性 / 健康和安全规范
重建	1	研究并记录历史重要性（Research and Document）
	2	调查考古资源（Investigate）
	3	识别现存的历史特征（Identify）
	4	重建已不存在的建筑和场所（Reconstruct）
	5	能效 / 获得性 / 健康和安全规范

资料来源：根据《标准与导则》整理。

条例中的标准与导则确实比较烦琐，强加了很多规定在私人财产之上，因此在早期实施的过程中招致人们的不满也是可以理解的。

第二节　环保意识与建筑再利用

一、绿色经典敲响的警钟

1. 寂静的春天

二战后的美国在飞速发展的同时，对历史、文化和自然资源产生了巨大的负面影响。触目惊心的破坏唤醒了人们的保护意识，学者们纷纷发声以寻求大众的共鸣，因此涌现出很多绿色经典。《寂静的春天》（*Silent Spring*）是海洋生物学家卡森女士（Rachel Carson）所著的一部环境科学著作。[①] 该著作描绘了由于农药的滥用导致田间各种生物死亡，从前的春天都充满着蛙鸣稻香，而现今的春天如死寂一般沉闷，看不到生命的迹象。由此深入阐述了因为滥用农药对人类生活造成的一系列负面的连锁反应，极具批判意义。

《寂静的春天》对环境保护运动产生了巨大的影响，促使草根阶层也积极响应环境保护，环境保护成为二十世纪六十年代社会运动的焦点。有学者指出："寂静的春天改变了世界的权力平衡，没有人能够如此坦然地将污染作为进步的必要代价。"[②] 卡森的工作发起了自二十世纪六十年代深层次的生态运动和环境保护运动，也对许多女权主义科学家的兴起产生了积极影响。卡森倡导着禁止在美国使用 DDT（杀虫剂）的运动，并且致力于在全世界禁止或限制使用 DDT 的相关努力。1967 年组建的环境保护基金（Environmental Defense Fund）是反对 DDT 运动的第一个里程碑式成就。美国前副总统、环保人士戈尔（Al Gore）为 1992 年版《寂静的春天》撰写了简介，写道："寂静的春天产生了深远的影响……事实上，雷切尔·卡森使得我对环境保护问题的认识十分深刻……她对我比任何人的影响都大。"[③]

2. 沙乡年鉴

《沙乡年鉴》（*A Sand County Almanac*）是美国生态学家利奥波德（Aldo Leopold）的一部著作，结合了自然、历史、文学与哲学。其中最著名的是以下陈述："当一件事情倾向于保持生物群落的完整性、稳定性和美丽的时候才是正确的，反之则是错误的。"[④] 利奥波德也因此被誉为"生态伦理之父"。

该著作分为十二个部分，每个部分为一个月。这些散文主要关注威斯康星州巴拉布附近利奥波德居住农场生态环境的变化。事实上威斯康星州没有"沙乡"，"沙乡"只是用于指代沙尘暴。著作内容是对季节性动植物轶事的观察，同时彰显了环保的主题。利奥波德写道："保护是为了维持人与地之间的和谐状态。"他认为土地不是一种被占有的商品，相反，人类必须尊重地球。他认为如果没有能漫游的野外空间，人类将不再自由。利奥波德的旧居——阿尔多·利奥波德农场也于

---

① CARSON R. Silent spring[M]. Boston：Houghton Mifflin Harcourt，2002.

② HYNES H P.The recurring silent spring[M]. New York：Pergamon Press，1989.

③ MCLAYGHLIN D. Fooling with Nature：Silent Spring Revisited[J]. Frontline，1998.

④ LEOPOLD A. A Sand County Almanac : And, Sketches Here and There. [M]. London：Oxford University Press，1968.

1978 年被美国史迹名录收录。

1990 年，美国自然研究学会的调查中，《沙乡年鉴》和《寂静的春天》同时成为二十世纪最受尊重和最重要的两部环保著作。虽然这部著作在出版时很少被关注，但在二十世纪七十年代人们环保意识觉醒后十分畅销。这部著作被描述为“生态运动的里程碑之一”，“使美国人对自然环境的态度产生了重大的影响”，“是类似于《瓦尔登湖》（*Walden*）的经典作品”①。

随着这些绿色经典被人们熟知，人们进而开始考虑各种行为对环境造成的负面影响，环境保护意识得到了空前的加强，与此同时爆发的石油危机也使人们开始关注各种活动对资源造成的负担。可以说环境保护意识的崛起，以及其考虑的问题对历史保护同样有着巨大的促进作用，历史保护在这样的背景下得到了很大的发展。

二、建筑再利用的热潮

1. 利润空间的出现

正如以上所述，这一时期历史保护的文化动因来自绿色经典敲响的警钟，环境保护意识的增强与能源危机的到来使人们在各种行动前必须充分地考虑成本、投入、收益以及副作用的关系。经济动因与二战后通货膨胀率持续上升密切相关，作为通货膨胀最直接的体现，建筑材料和燃油价格的增长导致建设成本急剧增加。在这两方面的共同作用下，建设的速度逐渐放缓。与此同时，人工成本相对变化较小，二十世纪六十年代末新建项目中建材成本超过人工成本。相对于新建项目而言，旧建筑改造是人工密集型产业，也就使得对旧建筑的再利用比新建更经济实用，更有成本上的优势。1976 年，历史保护审查委员会发布了一项题为“建筑再利用：建造成本研究”（Adaptive use：Survey of construction costs）的调查，指出建筑再利用的项目中，建筑拆除成本非常低，仅占总投资的 1%~4%，结构成本占总投资的 5%~12%，这一数据仅相当于新建项目的一半左右，建筑成本所占比例与新建项目大致相当。由于旧建筑给设备安装带来一定困难，且对防火等要求更为严格，使得设备成本在总投资中所占比例较高，但也仅与新建项目基本持平。所以总体来看，相同面积下，旧建筑再利用投资较为经济适用，这也为历史保护

---

① CALLICOTT J B. Companion to a Sand County Almanac：Interpretive and critical essays[M]. Madison：Univ of Wisconsin Press，1987.

的发展提供了合适的理由。

1973 年，美国建筑师学会（AIA）发表了题为“现代建筑最有前途的发展趋势”的广告，旨在宣传波士顿的旧市政厅和旧金山的吉拉德利巧克力工厂这两个成功的商业建筑再利用项目。这一广告成功地预测了即将出现的趋势——历史保护和经济发展策略的结合（图 5-2-1）。

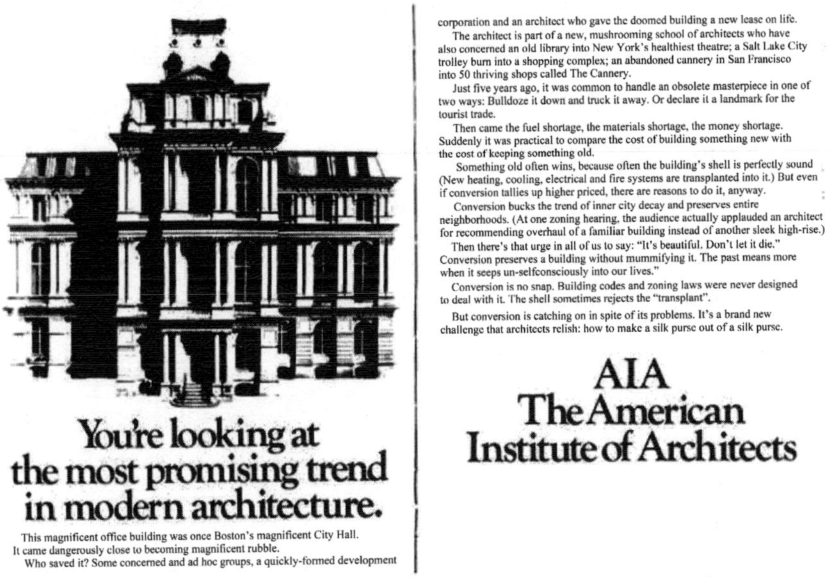

图 5-2-1　美国建筑学会的广告

（资料来源：STIPE R E. A richer heritage: Historic preservation in the twenty-first century[M]. Chapel Hill: Univ of North Carolina Press, 2003: 264.）

二十世纪七八十年代，美国的历史保护进行得如火如荼，政府、各种保护组织、私人投资者是主要参与者。特别是 1976 年的《税收改革法》(Tax Reform Act) 的出台，对历史建筑的修复提供了税额抵扣，更加刺激了人们参与修复老建筑的积极性。在这一时期，对老建筑的改造与适宜性再利用成为复兴城市社区最常用的方式。国民信托将适宜性再利用（adaptive use）定义为“将一座建筑转化为不同于其建设初衷的用途，这些转变通常需要对建筑进行一些改变”。第一次，因为新的经济政策的激励，原来不支持保护的投资者现在成为保护运动的参与者，老建筑被视为经济机遇而不是发展的障碍。1976 年到 1986 年的十年间，历史保护经历了前所未有的增长和变化，直接或间接参与保护活动的组织以及成员迅速增长着，影响力和公众的支持空前强大。慷慨的联邦税收政策为历史修复项目提供优惠，进一步改变着公众的态度。国家的房地产开发商和金融家紧跟这一赚钱机会的潮流，促使历史保护成为有利可图的市场。康奈尔大学的历史保护教授迈克尔（Michael Tomlan）在《过去遇见未来》（*Past Meets Future*）中指出，“二十世纪八十年代，保护主义者狂热地参与历史保护。此举是具有讽刺性的：一方面保护者继续试图控制发展，另一方面总是企图最大化促进商业利益”[①]。

2. 建筑再利用的优秀实践

波士顿昆西市场（Quincy Market）的修复与再利用是老建筑商业化再利用最早也是最杰出的实践之一。昆西市场始建于1824年，建筑有两层楼高、163米长，占地2500平方米。外墙材料主要是花岗岩，内墙为红砖，结构创新地采用了铸铁柱和铁张力棒。东西立面展示了明显的罗马风格，带有明显的三角形山墙和多利克柱式。大厅的两侧运用了更现代和更美国式的矩形窗。建筑是矩形的，提供了很长的中心走廊。屋顶上有八个等间距的烟囱，建筑中心有一个圆形的穹顶，覆盖了一个开放的座位区和主要的入口（图5-2-2）。

图 **5-2-2**　昆西市场旧照（改绘）

① LEE A J. Past meets future：saving America's historic environments[M]. Washington，D.C.：Preservation Press，1992.

昆西市场从建立之初就是波士顿主要的食品制造和销售中心，经营产品的种类非常多，商业活动十分兴盛，但在二十世纪六十年代后发生了改变。一方面由于城市更新，一条高速路割裂了昆西市场与市中心的联系；另一方面是七十年代食品业渐渐搬入了更加现代化、新兴的市场之中，在此情况下昆西市场不断衰落。多年以来，昆西市场早已发展成为混杂多种功能的综合体，虽然其影响力不断衰弱，但依然保持着多样化的特点。由于建筑所承载的历史文化价值，波士顿在六十年代就计划对其进行规划和再发展。

其实昆西市场在改造计划开始之前，其建筑外观保存得比较好，因此修复工程主要是对结构进行加固，在当时采用了具有创新性的加固方法，没有使用传统材料、传统工艺，而是采用现代化钢骨架对传统的结构进行加固，并且直接将这些钢骨架暴露在建筑内部，使得室内空间富有现代性与设计感。之后参照 1826 年的外观移除了多年来不和谐的加建与改建，修复了建筑中庭的巨大圆顶，替换了圆顶的玻璃天窗，既保证了充分的层高，又保证了足够的自然采光；为了与室内的设计语言相一致，室外也用钢骨架的玻璃阳篷取代原来的帆布篷。这样的设计还扩大了商业活动空间，玻璃阳篷之下也是热闹的售卖市场。设计者们意识到昆西市场在发展过程中其功能一直在不断变化，多样化特点也正是昆西市场的精髓所在，因此仍然将昆西市场定位为以零售为主的市场，但还会不断丰富商品种类，并加入餐饮、休闲等配套服务设施。修复后的昆西市场（图 5-2-3）仍然是波士顿人的食物来源地，现在已整合了杂货、食品摊、餐馆等功能，成为市中心工作人员的午餐场所，中心的圆顶空间成为休息区。建筑师本杰明·汤普森（Benjamin Thompson）和开发商罗斯公司（Rouse Company）将修复后的建筑形式称作“节日市场”（festival marketplace）。[①]

昆西市场是典型的商业建筑修复与再利用项目，证明历史保护可以很好地与商业复兴结合。大约也是在这之后，很多城市希望借鉴这一项目的经验复兴萎靡的市中心商业区，以期与战后新兴的郊区购物中心竞争。二十世纪七八十年代，老建筑商业化利用的热潮促使越来越多的个体房主和勇敢的企业家开始翻新老建筑，通过适宜性再利用来创收，如改造为旅馆、餐厅等。

昆西市场的成功离不开开发商罗斯公司（Rouse Company）领导者詹姆斯·罗斯（James Rouse）敏锐的眼光与卓越的能力。他不仅是具有开创精神的开发商，也是城市规划师、公民活动家以及自由的企业慈善家。第二次世界大战后，罗斯就参与了创建公民住房和规划协会（Citizens Housing and Planning Association），也

① WHITEHALL W M. Recycling Quincy Market[J]. Ekistics，1977（256）：155-77.

参与了巴尔的摩修复萎靡住区的规划。二十世纪七十年代中期至八十年代，罗斯的关注点集中于“节日市场”的项目，昆西市场正是其中之一，也是城市振兴的主角。回想起来，罗斯的理念在最初被视作高风险的投资，支持者很少，许多评论家认为这一项目注定会失败，时间却证明了一切。“节日市场”的其他案例包括纽约市南街海港、费城市场画廊、巴尔的摩港湾、圣路易斯联合车站、波特兰市中心先锋广场，以及新奥尔良市场等（图5-2-4）。这些成功的项目获得了广泛关注，《时代》（Times）杂志对罗斯进行了高度评价，指出他是“让城市再次变得有趣的人”（The man who made cities fun again）。

图 5-2-3　修复后的昆西市场（潘曦 摄）

图 5-2-4　巴尔的摩港湾（黄川壑 摄）

第三节 主街的复兴之路

一、场所精神的回归

1. 繁盛的郊区与衰败的市中心

二十世纪三十年代的长期、低息住房抵押贷款使得大多数美国人获得了自住房。四十年代，随着更有利的抵押贷款和建筑商的信贷，这个系统以前所未有的程度促进着郊区的繁荣。也是在这个时期，城市和郊区出现了分离的倾向。交通的发达尤其是汽车时代的来临，导致数以万计的家庭迁往郊区。对大多数美国人来说，居住在郊区形成了一个新兴的美国理想：生活在半乡村式的环境中能够远离噪声、污染和活动拥挤的城市，同时也离城市不远，能够满足日常工作通勤。这一理想催生了崛起的中产阶级和更低收入家庭的愿望。有限的城市空间加上不断增长的住房需求加速了城市的郊区化，大多数美国人纷纷搬往郊区居住。

随着郊区的发展，市中心的商业活动也出现了向郊区转移的趋势，郊区兴起的购物中心（shopping center）正是这一过程的直接产物，也是导致市中心主街商业活动衰败的间接因素。这些购物中心与主街相比确实有很多突出的优势：①现代化的设施、统一化的管理方式。购物中心往往是一个“大盒子”建筑，其中集中了各种不同的零售商店。统一的管理可以高效地规范各个店铺，既满足顾客的需求，又最大限度地增加店主的利润。这些盒子空间内常常配备了换气、恒温、制冷等设施，并且具有良好的安全保障。②强大的消费市场。郊区居民的消费能力强，据《财富》杂志在1953年发布的统计数据，虽然美国总人口只有约19%居住在郊区，这些郊区居民的收入却占美国总收入的29%。[①] ③郊区的土地价格比市中心低，土地利用规划的限制也相对宽松，对建设住房或宽阔的停车场都十分有利，能够满足大量居民驾车前往的需求。

随着郊区的兴盛，市中心主街商业区在与郊区购物中心的竞争中也败下阵来，

① JACKSON K T. Crabgrass frontier：The suburbanization of the United States[M]. New York：Oxford University Press，1987.

主街及其所在的旧城中心区迅速衰败，街道两侧店面纷纷关闭。城市更新计划本来起于重塑并复兴这些衰败的区域，但这些大规模的建设活动在官僚者手中迅速恶化为枯燥乏味、急功近利的建设，其结果就是“千城一面”。众多学者也都痛心于这类建设方式，简·雅各布斯通过《美国大城市的死与生》也积极呼吁人们应该清楚地看见老社区、老建筑的重要价值。她指出城市老区中最具活力的景色就是形式不同、功能不同的老建筑：公寓的大厅可以作为艺术家的展厅，地下室可以成为人们的俱乐部，空置仓库可以成为食品加工厂，餐厅里可以加入书吧、阅览室等空间，这些老建筑在人们的手中变得十分具有创造力和活力。因为这些变化都是应对人们的实际需要产生，也能跟随人们需求的变化而不断完善[①]。她的目光并不局限于所谓的博物馆、纪念碑式老建筑，而是投向千千万万与人们日常生活相关的普通建筑，甚至一些破旧的建筑，她认为只要能为人们的生活做出贡献，就有其存在的价值。雅各布斯的论述从多方面强调了什么样的建筑才是真正对城市历史文化重要的，这也给了历史保护者极大的启示，指引人们看到普通建筑的重要价值。雅各布斯的论述得到了诸多学者的共识，他们也纷纷响应，最终人们才放慢继而停下了城市更新的脚步。

2. 新都市主义与主街计划

当美国的经济在二十世纪七十年代再次繁荣后，伴随着场所精神（sence of place）的回归，兴起了新都市主义（New Urbanism）的城市设计运动，旨在创建包含多种住房类型、工作类型、步行可达（walkable）的街区，同时宣扬环境友好(environmental friendly)的理念[②]。新都市主义是一个跨越多个不同学科和地理范围的广泛运动，影响着许多领域，如房地产开发、城市规划和市政土地利用策略等。新都市主义受到二战前汽车兴起之前城市设计实践的影响，其中包含十项基本原则，传统社区设计（Traditional Neighborhood Design，TND）就是其中之一[③]。这一原则可以回归两个概念：建立社区的场所精神（sense of place）和鼓励生态实践(ecological practice）的发展。《新城市主义宪章》（*Charter of the New Urbanism*）的开篇便指出：

---

① JACOBS J. The death and life of great American cities[M]. New York：Random House，1961.

② BOEING G，CHURCH D，HUBBARD H，et al. LEED-ND and livability revisited[J]. Berkeley Planning Journal，2014，27（1）：31-55.

③ KELBAUGH D. Repairing the American metropolis：Common place revisited[M]. Seattle：University of Washington Press，2002.

> 我们主张重塑公共政策和发展实践以支持以下原则：社区的使用功能和人口的多样化；社区应同时为行人和过境车辆而设计；城市和城镇应由物理界定和普遍可及的公共空间和社区机构塑造；城市空间应以建筑和景观设计为基础，并且能承载和彰显当地的历史、气候、生态和建筑实践。①

新都市主义主要关注：

> · 紧凑的步行街区中宜人的街道空间；
>
> · 为不同年龄和收入水平的人们提供的一系列不同的住房选择；
>
> · 学校、商店和附近的其他目的地可以通过步行、骑自行车或电车到达；
>
> · 一个确定的、人性化的公共空间，其中有适宜语境（context-appropriate）的建筑，能明确并激活街道与其他公共空间。①

新都市主义相信其策略可以通过鼓励人们步行、骑自行车或乘坐公共电车来减少交通堵塞。他们也希望这样做能够增加经济适用房的供应，从而抑制郊区的蔓延。《新都市主义宪章》涉及历史保护、安全街道、绿色建筑和土地再开发等问题。对历史保护和建筑领域来说，新都市主义的发展往往伴随着新古典、后现代或乡土风格的复兴。可以说国民信托提出的关注于市中心复兴的主街计划（Main Street Program）正是十分切合新都市主义理念的历史保护实践。后来随着新都市主义思想的发展，城市更新破坏浪潮中幸存下来的主街迎来了发展机会，政府部门、学界以及广大民众的视线都重新回归主街，开始投身于复兴并重塑美国这些衰败且古老的区域。

在美国，“主街”（Main Street）具有两方面的内涵。一方面它指代通过城市的主要道路，而且是所有街道生活的集中地，城镇居民出席并观看每年游行的地方。正因为如此，主街也集合了众多与大众生活紧密相关的建筑，如银行、餐馆、酒吧、超市等，因而承载了千百年发生在这里的故事。主街体现了美国大众生活的图景，也正是了解美国城市历史，挖掘文化内涵、地方特色的地方。另一方面也是更重要的方面，其指代着传统价值观。1870 年至 1930 年，社会现实主义者将

① LECCESE M，MCCORMICK K. Charter of the new urbanism[M]. New York：McGraw Hill，2000.

“主街”这个名词用作扼杀主流价值观的标志[①]，正如谢伍德·安德森（Sherwood Anderson）在1919年出版的《俄亥俄小城镇生活故事集》中所述。[②]1920年畅销小说《主街》[③]是美国作家辛克莱·刘易斯（Sinclair Lewis）对小镇生活的批判，故事中的小镇被架构为中西部城镇的“理想类型”，但女主角卡罗尔·肯尼科特（Carol Kennicott）是一个都市化、典型的激进主义者。后来，“主街”代表普通人和小企业主的利益，与象征着大型国有企业利益的“华尔街”相反。因此，在1949年电影《镇上》中，配乐中唱着“当你与我一起走在主街上”（When you walk down the main street with me）也正是指出了当时小城镇的价值观和社会生活。共和党认为主街正符合他们支持的价值观，因此利用主街与华尔街代表的价值观作斗争。

主街计划于1977年被提出，成为建立在之前保护实践上最成功的项目。主街计划通过将现代购物中心的管理方法应用于小城市的中心商业区，复兴市中心经济的同时致力于保护历史文化风貌。玛丽·明斯（Mary Means）作为主街计划的提出者，指出一般情况下的历史保护都太过于强调保护建筑的躯壳部分，但类似于城市中心衰败的问题，不是仅仅通过修复漂亮的建筑外皮就能够重拾活力的。这一问题本身就涉及市场、经济发展和城市建设等领域，历史保护应该与这些问题一起考虑。可以理解为历史保护是一种表面的、物质方面的“短期策略”，目的是达到一种内在的、经济方面的“长期策略”。当年，国民信托选择了三个城镇作为主街计划的试点：伊利诺伊州的盖尔斯堡、南达科他州的热泉和印第安纳州的麦迪逊。

二、主街计划的试点

1. 全职的领导者——主街经理

麦迪逊作为主街计划的三个试点城市之一，其最初的摸索值得研究（图5-3-1）。由于主街计划的核心是借鉴了现代商业中心的管理办法，因此会雇用一个全职的主街经理（Main Street Manager）来负责对主街区域的商户进行统一管理，集中力

① ALEXANDER R A. Midwest Main Street in Literature：Symbol of Conformity[J]. Rocky Mountain Social Science Journal，1968，5（2）：1-12.

② ANDERSON S，BOYD E A. Windesburg，Ohio：A Group of Tales of Ohio Small Town Life. Introd. by Ernest Boyd[M]. New York：Modern Library，1919.

③ LEWIS S. Main street[M]. New York：Harcout，Brace & World，Inc，1948.

量共谋发展，这正是为了应对之前的商户如散沙一般各自为政的弊端。自二十世纪六十年代起，麦迪逊历史集团（Historic Madison，Incorporated，HMI）就一直致力于当地的历史保护。1972 年，美国历史建筑调查（HABS）小组第一次访问了麦迪逊，其中的一名成员汤姆·麦西堤（Tom Moriarity）在当时就表现出了对麦迪逊历史文化底蕴的欣赏，因而被任命为 HMI 的执行董事，之后又被国民信托任命为麦迪逊主街计划的第一个主街经理，自此成为这个故事中最为关键的人物，可以说这一阶段的探索与他的辛勤付出密切相关。

图 5-3-1 麦迪逊主街区域（许可 摄）

麦迪逊城中具有许多历史建筑，如联邦风格、希腊复兴风格以及铸铁（cast-iron）风格的商业建筑。汤姆发现大多数商业建筑的店头都使用铝制标牌。这种标牌成本低且制作粗糙，为了追求大和醒目，难免造成街景的混杂与繁乱。在对建筑的修复过程中，汤姆说服商铺业主结合店铺自身特色并融合历史文化风格来重新装饰招牌店头，不仅能使主街商铺重新吸引人眼球，还能复兴街区历史文化氛围。当业主拆除现状铝制标牌后，发现其下的老店头几乎完好无损，且大多是古典铸铁风格的构筑物，这让汤姆惊喜万分。在接下来对其他商业建筑的调查中，他发现大多数商业建筑都属于这种情况，因此说服了所有商家加入移除铝制标牌并恢复历史性商业建筑风貌的计划中。当然一开始的工作面临着很多问题，如难以联系到空置建筑的业主，部分业主存在消极情绪、不愿意配合等。为了使业主积极配合，汤姆总是不厌其烦地进行游说。为了调动群众的参与积极性，他也想尽了办法。比如促使国民信托派遣影片摄制组去记录修复历史建筑店头的过程，纪录片名为“什么是保护？”，并且将麦迪逊照片作为《历史保护》（*Historic Preservation*）杂志的封面。许多当地的居民出现在纪录片和杂志之中，当他们看见这些成果公开出版后，都十分自豪。

此外，他还通过定期发布传单、组织历史保护主题相关的游行来使更多的当地居民了解主街计划，明白历史保护对复兴大家共同生活街区的重要性。比如“保护我们的喷泉”（Preserve Our Fountain）游行，目的正是通过保护城中一座十八世纪铸铁的喷泉唤醒人们对这段历史的记忆，从而催生人们的场所认同感。在主街经理的充分调动下，麦迪逊的居民和官员都表现出对历史保护的强烈兴趣。在后来国民信托的经验共享大会中，汤姆被授予杰出贡献奖，以表彰他为麦迪逊做出的贡献。

2. 发展策略的制定

为了重振主街的经济，麦迪逊雇用了三家咨询公司来协助相关工作。芝加哥 Shlaes 公司负责经济分析和提升零售市场的规划，Miller、Whiry&Lee 公司负责设计咨询，Foran&Greer 公司作为宣传顾问。

经济策略方面，由于振兴市中心的经济是主街计划的主要目的之一，因此宏观的经济环境分析也是第一步。通过分析和调查研究，指出了主街区域商家的主要竞争对手，制定了发展策略、发展规划等。总体结论认为市中心应该发展特色、高端、针对个人的商业服务，以此与郊区商业区普通、大众、零售的定位有所不同。

设计策略方面，设计咨询公司与主街经理进行沟通后，进一步通过研究证明市中心最具吸引力的就是其历史建筑，因而也是重要的发展资源与基础。但市中心历史建筑的现状质量参差不齐，因此对历史性商业建筑的修复是关键，也是营造具有历史特色街区风貌的第一步。历史性商业建筑最突出的特征就是其店头，在对主街的宣传和影响中发挥着至关重要的作用。虽然麦迪逊所有的建筑在几十年间都没有发生什么变化，但大部分业主在二十世纪五六十年代都采用铝制的装饰面板重塑了店头，幸运的是这些铝制面板之下的铸铁店头大多被完整地保留了下来，这大大有利于历史保护者的工作。

针对大多数保存尚好的历史性店面，只需要移除不合适的、非历史特色的包层，假双重斜坡的屋顶和其他后期的改动，以展示出店面的历史特色风貌。而对破坏严重的建筑，才需要依据充分的历史研究与相关标准与导则进行仔细的修复。在主街经理与设计咨询公司的积极推动下，建筑风貌修复的经验成功普及，大多数商户都不同程度地参与其中。人们使用复古设计的标牌替换了粗制滥造的铝制标志牌，并且精确修复了建筑立面如窗户、屋顶檐口、装饰线条等诸多建筑细节，修复后的店面各具特色，且街区立面整洁大气，富有历史文化特色，见图 5-3-2。

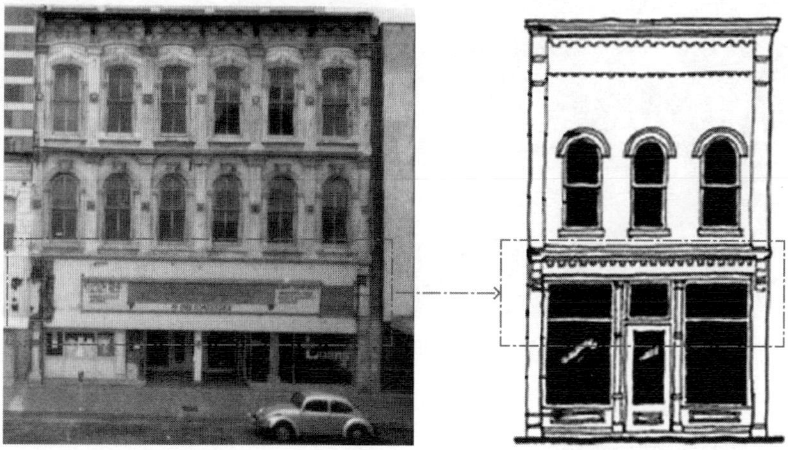

图 5-3-2 麦迪逊街景（二十世纪五十年代）、拆除店头外包露出建筑细节（改绘）

宣传策略方面，咨询公司批评商家没有充分利用特殊节日（全国范围的如圣诞节、复活节、万圣节等）的优势；麦迪逊特色的如凯迪斯艺术节、每周的农贸市场和年度快艇赛舟会等都能成为吸引大量人流的噱头。橱窗内的软设计也应该与这些特色节日密切结合，进而推出特色营销策略来取悦人们的感官，同时刺激消费。为了引导人们发挥各自的创意，咨询公司在圣诞节期间邀请了来自芝加哥的平面艺术家为麦迪逊设计了能凸显“圣诞传统精神”的主题购物袋、消费纪念品等，以此凸显主街历史文化特色的消费体验。咨询公司认为商家也可以自行设计这类产品来推动节日期间的促销活动，主街经理还筹划并组织了圣诞主题设计比拼并设立奖项，大多数商家都积极参与，并且也吸引了很多人前来消费。《麦迪逊快报》还刊登了圣诞期间的特色系列活动，这不但能成为商家在其他大小节日都可以学习的范例，也成为很好的宣传推广渠道（图 5-3-3）。

在麦迪逊后续的保护过程中，当保护者试图说服市议会在 1981 年通过一项严格的历史保护条例时，公民权益和社区权益出现了冲突。条例包括诸如对油漆颜色限制、建筑立面修复的强制、屋顶设计和与历史底蕴相得益彰的植物材料等。最重要的是，条例还要求对所有提出的拆迁进行强制性的审查。因此，反对者认为条例过多地限制了私有财产，甚至有人把历史保护条例视作压迫性法律。但保护者认为社区有权保护它的历史和建筑等有价值的资源。尽管存在冲突，但这一项目让公民意识到麦迪逊主街的建筑财产不仅对麦迪逊非常重要，对整个国家也是很重要的，个人应该舍小我而成就大我。

图 5-3-3　圣诞节中的麦迪逊主街（许可 摄）

3. 初现“回归城市”的趋势

麦迪逊的主街计划是真正意义的始于草根阶层的活动，可用的资金很有限，如果有更多的援助，他们可能会取得更大的成就。如果没有这一阶段的努力，麦迪逊不会有今天的面貌。实施主街计划前，人行道上未修理的裂缝间杂草丛生，市中心处于混乱之中，恶化的状态、衰变的建筑和凌乱的迹象使得来此的人们日益减少。主街计划确实改善了城市的风貌，最重要的是为人们灌输了历史保护的意识。麦迪逊的成功离不开主街经理的领导魅力、所有参与者的积极配合与基层志愿者们的无私奉献，其共同目标是提高生活质量、优化经济，并保护他们称之为家的地方。

1979 年，美国历史保护委员会发布了《历史保护对城市复兴的作用》的研究，指出历史保护项目不仅明显地改善了历史区域的景观风貌，同时也促进了区域的经济、文化和社会活力，是能推动城市复兴的有效策略。通过对一系列具有历史和艺术价值的建筑的保护、更新和再利用，正在形成一种“回归城市”（Back to city）的趋势。研究总结了历史保护对城市的作用体现在以下方面：

- 开始形成新的商业；
- 吸引了更多的私人投资；
- 刺激了旅游业的发展；

· 历史财产的价值得到了显著提升；

· 历史街区的生活质量得到改善，邻里感以及社区自豪感得以提升；

· 创造了很多新的就业机会；

· 土地使用方式更为一致；

· 财产税和交易税有所增加；

· 一定程度上抑制了区域的贫困和衰败。①

由于最初这三个试点城镇的实践处于探索阶段，大多未成体系，且这三个试点城市取得的成果各不相同，但其努力的过程有目共睹。随后这些经验在全国范围内广泛传播、发展与完善。因此圣马科斯作为第二阶段的成功案例，被用于详细地剖析这一类实践的技术路线与所得的方法论。

三、主街计划的发展与成熟

1980 年，国民信托组建了国家主街中心（National Main Street Center，NMSC），目的是共享麦迪逊、热泉、盖尔斯堡这三个主街计划试点城镇的成功经验，并对之进行发展和深化。在与国际市中心协会（IDEA）的合作之中，国民信托开始实施第二阶段的项目计划。尽管许多部分与最初的试点项目是一样的，但是国民信托与社区的关系发生了一些改变。国家主街中心将通过州级主街计划为当地社区提供援助，这将有利于州内资源的调动，还有经验和教训的分享。此外，参与第二阶段项目的社区将自行招聘员工，这将更有利于寻找到了解当地情况的项目经理。

第二阶段主要有 6 个州参与：得克萨斯、科罗拉多、佐治亚、马萨诸塞、北卡罗来纳和宾夕法尼亚。每个州中会选取 5 个城镇，旨在通过这 30 个城镇构建最初的主街网络。1983 年年底，这些示范项目的总结令人印象深刻，20 个城镇建立了新的市中心组织，8 个城镇巩固了已有的组织。28 个城镇建立了低息贷款或运用了其他激励计划来促进历史建筑的风貌修复和提升，完成了 600 多个项目，总投资超过 6400 万美元。1984 年，国家主街中心开始扩大其网络，到 1990 年已经包括 31 个州和 600 多个社区。

可以说一开始各个社区都是在摸索之中前进的，得克萨斯州的圣马科斯（San Marcos）正是属于第二阶段中的实践社区。圣马科斯的市中心商业区紧邻得克萨

① ETATS-UNIS. Advisory council on historic preservation. The contribution of historic preservation to urban revitalization[M]. Washington, D.C.: US Government Printing Office, 1979.

斯州立大学、法院和社区中早期的住宅区，历史上也曾十分繁荣。由于州际高速公路的建设，投资者的经济发展重点转向利润丰厚的郊区商业带，市中心逐渐开始衰败，也没有了新发展的迹象。为了与郊区商业带竞争，圣马科斯在 1984 年也开始运用主街计划的概念与方法来复兴中心商业区。经过两年自发的尝试与努力后，由于工作方法和社区参与度等方面取得了较好的成果，于 1986 年被国家主街中心认证为第二阶段主街计划推行城市，而后开始得到来自得克萨斯州主街计划部门的多方面支持和援助，继续致力于振兴主街区域。一方面积极吸引新的投资进入主街区域来激活消费场景，如百货商店、特色商店和餐馆等；另一方面巩固主街区域独特的历史资源以复兴被淡忘的“场所精神”。希望通过一系列改变激发当地投资者的兴趣、吸引更多的旅客、提高社区居民的场所认同感，最终使市中心重新成为适合购物、工作和生活的场所。圣马科斯主街区域见图 5-3-4。

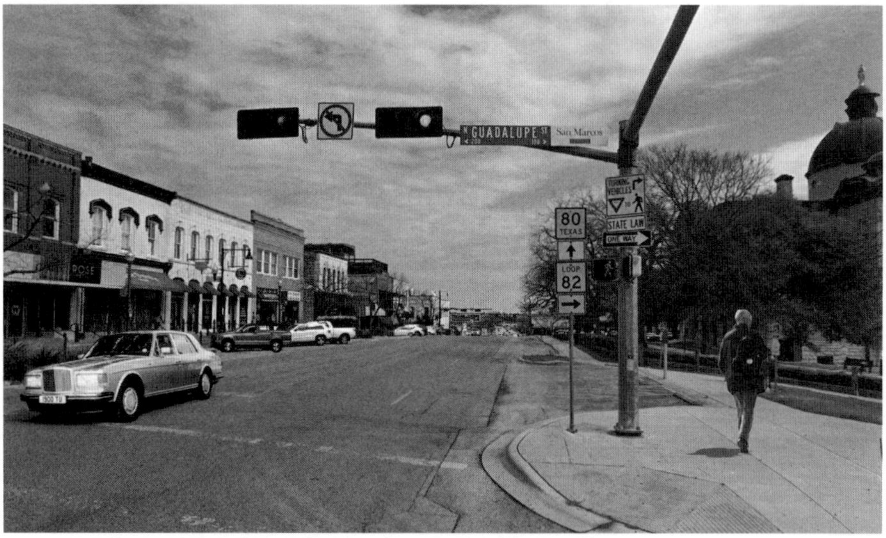

图 5-3-4　圣马科斯主街区域（许可 摄）

1. 领导团队的建立

试点阶段的努力，证明了全职的主街经理对统筹管理并协调市中心所有商家事务的重要性。因此在第二阶段主街经理仍然是不可或缺的，只是在第二阶段扩大了领导者团队，成立了主街委员会（Main Street Advisory Board），负责采纳多方意见并制定合理的决策。在第一阶段的试点城市中，往往依赖于主街经理一个人的努力，而新组建主街委员会的职能正是为了取代第一阶段雇用咨询公司的职能，变成了全阶段驻扎的工作团队。这一团队来自当地因而更加熟知当地情况，在此基础上也可以结合外聘的咨询公司以达到更好的效果。

（1）广泛的意见与支持。为了保证决策的合理与有效性，需要采纳多方面的意见。正如学者巴塞尔（Basile）指出，“需要社区人民和市中心私营利益团体的积极加入，这两类团体的充分支持对经济振兴计划的成功至关重要”。一方面是社区的支持，因为只有居住在这一区域的人才能对这个地区有更加完善、准确的认识，创建与社区稳定的合作关系是主街计划能长周期顺利执行的基础。另一方面来自市中心私营利益团体的支持也是至关重要的，因为这些与主街的兴盛有直接利益关系的人更能全身心配合主街计划的推行。主街计划的宗旨正是最高效地优化他们的资源，如通过协调商家的经营内容与运营时间，保证高标准的服务等来创建有吸引力的商业环境。之后，需要建立主街组织与当地政府的合作关系。

圣马科斯主街委员会基于自愿的参与原则，希望委员来自广泛的领域以谋求多元化的意见与有力的支持，如市议会、市中心的业主、市区居民、开发商、建筑师、得克萨斯州立大学的学生和教员、海斯县政府人员等。圣马科斯主街委员会目前有 9 名成员，其中有 6 个都是市中心的私营利益团体，并且运营着一项或多项业务。还有 3 名分别为社区居民、县政府代表和大学代表，委员的任期为三年。这个团队的活跃度也是十分重要的，参与人需积极出谋划策。圣马科斯主街委员会每月都会举行例会，且委员的出席率较高，一直保持在 70% 之上。

（2）明确的职能划分。成功的主街委员会中，董事会成员、工作人员的角色应该分工明确。主街委员会一般分为四个职能部门：组织组、宣传组、设计组和经济转型组（图 5-3-5）。组织组负责人事和财务问题。宣传组负责策划各种文案和项目来营销并宣传主街。设计组负责制定设计导则引领主街商家发展富有特色的建筑景观风貌，并负责对商家的建设活动进行监管，以求创建积极的、吸引眼球的物质环境空间。经济转型组负责市场分析，与商业投资洽谈财务或税收激励政策，以保留并扩大合作业务。每个部门负责设定与各自领域相关的目标，定期讨论进展。

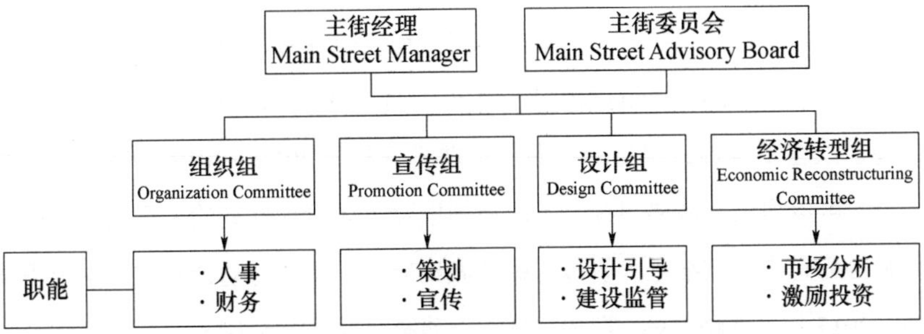

图 5-3-5　主街计划领导团队的体系构成与职能划分

主街经理与主街委员会也有各自明确的职能。主街经理主要负责协调各种事务，并为圣马科斯主街委员会提供各种信息，比如在委员会会议汇报月度预算与支出，总结圣马科斯主街招商引资的实施成果，还负责为缺席会议的委员会成员提供会议纪要。主街委员会主要负责代表圣马科斯主街组织与私营企业、业主、民选官员和政府部门商讨合作的各方面细节。如为策划的特殊项目寻找赞助商、处理市中心业主的政策需求等，此外，还负责对金融事宜进行监管。

2. 阶段性发展策略的制定

制定发展策略是经济振兴的第一步，其核心就是如何最高效地利用资源以达到经济复兴目的，因此往往包含三个步骤：收集信息、目标（战略目标、阶段目标）设定与具体行动。

（1）收集信息。首先需要识别社区的经济、历史文化资源与物质空间现状。经济资源调查通常包括区域经济活跃度、消费人群、消费偏好、消费能力等；历史文化资源包括历史建筑数量、建筑特色风貌、现状情况、所有者信息及联系方式等；物质空间现状调查包括社区的土地利用现状、公共设施现状、交通设施现状等。然后基于现状调查信息分析这些资源现状与经济发展的关系，寻找存在哪些问题。基于这些问题确定如何制定招商引资政策，如何谋求当地政府的支持。

（2）战略目标、阶段目标设定与具体行动。发展规划的第二步是基于全面、充分的数据信息来制定主街计划的详细行动步骤。团队要能够识别影响社区发展的趋势和力量，使用社区的价值观指导决策和行动。由于这是一个漫长的过程，应该平衡短期和长期目标，有优先性考虑，且所有阶段目标都以实现战略目标为根本。最后一步是拟订具体行动计划，确定需要多少投入以及是否具有足够的支持，并预测可能的结果。

圣马科斯主街计划的战略目标如下："为加强社区的文化认同、历史底蕴和经济稳定性，基于设计、经济结构调整、组织和宣传等方面的工作来全面振兴市中心。"在这一宏观战略目标的指引下，主街委员会设立阶段目标并同时制定具体行动计划，以逐步实现战略目标。通过梳理圣马科斯2016—2017年每月例会的会议记录，可以得出其战略目标、阶段目标以及具体行动计划的主要内容。由此分析战略目标是如何被细化为阶段目标并做出应对的具体行动计划的。主街委员会2016—2017年度战略目标、阶段目标与行动统计表见表5-3-1。

表 5-3-1 主街委员会 2016—2017 年度战略目标、阶段目标与行动统计表

<table>
<tr><th>战略目标（Goal）</th><th>阶段目标（Objectives）</th><th>具体行动（Action Plan）</th></tr>
<tr><td rowspan="8">在不同利益团体之间建立伙伴关系，共同创建一个可行的经济振兴计划（Organization）</td><td>保证业主、顾客和工作人员的安全</td><td>• 颁布法规来禁止超过 2 轮轴的运输卡车在主街区域内行驶；
• 识别需要额外照明的区域以保持小巷和街道的安全照明</td></tr>
<tr><td>合理管理当前的空间，解决停车问题；寻找其他可用的空间</td><td>• 与城市设计委员会、市中心协会和其他组织协同合作，设计符合需求的停车场；
• 监控公共停车位和自主停车设施，随时进行必要的维修与更新；
• 实施市中心友好停车项目</td></tr>
<tr><td>制定主街计划的年度预算</td><td>向委员会提供年度预算</td></tr>
<tr><td>寻找志愿者</td><td>通过网络宣传、走进高校等方式寻找并储备志愿者资源，为大型活动准备</td></tr>
<tr><td>计划筹款活动</td><td>与宣传委员会合作，为计划活动的节日筹款、寻找赞助商：得州自然和西部摇摆活动节；得州音乐节等。</td></tr>
<tr><td>改善市区的清洁问题</td><td>• 在重要区域设置额外的垃圾箱和烟灰盘；
• 识别并清除包含不健康内容的涂鸦；
• 推荐增加维护和美化市区的预算；
• 提高对市区人行道进行清洗的频率</td></tr>
<tr><td>为市中心商家和居民提供信息资源</td><td>• 继续发布月报；
• 继续为市中心提供保护技术、关于历史资源的信息；
• 策划主街计划的特色事件与新闻稿</td></tr>
<tr><td>为市中心商家策划小型商业活动</td><td>• 市中心友好游行；
• 人行道咖啡吧</td></tr>
<tr><td>向客户、潜在投资者以及游客推销市中心（Promotion）</td><td>面向社区居民和游客策划特殊活动</td><td>• 玉米热狗日（www.facebook.com/savecorndogday）；
• 广场摇摆节（www.smtxswingfest.com）；
• “酒与艺术行走”（www.smtxwinewalk.com）</td></tr>
<tr><td>通过适当地设计、维护和谐的建筑外观加强市区的视觉质量（Design）</td><td>为社区发展旅游市场</td><td>• 更新国家登录区手册；
• 为社区居民、游客开发播客、多媒体旅游；
• 参与得州市中心协会的合作广告；
• 为“独特的圣马科斯”发展营销策略；
• 为游客和社区提供关于市中心的信息，每年或每季更新市中心商家目录；
• 与学校合作更新市中心黄金和白金项目计划</td></tr>
</table>

续表

战略目标（Goal）	阶段目标（Objectives）	具体行动（Action Plan）
通过适当地设计、维护和谐的建筑外观加强市区的视觉质量（Design）	更新交通法案	推行有轨电车、投递车、单车共享、自行车友好等绿色交通方式
	维护已有的种植池和花池	• 联合得克萨斯州立大学景观专业的学生进行植物景观定期更新计划，鼓励企业参与； • 寻找赞助商，寻求更多的资金用于定期清理 / 维护的种植池和掩埋式种植床
	创建项目以协助商业建筑的保护与修复	• 联合得克萨斯州立大学建筑专业，为市中心商业区业主提供免费的建筑设计援助
	增加补助资金额度	继续为商业建筑立面改造提供激励津贴
	更新当前的法令，允许人行道上的售卖活动	更新条例允许人行道上设置露天咖啡座，以增加市中心的亲和力
	设置合适的道路指引系统	继续探索简明、富有设计美感，并结合网络使用的道路指引系统
	建议增加额外的街道安全设施	增加种植池、路灯、树灯、旗帜、座椅、垃圾桶
	实施停车策略来优化游客与居民的生活	细化计表停车、付费停车、有条件停车、拖车的规定
充分分析市区现有的资源，为商业发展创造可行性，并监管实施情况与结果（Economic Redevelopment）	扩大街景计划	与设计委员会共同探索，配合街景项目资金以满足 ADA 的指导方针，优化行人的购物体验以及商家的可达性
	促进市中心商业发展	• 建议零售顾问和商业指引系统被纳入市中心总体规划； • 与业主建立联系，以便于获取租赁空间和财产出售的信息； • 与 SBDC 合作为市中心商家提供经济援助； • 探索空置建筑与地块的利用方式
	评估市中心的经济影响	• 探索主街区域贡献的销售税、物业税和酒精税； • 关注主街区域经济状况指标的变化趋势； • 关注主街区域商家更替； • 关注主街区域的工作机会

资料来源：根据 2016—2017 年度会议记录整理。

3. 场所感的复兴

除了复兴经济的目的，主街计划另一个目的在于通过历史保护来重塑区域的场所感，美化街区建筑景观风貌。主街区域通常包含社区中最古老、最重要的建筑，它们具有珍贵的历史文化价值，但是也可能处于被忽视和衰败的过程中，因此对它们进行保护和修复是必需的。面对如此多处于不同现状情况的建筑，修复工作也是十分复杂的，因此主要通过颁布设计标准和导则来对修复计划提供指导和规范。由于大多数业主对相关知识比较匮乏，当地主街委员会需要提供设计指导和帮助，并且也应该配合一些经济激励措施来更好地调动业主的积极性。

(1) 历史保护的标准与导则。联邦政府层面的《内政部历史修复标准》提供了总体的方法论，也就是修复历史建筑的一系列措施的标准与导则，但是这并不能完全应对地方层面的特殊情况。因此地方层面往往还颁布基于其特色语境而制定的设计标准与导则，解决从建筑高度、体量、颜色、建材，以及商业招牌、橱窗展示、室内设计等一系列具体设计问题。《圣马科斯历史保护条例》就是应对于当地特色语境的设计标准，监管着主街区域内的所有建筑的保护和修复。

建立监管职能部门也是必需的，圣马科斯历史保护委员会（San Marcos Historic Preservation Commission）负责监管主街区域内所有的建设行动，如建筑的新建、重建、改建、加建、修复；配套设施的完善如标牌指引系统、停车场建设；还有临时设施的规范如遮阳篷和雨伞等，确保历史财产具有“历史、建筑和文化特征”的同时，还需保障历史街区的可达性和公共通行权。圣马科斯要求主街区域内所有建筑进行改变之前都必须申请“适宜性认证”。

除了强制的监管，政府也通过提供低息贷款等激励措施来协助强制性的修复工作，除了联邦层面的历史修复税额抵扣外，还有当地层面的激励政策，如立面修复津贴（façade rehabilitation grant），所有需进行立面修复的建筑都可以申请该津贴。

①建筑特征的保护。美国市中心最多的建筑类型就是商业建筑，最突出的特征就是其丰富美观的建筑立面，无论是竖向还是横向都有明确的韵律感。

历史商业建筑立面的韵律感是保护的重点，最常用的手法就是使用重复的设计语言来形成强烈的序列感。竖向的韵律感体现在各建筑要素在空间中的比例关系，如华盖、阳篷、装饰性檐口等。横向的韵律感主要体现在建筑部件的重复之上，如建筑一层立面上是门—橱窗—门的重复，而二层立面上是窗—墙—窗的重复（图 5-3-6）。在后续的保护与设计中都应该维持这种韵律感。

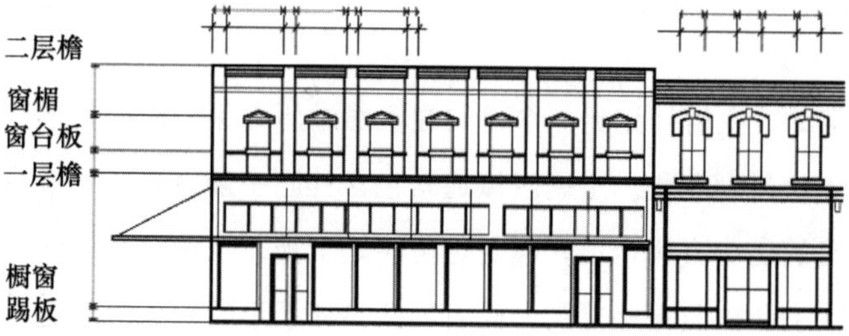

图 5-3-6　历史商业建筑正立面的韵律感（根据《圣马科斯历史保护条例》改绘）

建筑立面通常都有统一协调的建筑红线，相邻建筑的正立面正是基于这条线设置的。建筑立面的细节如入口、橱窗等都会基于这条建筑红线进行外凸或内凹的设计而实现空间丰富度变化，但是凸出或凹陷的程度不宜过大而造成突兀感（图 5-3-7）。

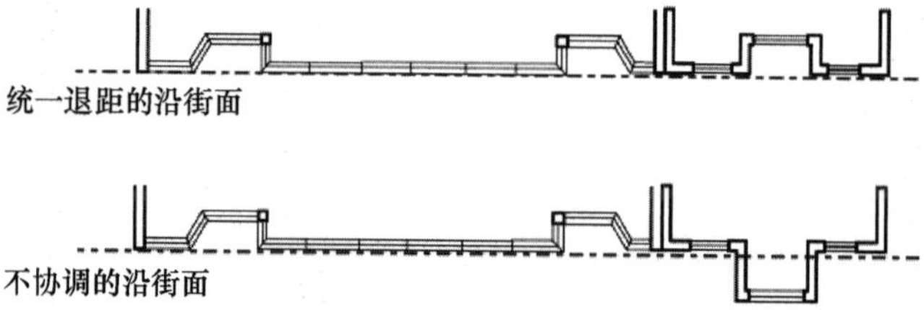

图 5-3-7　连续的建筑红线（根据《圣马科斯历史保护条例》改绘）

②建筑部件的保护。门扇和窗户作为主要部件，尺寸在后期的保护与修复中不能任意修改，如门的修复要与橱窗结合，不能把整块玻璃换成几块玻璃的组合，也不能使用不符合年代特征的窗户形式。阳篷要保证与窗户的尺寸相符合，不能过大也不能过小。避免使用过大的广告宣传板而遮挡二层建筑的窗户、檐口装修等细节。还应注意屋顶线，避免使用破坏序列感的檐口形式（图 5-3-8）。

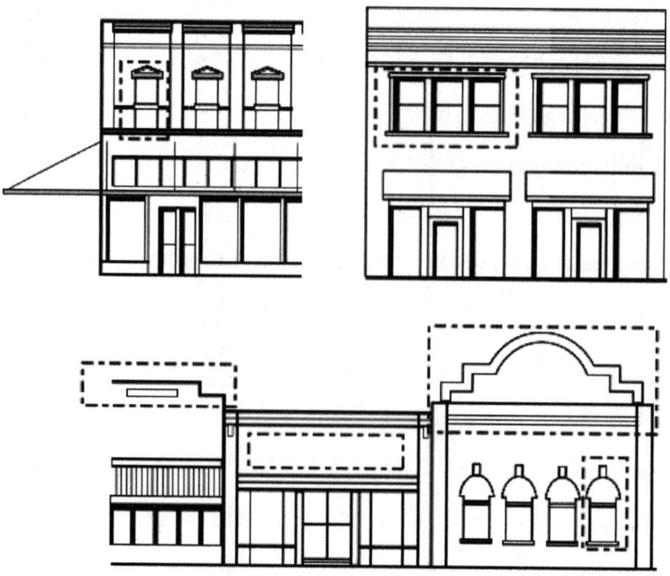

图 5-3-8　历史性商业建筑的主要部件（根据《圣马科斯历史保护条例》改绘）

③标牌的设计。此外，圣马科斯还颁布了针对商业建筑标牌的设计规范。《圣马科斯标牌设计导则》将标牌分为3种类型：一级标牌、二级标牌和临时性标牌。为了吸引街道上的行人与机动车的视线，一座建筑只允许有一块一级标牌，这也是最重要的。一级标牌的设计应该言简意赅地传达信息，并且设计要有创意，注意尺寸不能过大与建筑形成竞争关系。二级标牌是用于辅助宣传的标牌，通常设于窗户上，挂于阳篷之上，尺寸不能超过一级标牌。贴于窗户上的标牌不能超过窗户面积的30%，以免造成太过拥挤的效果。详细制定每一类标牌的设计规范，既可以为业主提供明确的指导，同时也能保持整个街区中的秩序感和美观（图5-3-9）。

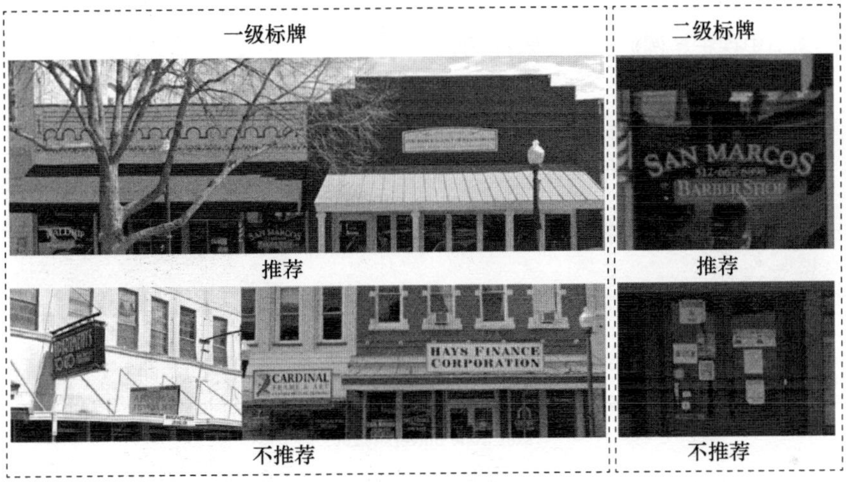

图 5-3-9 建筑标牌设计范例（根据《圣马科斯标牌设计导则》整理）

（2）历史建筑的修复与再利用。每座城市都有独特的建筑风格，这也是各地独特的场所感。需要注意的是当一个社区着手振兴市中心时，应该利用并改善其固有的历史、建筑和自然环境，而不应引入外来的、虚假的文化。在主街计划中，物质环境是基于历史文化发展的。为了维护并深化独特的场所感，需要识别并判断应该保存哪些重要的特征。例如，可以通过恢复历史建筑的立面来营造有凝聚力的场所感，进而改善市中心的总体风貌。学者罗伯逊指出，恢复每一座独特的历史建筑都会对营造市中心的场所感产生非常积极的影响。

虽然圣马科斯在几十年间都没有发生什么大的变化，与麦迪逊一样，一些业主在二十世纪五六十年代用铝制的装饰面板重塑了店面，用这些更大更醒目的标牌来吸引以机动车为主导的客人。在各种因素的共同作用下，主街区域的风貌变得混杂与繁乱。

首先需要识别具有历史特色的功能和装饰细节的破损情况，如展示窗、标牌、门、横楣、踢板、角柱、台口等。根据店面的现状条件，查看是否需要采取保护和维护等措施。如果保存情况较好便只需要采取较简单的处理方式，如对店面的砖石、木材、金属部分进行清洗、除锈、除漆，再涂刷保护层。如果破损情况较为严重，则需要通过维修和替换来复原历史特征，但必须基于图像文档或充分的物质证据。

如图 5-3-10 所示的建筑，根据历史照片可知该建筑的立面在二十世纪七八十年代完全被铝皮广告牌所覆盖，但揭开这些面板后发现建筑的窗户、装饰檐口等历史特征几乎完好无损，这就大大降低了历史保护的难度。只需要拆除这些铝皮包层、假双重斜坡的屋顶以及其他后期的不合适改动，就可以展示出颇具历史文化特色的建筑立面。幸运的是，圣马科斯大多数建筑都属于此类情况，只有少数建筑破损比较严重，对这类对象的修复就应基于《内政部历史修复标准》与《圣马科斯历史保护条例》进行具体的处理。

1940年　　1980年　　2010年

图 5-3-10　商业建筑立面的修复

（资料来源：**SCHNEIDER-COWAN J. A case study of the san marcos main street program[D]. Texas State University,2007.**）

同样根据历史资料进行分析可知，州银行大楼曾经在二十世纪八十年代使用了外墙涂料，并且装饰性檐口与窗楣等特点已经消失，见图 5-3-11。后来的修复首先刮除了外墙涂料，修复了损坏的建筑部件，使其更接近二十世纪二十年代历史照片中的历史外观。该建筑的修复是主街区域一个极好的例子，恢复了建筑的历史特征，优化了市中心的街道景观风貌。1986 年以来，主街区域近 85 座建筑中有 40 座已经被修复。

1920年　　1980年　　2016年

图 5-3-11　州银行大楼的修复

（资料来源：**SCHNEIDER-COWAN J.. A case study of the san marcos main street program[D]. Texas State University, 2007.**）

总体来说，自 1984 年以来，圣马科斯主街计划已取得了重大进展，通过历史修复恢复了主街区域的场所感。但现存的历史建筑状况仍然可分为三类：质量良好、质量一般、质量不好（图 5-3-12）。历史法院广场周围的建筑大多进行了较大程度的修复，并且维护效果很好。有的建筑可能进行了一定程度的处理，但质量一般，仍需要进一步修复。还有的建筑质量不好，需要尽快进行全面修复。灰色的建筑标志着 1944 年存在但今天已不复存在的建筑。现存历史建筑 85 座，其中 31（36.5%）座建筑的立面在修复后保持了历史特征；9（10.6%）座建筑的立面被修复，但质量一般；45（52.9%）座质量不好，亟须修复。

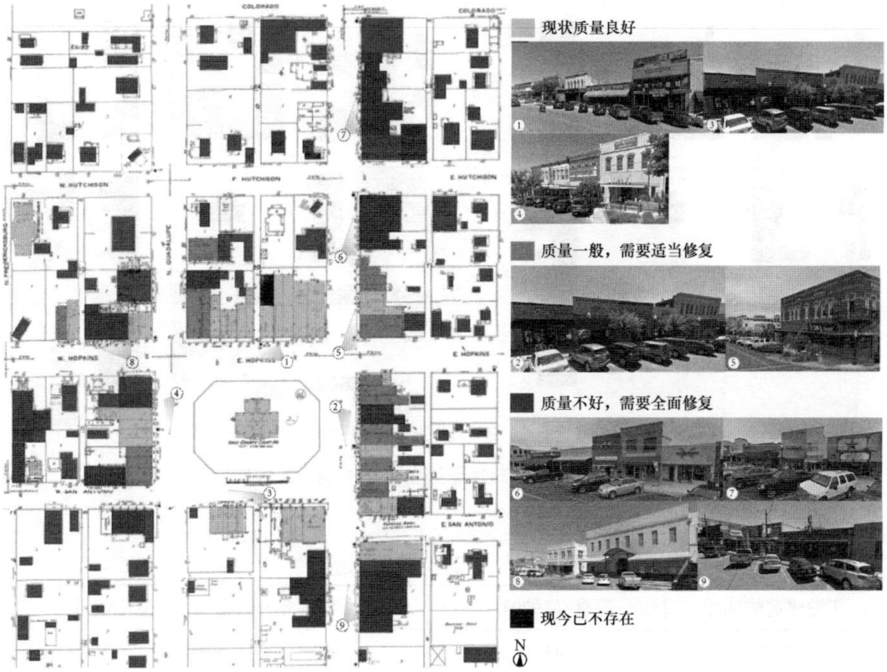

图 5-3-12　现存历史建筑状况分析

适宜性再利用是复兴街区经济的关键，其立足当下，赋予历史建筑新功能的理念正是美国历史保护的核心思想，因此建筑再利用的情况也是评判主街计划成功与否的关键。图 5-3-13 左图统计了现存的历史建筑在二十世纪八十年代的功能，右图统计了主街区域现今所有建筑的功能。通过对比分析可以得出建筑进行适宜性再利用的信息，以及现今的主街区域中建筑的主要功能（表 5-3-2）。

可以发现历史建筑经改造后最常见的是作为餐饮功能使用，增加了 8 个餐馆，可能是由于餐厅结合一定的创意设计能够营造富有历史氛围的用餐环境，这类用餐环境很受人们的喜爱。其次就是增加了 6 个办公功能的建筑，代表着更多的企业回到了主街区域工作，白领数量的增加也能带动区域的消费水平。用作零售功能使用的数量减少的幅度较大，1986 年至今减少了 8 个，可能是由于区域内新建的大超市抢占了一定的市场份额，但由于大超市与主街有一定距离，零售业仍然是今天主街最主要的功能，为社区居民服务。总体来看，适宜性再利用赋予了这些建筑新的功能与新的文化重要性，使现今主街区域的功能更为多样化、更为平衡，也保持了活力。

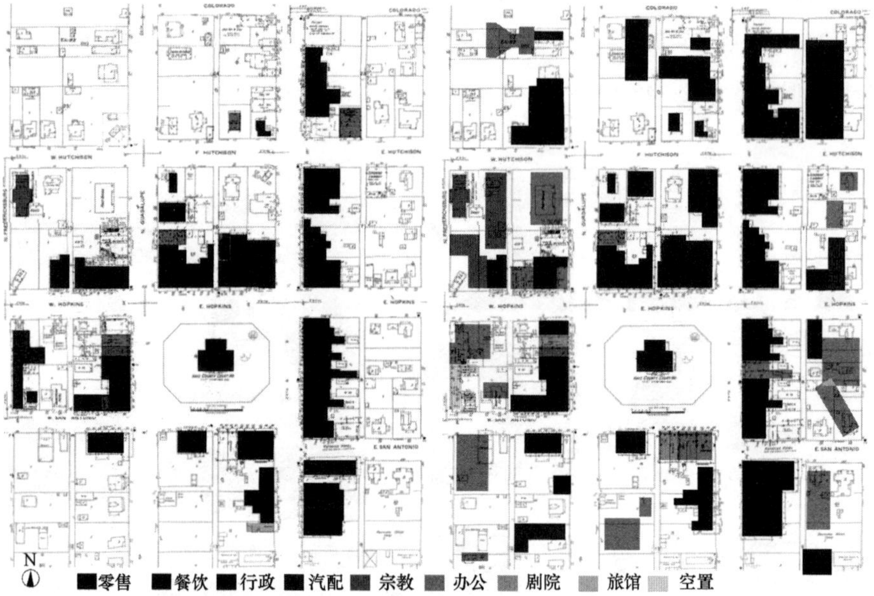

图 5-3-13　历史建筑功能的变化（1970s，2015 年）

表 5-3-2　建筑功能变化统计

历史建筑的功能	数量（1970s）	数量（2016 年）	变化数量
零售	45	30	–15
政府	5	7	+2
餐馆	16	24	+8
宗教	3	4	+1
办公	10	16	+6
汽配	6	4	–2
总数	85	85	

资料来源：根据调研数据整理。

商业扩张：自 1984 年开始实施主街计划以来，圣马科斯有 562 项业务发生了扩张或更新。2007 年有五项业务进行了扩张或搬迁。可以看出，圣马科斯主街计划促进了市中心商业的扩张和更新。自 1984 年以来，圣马科斯通过扩张或搬迁增加了 188 家商家。结论是，圣马科斯主街计划对招商引资方面确实是成功的。

创造的工作：第三季度州级主街的统计数据表明，圣马科斯的主街自 1984 年以来净增长 820 个工作岗位。

然而，寻找空置的、可利用的或未充分利用的建筑是主要挑战之一。一方面是有的业主不在当地，难以与之取得联系。另一方面是有的业主不配合工作，这还需要工作人员进行耐心的劝服以达成共识。

（3）激励政策。实践证明，经济激励措施对促进人们积极参与历史保护具有十分积极的影响。自 1986 年以来，圣马科斯有 5 座建筑在获得了联邦历史修复税额抵免项目的资助之后，都顺利完成了修复。此外，圣马科斯地方层面还提供了建筑立面修复津贴，用以支持主街区中历史建筑立面的修复，目前为止有约 20 座建筑在此项津贴的资助下完成了修复（表 5-3-3）。

表 5-3-3　受经济激励项目资助的修复项目

经济激励项目	数量	占主街建筑比例	资助对象	完成时间
联邦历史修复税额抵免	5	5/85	得州州立大学电影工作室	1986-12-18
			基准保险集团办公建筑	1989-05-11
			Dillinger's 酒吧	1989-12-12
			H&J 律师事务所	1993-06-28
			山地烤肉	2004-04-28
圣马科斯建筑立面修复津贴	20	20/85	普通商业建筑	1986—2015

资料来源：根据相关资料整理。

这些经济激励政策有效地促进了历史建筑的修复，对场所感的回归起到了重要作用。目前来看地方层面的激励措施得到了更好的运用，一方面由于联邦层面的资助较难申请，因为只有被国家史迹名录、州或地方历史区提名的建筑才具备申请条件，而圣马科斯大多数建筑仅具有比较普通的价值，不能达到注册或提名的标准。另一方面可能由于联邦层面政策的普及度不够或申请过程过于烦琐复杂等。

四、主街复兴的方法论

1. 从试点到成熟——基于历史保护的商业区复兴运动

麦迪逊和圣马科斯代表着主街计划在试点阶段和发展成熟阶段的实践。在试点阶段中，主街经理与外聘咨询公司的努力下，通过历史保护实现了一定程度的经济复兴，历史风貌特征得到了一定的提升，也建立了一定的群众基础。但是试点阶段的项目缺少一定的体系化，几乎依靠主街经理一个人的努力。同时，试点阶段不同城镇的参与度也有所差别，比如麦迪逊的居民们一开始对颁布更加严格的保护条例的态度比较消极，盖尔斯堡居民的态度却相对较好。

在发展成熟阶段，如圣马科斯一类的实践城市，主街计划已经出现了明显的体系化特点，有了强大的领导团队与明确的职能分工；能够井井有条、分阶段地制定战略目标、阶段目标与具体行动计划；设立了专门的历史保护监管部门对设计提供指导与帮助；有配套的经济激励政策来充分调动居民参与历史保护的积极性。这一阶段的优势是试点阶段所没有的，这是一个不断进步与完善的过程。

1985 年，国家主街中心建立了主街网络会员计划，旨在通过共享信息、知识和经验将主街计划的方法辐射更多的社区。会员能收到简报月刊、主街新闻等。1985 年，主街中心开始推行第三阶段示范项目，这次的对象是人口超过 50000 人的城镇，以及大城市的区域。1986 年到 2003 年，有 41 个州中的 1600 个社区参与。二十世纪九十年代，主街中心扩大了技术服务、网络信息资源和其他福利项目。这一阶段也推动了城市层面计划的实施，圣地亚哥、芝加哥、波士顿等大城市中的实践都取得了成功，这些模范项目推动二十世纪九十年代末在巴尔的摩和华盛顿特区的市域层面计划。

主街计划对社区造成了巨大的积极影响。1980 年到 2002 年，主街社区累计投资 170 亿美元，平均每个社区约 950 万美元。出现了超过 57000 家新企业，创造了 231000 个工作岗位。事实上，每一美元的成本投入将产生 40.35 美元的回报，主街计划成为高效的经济发展项目。这一时期出现了基于历史保护的商业区复兴运动，项目呈爆炸式扩张，越来越多的社区意识到需要一个健康的城市中心以面对不断变化的物质和商业环境。土地使用规划、经济发展官员、商会高管，地方和州政府都看到了利用现有资源振兴社区的优势，从而认同了历史保护可以刺激经济发展的概念。国家主街中心在 2004 年改名为国民信托主街中心（The National Trust Main Street Center），试图与更多的社区以及相关组织达成共识，共享保护经验。

经过 40 多年的实践，主街计划至今覆盖了 40 多个州，超过 1600 个城镇（图 5-3-14）。这些成功的经验总结出了一套针对 10 万人以下的小城镇，利用历史保护复兴中心商业区的方法，并开始从中小城市向大城市拓展。该计划证明，对历史商业建筑的修复能促进居住环境的优化，同时结合其他策略带动经济发展并提升区域活力。国家主街中心每年都会统计收集各地主街计划的实施数据并进行分析。表 5-3-4 反映了 2006 年 12 月 31 日至 2015 年全国主街计划项目的统计数据。

图 5-3-14　现今分布于全美国的主街计划

表 5-3-4　主街计划自 2006 年的统计数据

阶段性成果统计	2006 年	2009 年	2012 年	2015 年	合计
来自公共和私人方面用于物质环境改善的总投资（亿美元）	20	27	21	39	713
创造的商业	5334	4671	4732	5966	267805
创造的工作	27318	20811	24700	28403	583869
修复建筑的数量	7365	6780	7254	8173	131974

资料来源：根据相关资料整理。

统计数据证明了主街计划的有效性，并且经过长期的实践与经验的积累，主街计划的成功方法可以总结为“四步方法”与“八项原则”。

2. 四步方法

四步方法（Four-point Approach）主要涉及四个广泛领域的活动，旨在吸引新的投资并激活社区。从某种意义上说，主街计划既通过“表面的、物质方面”的保护更新了社区躯壳，同时也通过“内在、经济方面”的重建实现了经济的可持续性，完成了最初设定的目标。

（1）组织（organization）——构建参与平台。

组织工作是主街计划的基础，宣传、设计和经济重建等方面的工作都建立在这一平台之上。

①建立强大的领导团队，引领高效的工作。主街区域涉及众多独立私营利益群体，且长期如散沙一般各自为政，这也是其最大的弊端。因此建立一个领导团队，统一进行规划管理是第一步。这个团队需要由多人组成，要能够代表不同团

体的利益，如社区公民、业主、政府等。

一般来说，社区公民最为关心的就是主街计划是否能提高生活环境质量，他们明确现今主街的优点和缺点是什么，开展什么项目能够直接与他们的利益挂钩，避免对他们的生活造成负面影响。业主是参与主街经济活动最直接的群体，他们最为关心的是主街计划是否能提高他们的收入。为了实现经济收益，他们也会全身心配合主街项目的实施。政府作为一些经济活动的保障，在这之中也具有十分重要的作用，他们也很关心主街计划是否能复兴当地的经济，为政府贡献税收，同时也是政绩体现。

组织委员会正是为了在社区内不同利益团体之间建立合作伙伴关系，既保证公民的需求得到满足，也使得业主的目标能够实现，以及如何协调与政府的关系，往往需要通过各种方法获得政府的关注并寻求大力支持。

②寻找可靠的资金来源，并建立监管系统。资金对任何保护活动都是最重要的，主街计划提倡以公共资金带动私人投资的理念。启动资金一般来自国家主街中心协会与政府发展基金，在此基础上，需要明确如何最高效地利用启动资金。这就需要制定一个清晰全面、深思熟虑的发展计划，以及精确的项目预算，明确哪些项目可以在短期内收到成效，哪些是长期性投资。根据这些拟订项目来评估启动资金的分配情况，向商家公布这些信息已达到筹款目的，并且激励潜在的投资者。

同时，组织委员会需要建立一个良好的财务预算和管理系统，用以解决和面对复兴过程中相关的财务和法律问题。该系统一方面可以提高工作效率，另一方面有助于建立项目投资信誉。这一切需要聘请专业的财务与法律相关人员来进行管理。

③储备志愿者，应对各种活动。由于主街项目需要在平时或各种节日组织不同的活动来吸引人们参与，这类大型活动往往需要很多志愿者的服务，因此志愿者对主街计划至关重要。这可以通过与附近高校取得联系来储备志愿者力量，以保证活动举行的周期有充分的人力资源。

（2）宣传（promotion）——推广街区的新形象。

①认识自身价值，明确宣传形式。历史文化内涵是主街计划的根本也是最重要的价值，宣传部门的工作应该以宣扬主街区域的历史文化作为主题。如通过挖掘历史人物的故事、历史大事件，对区域内的居民或外来游客进行潜移默化的影响。同时优美宜人的空间环境也很重要。主街区域不仅是商业购物空间，更是居民日常交际、散步、休闲娱乐的多样化活动空间，安全性保障也是需要重点考虑

的部分。此外，主街的形象还体现于街区是否有友善的态度、能否提供高质量的服务。应该为来到这里的人们营造一种亲切感和归属感。这也需要与商家达成共识，以营造精神层面上的良好氛围。

在衰败多年后，积极地宣传主街的新形象对扭转人们心目中的既定印象是极其重要的。重点就是如何最佳地通过宣传来体现主街的价值，应该积极思考什么类型的图像和标签能抓住公众眼球，什么样的活动能更好地体现街区精神。这些都需要与创意设计师进行充分的协作。

具体的宣传方式多种多样，可以通过纸质广告、网络广告等宣传媒介。合作广告正是高效且经济谨慎的宣传方式，可以让市中心的众多商家在同一个地方发布广告来吸引人们的注意力，这样不仅信息集中还能分享广告成本，且在节日期间十分高效。近年来，越来越多的主街项目开始通过网络来实施它们的宣传工作。其不仅成本比印刷通讯、宣传册、纸质广告等都低，而且可以做到定期更新且覆盖面更广。

宣传不仅能吸引居民、潜在的商业投资者，还能吸引游客，这些流量和活力都能于无意之中为社区带来非征税型收入。

②整合市场信息，匹配市场定位。需要尽可能多地与公众接触，明白什么是公众所需，才能基于此发展具有市场潜力的业态布局。可以通过调查问卷的方式，特别是基于网络的调查问卷，不仅可达性强，也更加方便。还可以通过其他技术手段分析市场的大数据，明确人们的消费习惯、消费趋势、消费能力等。

最后，宣传最主要的作用就是给人们留下良好的印象，使人们愿意与社区积极地互动，愿意重新加入并支持当地传统场所的复兴。

（3）设计（design）——创建古今交融的空间。在策略方面，设计应与宣传齐头并进，宣传旨在为社区的建筑和景观打广告，而设计的目的则是美化这样的广告。

①创意性设计。由于主街区域的主题就是历史文化，因此如何通过设计来展现历史文化内涵就是重点，这对场所感的回归也至关重要。首先在于依据《内政部标准》《历史保护条例》等设计规范来保护和修复历史建筑。其次需要采取先进的设计理念来实现街区空间的人性化和可持续性：通过设置开满鲜花的种植池、极具创意的雕塑小品来优化物质空间的美感；通过优化基础设施，增加照明设施、街道家具、垃圾桶等来优化人们的使用体验；通过修复市中心衰败的结构并消除潜在的犯罪场所，为社区居民和游客创造更加安全的环境。人们回到主街活动后，不仅盘活了区域的经济，税务的增收也能再次用于市政设施、街区环境的不断改进，也可以说这是一个互相促进的过程。

除了营造优美、富有历史文化内涵的空间之外，设计还需要与宣传部门进行密切合作，比如打造一个能凸显街区文化内涵、能为街区代言的 logo，可配合所有的传单、网络宣传资料运用。还可以使用艺术化的处理方法打造具有设计感的精神堡垒、标牌、店面装饰、公共艺术设施等，这种创意的设计元素很容易成为人们的视觉焦点并成为网红打卡点。

设计工作可以与附近的高校联系，可以开展设计竞赛或作为学生课程作业计划。设计不仅可以达到主街计划的目的，还可以成为锻炼学生实践能力的平台。

②进行公民教育，促进项目实施。社区对设计理念认知的不足是很多区域共同面对的挑战。由于认知能力的局限，很多人不明白什么样的设计是好的、什么是不好的。在设计的过程中，最棘手的局面是面对两种类型的业主：不合作，抵触对建筑进行设计改善的建议，甚至不认为他们的建筑需要修复和改造；过于自信，认为自己的设计改善思路绝对正确，一定要按自己的思路来。

这种情况下就需要设计委员会的积极介入，主要在于引导人们明白什么是历史街区，什么是场所感，哪些建筑对街区的场所感有价值，需要如何保护。可以通过组织关于历史街区保护与复兴的宣讲会进行价值观的传达。其次是提供设计援助，指导他们进行具体的设计。在此基础上还需要提供一些实质的经济激励措施，调动人们的积极性。可能的情况下应鼓励业主进行自主设计，但自我发挥空间需要在设计导则允许的范围之内，并且应按阶段进行审查，保证工作朝着有利的方向发展。

主街是一个利用其传统资源和历史语境不断生长的区域。因此，社区领导必须将维护和改善主街的面貌作为长期的奋斗目标。

（4）经济重建（economic restricting）——实现经济的复兴、可持续。

①巩固已有，发展新兴。经济结构重建的目标是建立一个多样化的商业基础，解决消费者需求的同时维护历史文化传统。

巩固已有的商业对复兴极其重要，不能忽视并抛弃原有的商业形态而强行以新换旧的做法。根据产业的发展规律，已具有一定基础的本地产业比开展新的经济形态可行性更高，因为这些长期存在的产业大多已适应这里的经济环境，也有了稳定的顾客群体。另一个关键就是招募新的商业。丰富并多样化现有的产业种类，充分将文化信息技术、创意产业等现今理念与历史建筑再利用相结合，但需要保证新的内在与旧的外壳达到一种和谐的平衡。

由于新商业的发展和扩张，以及业态的转型都需要资金，而实用有效的策略就是让投资计划分阶段进行，从规模小、影响力大的改造项目开始，如立面修复、橱窗改造和人行街道美化等。同时，需要强化企业主的竞争力和营销技能，随着企业发展壮大，鼓励更大规模的改进，并与金融机构、政府部门相合作，确保资金正常周转。经济转型委员会负责为历史建筑更新和企业发展建立金融和资本奖励机制。

显然，主街计划的主要目的就是创建一个有活力的市场，这个市场能够保证持续投资和商业机会，产生新的税收基础的同时也能不断创造新的就业机会。

②监测经济表现、获得反馈信息。经济转型委员会还有一大职能在于评估行动计划的实施结果。哪些活动策划取得了成功？哪些活动没有达到预期？根据项目进度监测经济表现，以此研究设计和宣传工作与经济复兴的相关性，并指导下一阶段的工作。

监测经济表现一般通过采集基准线数据，对人口、商业、房地产等市场经济发展趋势进行研究，发现街区经济发展的优势与劣势。信息主要来自人口普查、经济发展报告、税务报表等方面。在计划实施的不同阶段跟踪记录街区就业情况、企业和房地产投资情况，记录经济变化信息，进而通过数据分析来衡量街区企业和工作的变化指数，并做出年度总结报告。

3. 八项原则

四步方法指导下的实践为主街复兴奠定了良好的基础与开端，但是否能可持续发展就依赖于八项原则。这些原则思考着不同方面的问题，在实践中都应该进行充分考虑。

（1）全面性（comprehensive）。如果主街始终致力于不断招募新的“品牌”业务，那么很可能变为纯粹的购物中心模式，但其竞争力很难与真正的购物中心抗衡。此外，过多地关注单个项目、过多地投资建设奢华的公共空间也是不利的，因为会打破由众多利益群体共同维持的平衡。

（2）渐进性（incremental）。主街的复兴是一个循序渐进的漫长过程，不可能通过某一大项目的投资来实现。通过小型项目和活动进行不断的实践，能更好地领会复兴的内涵与过程，也能够进一步锻炼并发展领导和人才，来应对未来更严峻的问题、更大规模的项目与更严峻的挑战。

（3）自助（self help）。基于社区的领导对合理调动当地资源至关重要，这需要社区人们与相关利益团体积极合作，贡献时间与精力。同时由于主街计划并不是经济来源很稳固的项目，积极招募志愿者，谋取无私的服务力量也至关重要。要意识到这一活动是由自己开始、自己实践，最终也会得到有利于自身的结果。

（4）伙伴关系（partnership）。这一原则鼓励公共和私人利益相关者积极参与主街计划，这个团队中每个利益相关者都有着重要的作用，需要通过积极的合作达成目标。因此，这些角色的对话和相互理解对项目的成功至关重要。组织委员会的存在正是为了协调这些不同团体的利益以共谋发展。

（5）识别并资本化现有资产（identifying and capitalizing on existing assets）。这意味着需要对主街的独有特征进行资本化。主街独有的建筑特点和历史文化价值，是其他普通街道不具有的，也是它们的经济价值所在。关键是要利用这些特征，在此基础上发展商业、构建特色社区。

（6）质量（quality）。通常适用于主街计划实施过程的每个方面，如店面的设计、宣传活动和其他建设项目。这一点是为了强调应专注于工作质量而不能急功近利地只看到成果数量，做好一件小事通常比缺乏想象力的宣传和设计更为重要。

（7）积极应对变化（change）。积极改变社区当下的态度能更有利于商业的稳固进而保证快速的发展。在忽视主街多年以后，公众需要对主街计划有信心，相信其一定能取得成功。消费者的信心对市场的成功发挥着很大的作用。

（8）实施（implementation）。创建一个活跃的环境能带来更多的参与者。频繁的更新和变化是一个提醒，标志着当前正处在复兴的过程之中。

这些方法和原则对指引社区居民和领导人创建一个具有崭新面貌、经济活跃的主街至关重要。

第四节　历史保护的激励政策

一、联邦激励政策

第二次世界大战后，美国的历史保护所取得的成功在很大程度上取决于政府的经济调控政策。起初，人们保护建筑的出发点基于其独特的历史和文化价值，但对大多数人来说，他们仍然希望历史建筑能为他们带来实际的经济效益。在理想的情况下，建筑的价值随着房地产市场高涨而可能超过土地的价值。这种情况下人们往往会拆旧建新以取得经济回报，保护历史建筑可能只是由于业主迫于多种原因无法进行新的建设。当房地产市场低迷的时候，大多数业主更不会对历史建筑进行维持，任其衰败成为普遍情况。所以说无论房地产行情如何，客观的市场发展规律总是预示着“新取代旧”的趋势，历史建筑保护似乎有违市场发展规律。

在这种情况下，就必须出现有力的干预措施。一方面可以通过立法对业主的行为进行约束，但这很容易激起业主的不满，在实施中时常遇到困难；另一方面就是给予经济补助，这也是关键所在。

美国对历史保护的经济补助计划通常分为直接和间接两种形式。直接补助是由政府直接拨款给项目申请人，申请过程也需要经历一系列程序，通常较为复杂而且牵扯的利益对象过多，在实施过程中如何平衡是关键，因此这种方法仅仅针对大部分公共大型保护项目。间接补助就是通过对纳税额的减免来进行激励，这种方式相对更容易获得，因为不属于政府的财政预算。可以说 1976 年以后的历史保护正是在这种间接补助方式的推动下得到很好的发展。

1.《税收改革法》

1966 年《国家历史保护法》的颁布对历史保护的贡献是巨大的：一是建立了保护的框架；二是稳定了保护者的信念。虽然如此，但对调动广大社会民众积极参与历史保护没有起到任何作用，而且当时的《税收法案》对拆旧建新有一定的激励，反倒成为促使人们进行城市更新建设的工具，进而加速了破坏。当人们对城市更新造成的问题进行深入反思之后，联邦开始调整自身的经济政策，认识到仅凭立法并不能有效地推动历史保护的发展。1976 年，颁布了具有重要意义的《税收改革法》（Tax Reform Act），第一次试图用税务杠杆来推动历史保护活动。税法改革取消了对拆旧建新的经济补偿，而是对修复旧建筑提供经济激励。在美国，税额抵扣是最主要的税收激励方式，指纳税人从应缴的税额中减去一部分作为抵扣（credit），主要有两种形式：非退款抵扣，可以把税减到零，但不能减免未缴纳的税；可退款抵扣，不仅可以减少税额，还可以减免没有缴纳的税款。联邦和绝大部分州所推行的税额抵扣政策都是非退款形式。此外，还有一种为减税（deduction/reduce），是指将纳税人的税前收入直接减去一部分以降低其应纳税额。

《税收改革法》允许那些以经营或买卖功能所用的历史建筑修复进行加速折旧，以减少业主在开始几年的税额。该政策于两年后进行了修订，推出了建筑更新税额抵免计划（Rehabitation Investment Tax Credit，RITC），为历史建筑修复提供了

10% 的税额抵扣，但符合对象必须是以买卖或经营为目的的建筑。一方面，税额抵扣是一种更合理的经济刺激，因为之前的税额减免需要对报税的总财产进行折价来降低税款，而税额抵扣则直接从应缴税款中进行减免，直接的经济优惠显然更为有效。另一方面，该政策也帮助政府宣扬了“物以老为贵”的价值观。法案的修订使得对建筑遗产的再利用成为有利可图的产业，建筑再利用与新建设对开发商同样具有吸引力。

2.《经济恢复税收法》

鉴于税法改革的成功，国会在 1981 年对税法进行了修订，出台了《经济恢复税收法》（Economic Recovery Tax Act），加大了免税的力度。

> ·对国家史迹名录登录财产和国家提名历史区域内有贡献财产的修复，将获得 25% 的税额抵扣。
>
> ·对不在名录之内财产的修复，30 年以上的财产可以获得 15% 的税额抵扣，40 年以上的财产可获得 20% 的税额抵扣。[①]

这一税法的抵扣额度是空前的，那些原本对历史保护毫无兴趣的开发商也被吸引到这一领域，极大地推动着美国建筑遗产保护的快速发展。这一税法的目的宣扬着“保是前提，以用养保”的理念，因此出现了众多保护实践，因为只要该历史区域获得内政部的认可，即可最高获得 25% 的税额抵扣。1981 年《经济恢复税收法》到 1986 年的四年间就吸引了 82 亿美元的投资，对 11000 栋建筑进行了保护和再利用。这种通过经济手段对私人投资的激励是其他联邦保护政策无法比拟的。

由于《经济恢复税收法》的抵扣额度巨大，保护者和开发商第一次结成了同盟。由于投资者眼里满是利益，就使得他们不再关注建筑的修复质量，也不关注再利用是否成功，而只关注能否得到相关的税额抵扣。后来内政部通过对完成项目的研究，发现大约 17% 的修复质量并不符合《内政部标准》要求。《经济恢复税收法》规定享受优惠政策的业主在 5 年之内不得出售建筑，但很多业主不但违反规定在 5 年内出售建筑，也没有退回相应的减免款。因此，该政策对联邦的税收也造成了一定程度的损失，1978 年损失约 250 万美元，1984 年损失约 2.1 亿美元，1988 年损失约 7 亿美元。

---

① GRAVES J F. The Historic Homeownership Rehabilitation Credit：A Valuable Tool for Neighborhood Change[D]. Philadelphia：Unversity of Pennsylvania，2007.

3.《税收改革法》于1986年的修订

由于美国二十世纪八十年代财政紧张，加之很多个人业主和投资商对该政策存在滥用现象，1986年对之前的法案进行了修正，并颁布了《税收改革法》。当前广泛使用的历史修复税额抵免（Historic Rehabilitation Tax Credit，HRTC）正是法案修订后的主要政策：

- 对历史构筑物进行认证的修复提供20%的税额抵扣；
- 对建于1936年以前非历史性（non-historic）、非居住建筑(non-residential)的修复提供10%的税额抵扣。[①]

首先，财产必须被国家史迹名录收录，或是对历史街区的历史性特征有贡献（contributing）的财产。其次，必须符合“修复认可”（certified rehabilitation）的财产才能获得税额抵扣，因此修复结果必须满足《内政部标准》。内政部委托国家公园管理局来对FHRTC的项目进行认证，并且连同美国税务局和州历史保护办公室共同执行。

新的税法规定只有长期租用、能创收的财产才能享受政策优惠，避免了那些单纯追求税额抵扣的消极投资。认证历史建筑的最高抵扣额度降到了20%，对1936年之前建造的非历史建筑的税额抵扣降到了10%。这一法案的重点与之前有所不同，在1981年税法中，虽然合格的修复可以得到25%的抵扣，但很多投资者更倾向于选择20%的抵扣额度，因为这不仅降低了修复工作的标准也缩短了审查周期，最终也造成很多建筑并没有按照高标准的技术手段进行保护和修复。1986年税法的修订正是对这一状况的回应。

尽管这些限制给历史建筑保护带来了一定的不利影响，但历史建筑保护领域还是处于稳步发展之中。1999年，国家公园管理局公布了一组数据：“从1977年税法开始施行后，税额抵扣政策吸引了超过20亿美元的资金，仅在1998年就产生了超过900个项目，创造了42000个就业机会，吸引了将近1.8亿美元的个人投资。”

二、州激励政策

除联邦层面的税收激励政策以外，很多州也推出了州层面的激励政策，如税

① GRAVES J F. The Historic Homeownership Rehabilitation Credit：A Valuable Tool for Neighborhood Change[D]. Philadelphia：Unversity of Pennsylvania，2007.

金增额融资（Tax Increment Financing，TIF）。州层面的政策旨在对联邦层面的政策进行补充和完善，也旨在扩大能受益于历史保护政策的对象。目前州层面的政策有效地推动了州内以及地方的历史保护活动，但不足之处在于不是所有州都颁布了类似的政策，且各州对这类政策推广程度不同而造成不充分的利用也带来了一定的问题。

最重要的是，州层面的激励政策弥补了联邦层面政策最大的不足，也就是开始关注到非营利性、私有财产，对这类更加广泛但被联邦政策忽略的对象进行资助，这一点将在下一章节中进行详述。

第五节　阶段发展小结

一、保护的理论

1. 正视普通老建筑的价值

可以说美国二十世纪六十年代的城市更新对历史文化遗产造成的破坏是灾难性的，但也正是由于这些破坏才使得人们更加意识到保护历史建筑的重要性。学界对人们价值观的影响是至关重要的，可以说如果没有这些学者的努力，城市更新的浪潮还将持续很久。这一期间也呈现出诸多优秀的理论成果，为美国历史保护理论的发展奠定了良好的基础。

在学界的影响之下，政府开始积极采取措施投入保护，法案也一一进行了修改，特别是税收法的多次修改，从最初鼓励拆旧建新到后来鼓励对老建筑进行适宜性再利用，对这一时期的文化复兴起到了重要的推动作用。可以说税收法使用经济杠杆顺利将历史保护变为一个有利可图的领域，进而成为一个受大众关注的领域。

随着郊区的兴盛，全国市中心商业区相比郊区购物中心的竞争力越来越弱，零售额下降，主街及其所在的旧城中心区迅速衰败。随着逐渐意识到这些地区的价值，人们也开始积极投入到复兴这些具有深厚历史底蕴的区域，市中心商业区成为首先被关注的对象。

历史保护国民信托作为美国最大的保护机构引领着都市复兴的发展，其中主街计划便是最成功的项目之一。主街区域最大的弊端在于如散沙一般的私营团体难以统一管理，主街计划通过借鉴现代商业中心的管理模式，旨在统一力量以共谋发展。在试点城市取得成功之后，主街计划的成功经验迅速在国内蔓延，美国上千个小城镇的经济与历史文化得到了复兴。不仅成立了主街中心，也建立了主街网络，并且这一保护理念开始在大城市中运用，呈现出了很好的实践成果。

2. 重要性衡量标准的拓展

可以说六七十年代保护工作取得的最大成果就是《国家历史保护法》的颁布，它也是迄今为止最具影响力的保护立法。与 1935 年法案相比，可以看出联邦保护理念的发展，在 1966 年法案中没有了国家重要性（national significance）这一长久以来的限制标准，也被公认为早期立法的主要缺陷。1966 年以前，大部分联邦项目的评判标准都限于“国家重要性”的自然或历史财产。满足这一点的财产只占少数，大多数值得保护的财产，因为其历史、建筑或文化重要性体现在社区、州或区域层面，因而这些财产无法与破坏的力量抗衡。通过消除这一限制，《国家历史保护法》授权联邦政府扩大保护视野以囊括州和地方层面的文化资源。

再者，《国家历史保护法》实质性的修改就是“文化”一词第一次出现在联邦法律之中，不仅是“历史”和“考古”被用来识别保护对象的价值。有了这个法定认可，全方位的文化资源已经成为联邦政府保护和援助的主题，并且这一认可在 1969 年的《国家环境政策法》中再次被强化，“保护重要的历史、文化和自然方面的遗产”[①]。

《国家历史保护法》对文化方面的考虑也体现在微妙的语言变化，用于明确联邦政府的角色。《历史场所法案》中，联邦政府参与的理由是“为了激励人们和人民的利益”，呼应着十九世纪保护者的爱国主义语言。《国家历史保护法》阐明联邦行动的基础是为了给人们提供“方向感”，这表明文化资源作为人们生活环境的一部分而不是历史对个人的教育。

① Caldwell L K. The National Environmental Policy Act：an agenda for the future[M]. Bloomington：Indiana University Press，1998.

最后，根本性地改变了文化资源保护的方法。《历史场所法案》指导联邦为“公众使用”而保护，这通常意味着需要获取所有权后才能实施保护，而《国家历史保护法》表明文化资源应该“作为社区生活和发展的一部分”而被保护。作为实质性条款的体现，取代了通过获取所有权的保护，到号召促进和协助对非联邦所有财产的保护。反映在《国家历史保护法》序言中，基本政策的变化是目前联邦政府保护国家的文化资源努力的基础。

3. 应对不同对象的保护方法

在《国家历史保护法》的推动下，美国历史保护的体系已经相对成熟，理念发展也相对完善。内政部颁布了《内政部标准》以指导历史保护的标准化发展，其中规定了保存、修复、复原以及重建的主要处理方法。这四种方法组成了一个清晰的等级体系，对建筑实施的干预程度递增，对建筑真实性的保护程度递减。

这四种不同的方法对应着不同重要程度的保护对象，价值相对重要的对象应采用干预程度小的方法，随着相对重要程度的递减，就可以采取不同干预程度的保护方法。并且这四种处理方法与税收激励法案有着很好的结合，只有严格按照这些处理标准对建筑进行修复才能够成功获取经济激励，这也是保证历史保护沿着高标准发展的基础。

二、保护的实践

1. 清晰的保护体系、明确的保护职责

美国政府的独特性质致使其形成了自上而下的权力分发模式。首先联邦层面就宏观层面做出规定、建立标准，再对州层面的政府进行授权，而并不直接参与各州内的具体保护实践。州政府在联邦授权之下开展项目，一般会直接参与州层面的保护实践，并继续对下一级政府进行再授权。地方政府获得授权后对地方层面最广大的保护对象直接实施保护。

自上而下的权力分发模式确保地方层面能拥有主要的也是实质性的保护力量。这一点从国家登录制度的具体实施过程也能得到印证。首先，联邦层面拟订登录标准，然后州、地方层面根据登录所需标准对候选对象进行提名、提交申请。上报上级政府后等待结果的公布，但这一过程也是一个协商的过程，会充分听取各地的意见，这对建立和巩固群众基础也十分必要。正如历史学家安托瓦内特李指出：“建筑历史学家给予你信息，社区给予你激情。”

2. 经济杠杆指引市场化发展

二十世纪七八十年代美国建筑遗产保护与再利用活动进行得如火如荼，联邦税收改革政策对于历史保护的发展功不可没，从某种程度上看，《税收改革法》甚至比《国家历史保护法》对历史保护的作用更大。这一过程中不仅保护了大量非登录的普通建筑遗产，还使得它们获得了新的功能，融入了人们的生活之中。

除了理解联邦政府的职能与保护的一系列步骤之外，还必须认识到历史保护一直都是市场经济的问题。拯救任何形式的资源必然会涉及公共和私营部门的资本市场经济，历史保护只有在公共和私营部门很好合作之下才能成功。这是因为建筑、社区、景观、主要街道——无论尝试拯救或保存什么，都必须满足业主的基本投资预期。虽然有部分老建筑的业主会因其文化价值感到自豪，但大多数业主仍主要关注文化价值是否能带来相应的经济效益。因此，财产资本的保护或损失几乎与当地房地产市场经济盛衰息息相关。在当地房地产市场非常看好的情况下，业主就十分希望通过重建获得经济利益，无论是改建为停车场或者快餐建筑。在低迷的市场中，财产对业主很少或没有经济回报，财产可能被空置并不断衰败。在这两种情况下，建筑或街区都可能会被重建作为更有利可图的工具。因此，无论其文化意义的重要性，对所有对象实施保护都是为了维持房产的经济效益。

无论是通过历史区域条例、历史地标条例，还是其他方式对财产进行监管控制，都会让业主承担一部分保护成本。但政府（联邦、州或地方）为业主提供金融激励时，也就是为了将这些成本转移到更大的社会之中。政府拨款和贷款是所谓的前门援助。税收减免或激励政策是所谓的后门援助，由于这类政策处于政府预算之外因而更容易获得。这两种形式援助的效率是毋庸置疑的，美国保护运动自 1976 年以来主要依赖于后门援助的方式。

在后门援助的促进下，许多私营部门积极投身于历史保护。主要的参与者就是房地产开发商与投资团队。开发商需要集合财产、资本和人力资源，为没有投资风险及经济回报的第三方策划发展项目。[①] 这一团队可能包括负责收购和销售成品的房地产商、投资者、建筑商和分包商、物业经理或操作者。开发商需要寻求资金来获取土地、资本和人力，修复建筑，销售给第三方，开发商是最后获得经济回报的一方与风险承担者，但也是获利最多的一方。根据土地利用方式可以将开发商分为许多不同类型，如零售、住宅、办公及酒店开发等。在经济利益的驱

① HARRIS J C，FRIEDMAN J P. Barron’s real estate handbook[M]. New York：Barron’s，1988.

动下，保护运动本身也从一种依靠监管变为以市场为导向的方式，私营部门在这一过程之中扮演着十分重要的作用。

三、阶段性发展与演变（图 5-5-1）

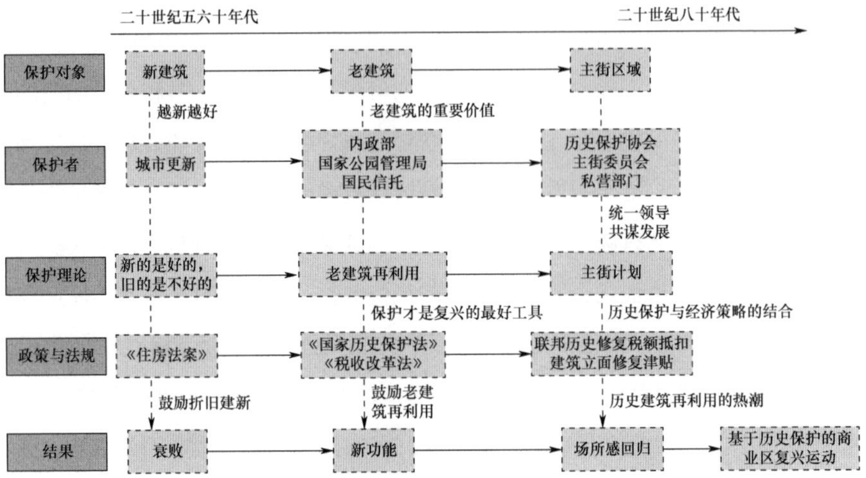

图 5-5-1　发展演变分析图

“体系化与市场化时期”，最大的积极动因是来自学界的努力。第一，认清了保护与都市发展的关系。面对着城市更新对历史建成环境带来的巨大破坏，如《美国大城市的死与生》等经典著作对之进行着激烈的批判。在众多学者的努力下，人们才逐渐看清了保护与都市发展的关系，开始冷静地思考，认同了保护对发展的重要作用，而不是一味地采取拆旧建新的策略。

第二，环境保护与能源危机意识的崛起。也正是由于来自学界的努力，众多绿色经典问世，人们逐渐看到历史建筑再利用的文化必要性与经济必然性，因此也推动了历史建筑再利用的热潮，昆西市场等众多历史建筑再利用的经典案例才会一一呈现，为都市复兴奏响了前奏。正是在这些单体实践的基础上，国民信托才推出了视野更为广泛的主街计划，其实质正是对建筑群、建筑街区、老城区的历史建筑进行大规模、有体系的再利用。

这一时期的消极动因正是决策者们的短浅目光，因短期经济利益而大拆大建。《住宅法案》虽然强调解决贫困人口的住房问题，但在实际的操作过程中演化为追求速度建设的枯燥乏味的现代化设计，结果就出现千城一面的城市面貌，此外还有随之而来的种种恶果。由此激起了学界的千层浪，进而推动了《国家历史保护法》的颁布，也印证了保护大多发生在破坏之后。

第六章

回归大众化
——保护日常景观

第一节　历史居民区的保护

一、历史居民区的重要价值

事实证明，作为对城市更新造成城市中心商业区经济衰退问题的回应，国民信托的主街计划十分成功。在试点城市的带领下成百上千个城镇都纷纷效仿，根据经济策略与历史保护结合的方法复兴了许多城市的历史中心，带动经济发展的同时也很好地保护了当地的历史文化特征。伴随着政府的经济激励政策，公众热情地参与到了历史保护之中，取得了很好的经济效益和社会效益。

随着诸多城市的中心商业区逐渐找回了昔日的特色风貌，大多数人似乎还未开始关注更大范围的历史居民区的保护。成千上万个老居民区也在城市更新之中惨遭破坏，其中很多被夷为平地。例如，纽约金斯敦的朗德社区，超过 400 座老建筑被拆除，其中大部分都是建于十九世纪的特色鲜明的砖砌体建筑，相似的情况还有很多，令人十分痛心。对历史居民区来说，不仅缺失了学术界的关注，连联邦层面的历史建筑保护激励政策也未将之列入资助范围，税额抵扣只适用于能够创收的非居住性财产（income-producing/non-residential），也就将成千上万的居住建筑排除在外。幸运的是，为了弥补联邦层面政策的这一漏洞，很多州和地方政府对符合标准的历史民宅的修复出台了相应的经济激励政策，旨在指引历史居民区的保护与发展。

亚利桑那州的图森市也是城市更新的受害者之一，在二十世纪六十年代市中心几乎被推倒后重建，新建市中心的肌理与历史文脉失去了联系，所幸的是市中心附近的老居民区没有受到太大的影响。人们意识到已经失去了市中心后，积极采取了保护措施，这些被保留下来的居民区成为图森市重要的历史文化资源，也只有漫步于这些老区中，才能够感受到十九世纪与二十世纪早期的城市空间（图 6-1-1）。

鉴于这些历史居民区的重要价值，图森市于 1971 年建立了图森历史委员会（Tucson Historical Committee），并于 1972 年颁布了《历史区域条例》（Historic Zone Ordinance）对这些幸存的老居民区实施保护。委员会有考古学、建筑学、历史学、风景园林和城市规划等多学科背景的专家，负责审查历史区域内的新建、改建和拆除活动。1990 年，图森市被州历史保护办公室和国家公园管理局指定为认证的地方政府（Certified Local Government，CLG）。成为 CLG 之后，1995 年最初的《历史区域条例》被修订为《历史保护区域条例》（Historic Preservation Zone Ordinance，HPZ），以对历史居民区内的地标和有贡献的历史性财产提供更多的保护。二十世纪七十年代至八十年代，五个历史性居民区相继被指定为当地的历史街区，被国家史迹名录收录，分别是 Armory Park、El Presidio、Barrio Libre、Fort Lowell 和 West University（图 6-1-2、表 6-1-1）。从那个时期开始，历史居民区成为图森市历史保护的重点。

图 6-1-1　图森的场所感（黄川壑 摄）

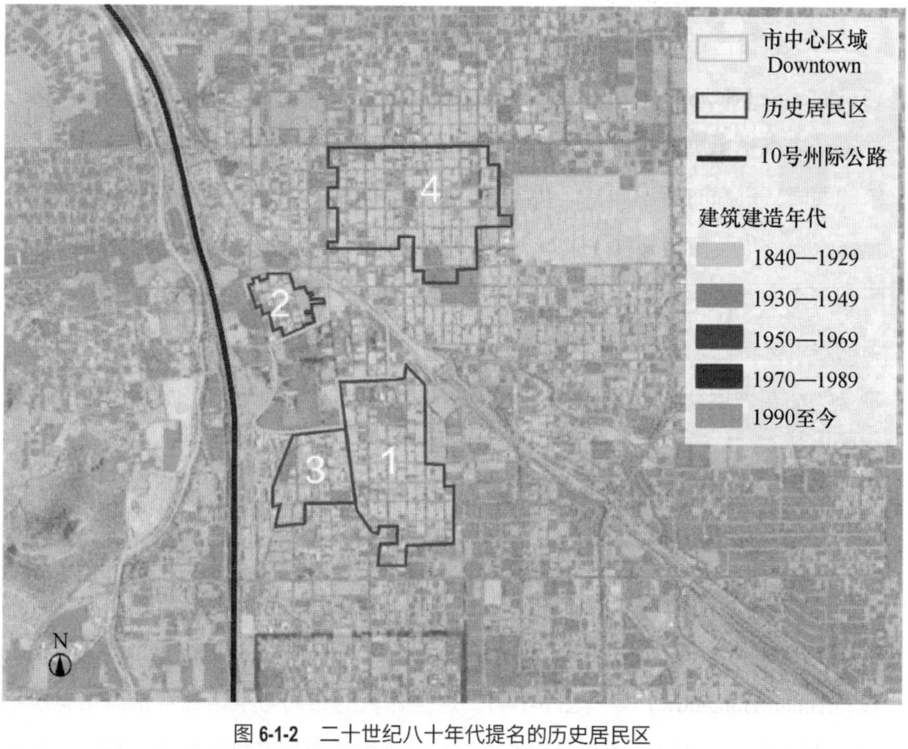

图 6-1-2　二十世纪八十年代提名的历史居民区

表 **6-1-1** 历史居民区信息统计

编号	街区	重要性	登录时间
1	Armory Park 历史居民区	联邦	1976
2	El Presidio 历史居民区	联邦	1976
3	Barrio Libre 历史居民区	联邦	1978
4	West University 历史居民区	联邦	1980

资料来源：根据政府提供数据整理。

当代图森的起源可以追溯到十八世纪初西班牙传教士的到来，最早传入的建筑风格就是西班牙—墨西哥殖民时期的风格。1853 年，图森市所在的亚利桑那南部划入美国的版图后，来自加利福尼亚和美国东部的移民数量不断增加，大量移民带来了多种建筑风格。1912 年，亚利桑那成为美国的一个州，图森受西班牙、墨西哥和英国的影响，市内具有多种建筑风格。

Barrio Libre 历史居民区是图森市第三古老的历史居民区，于 1978 年登录国家史迹名录，是现存的十九世纪七十年代城市风貌的样本。虽然该区域北侧有部分历史建筑在城市更新中被拆除，但在领土扩张时期大量建造的土坯砖砌建筑仍然比图森市其他任何区域多。现存最老的建筑可以追溯到十九世纪四十年代，那时亚利桑那州区域还属于墨西哥，因此历史居民区中纯正的墨西哥风情街区是独一无二的珍贵遗产（图 6-1-3）。

历史居民区中的建筑风格主要包含索诺兰乡土风格（Sonoran）、索诺兰变体（Transformed Sonoran）及过渡时期的风格。索诺兰乡土风格是区域中最具特色的住宅，特点是单层的排屋，建筑正立面紧贴街道红线，使用土坯块砌筑。尽管建筑的面阔、进深有所不同，但共同的特征包括高高的天花板、石块砌筑基础、屋顶排水管道以及屋顶外露木梁等。十九世纪八十年代，南太平洋铁路连通图森后，不仅带来了美国东部和加利福尼亚的移民，同时也带来了这些移民的建筑品位与新的建筑材料，这些因素推动着索诺兰风格的乡土建筑发生改变。如在排屋的平屋顶上添加四坡屋顶、金属屋顶、女儿墙上的砖盖，还有维多利亚风格的一些修饰细节。

Armory Park 是图森市于 1976 年最先登录国家史迹名录的历史居民区，得名于原来的军械库。可以说该区域伴随着南太平洋铁路的发展而迅速成长，这一紧邻铁路的居民区中居住着铁路的建设者及其家属。该区域包含多种建筑风格，如美国本地风格（American Territorial）、维多利亚（Victorian）风格和工匠平房风格（Craftsman Bungalow）等（图 6-1-4）。这些建筑的布局与索诺兰乡土风格有所不同，建筑通常布局在居住地块的中央，地块外围会设置风格各异的院墙，大多体现了屋主的喜好。也有的屋主不喜欢设置院墙，直接采用绿化植物来分隔公共空间与私人院落。

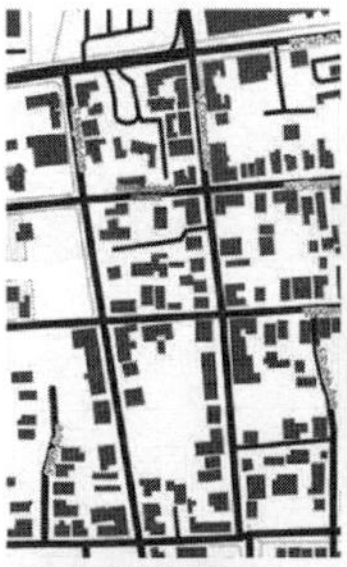

索诺兰（Sonoran，1840—1890）

索诺兰变体（Transformed Sonoran，1863—1912）

图 6-1-3　Barrio Libre 历史居民区（黄川壑 摄）

本地风格的建筑大多运用了由当地石材加工的红石砖，因而建筑色彩风格与亚利桑那州沙漠环境非常融洽。这类建筑常在单侧设有角廊，用于过渡室内与室外空间。角廊的材质一般为木材，廊架、木柱等部件均为机床标准化切割生产的成品。后期变化的风格习惯于将角廊的规模扩大，在建筑正面形成一个连通的门廊。

维多利亚风格的建筑也随着整个美国的流行风潮来到图森，明显的特征包括有着四面坡、小角楼与烟囱的屋顶，外凸的窗户和镶嵌玻璃，以及围廊中使用的精致木装饰。精致的木制窗框和百叶窗代表了维多利亚时代被人们喜爱的木装修风格。

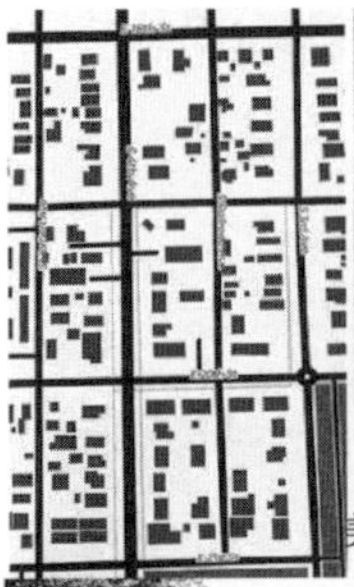

美国本地风格（American Territorial，1880—1910）

维多利亚（Victorian，1880—1910）风格

工匠平房（Craftsman Bungalow，1905—1930）风格

图 6-1-4　**Armory Park** 历史居民区（黄川壑 摄）

工匠平房风格的建筑体现了工艺美术运动的审美，摒弃了诸多古典时期建筑风格的特点，而强调形式的简洁，整体来自当地的、天然的材料和精湛的工艺。这类小平房的特点包括抬高几级的地坪、有锥形支柱的宽敞门廊、超大的屋檐以及双悬木窗。

El Presidio 居民区是图森市最早的西班牙移民的聚居区。大部分建筑建于十九世纪六十年代至二十世纪二十年代，最具特色的风格就是西班牙殖民复兴（Spanish Colonial Revival）和西班牙传教复兴（Spanish Mission Revival），由于历史较长，区域内也包含索诺兰（Sonoran）及索诺兰风格变体（Transformed Sonaran）、过渡期（Transitional）、都铎复兴（Tudor Revival）等风格。

西班牙殖民复兴风格的特点包括红色的黏土瓦屋顶，有中庭的空间布局，有着精致装饰元素的非对称建筑立面，如有铁艺栅栏的阳台、连梁柱、弧形的门窗洞，三组开窗和有着锻铁格栅或木格栅的固定窗。

此外，区域中还有保存完好的霍坎坑房遗迹（Hohokam Pit House）与十八世纪西班牙先民使用的要塞。领土扩张时期，图森市著名的家族纷纷在这个区域建造房屋，他们的后代至今还居住在这里。现在区域内有很多餐馆、工作室、商店及图森艺术博物馆，这是一个非常适合步行的街区（图 6-1-5）。

过渡期（Transitional，1880—1990）

西班牙殖民复兴（Spanish Colonial Revival，1915—1945）

西班牙传教复兴（Spanish Mission Revival，1895—1930）

都铎复兴（Tudor Revival，1920—1940）

图 6-1-5 **El Presidio** 历史居民区（黄川壑 摄）

二、基于语境标准的历史风貌保护

近年来，随着人们逐渐看到区域整体保护方法的优势，许多社区相继颁布了历史区域保护条例，在条例的引导下众多保护实践都取得了令人欣喜的成果。除了整体的保护方法，今天的保护理念也提倡动态的保护而非静态的博物馆式保护，即鼓励建筑的新建以及现有建筑的更新，因为这些建筑作为人们的生活场所需要满足现在和未来的需求。动态的保护一方面可以保持社区活力，另一方面也可以保证居民对私有财产可行使的权利。如何平衡保护与发展就是最关键的问题，需要保证新建建筑或对建筑的改造必须与现存历史建筑的风貌协调，否则整个社区的景观风貌都将受损。因此，历史建筑更新和新建筑建设的基本价值体系就必须从历史语境出发，设定的一系列的标准也被称为“语境标准”(contextual standards)。这些标准主要是根据各地的历史语境来衡量和评价“新”与“旧”的关系。由于各地的语境不同，语境标准也不尽相同。美国的建筑保护管理对下一级政府都会留有很大的自主权，而标准的制定都是基于各地独特的历史语境出发的，因此不同地区的标准造就了各地富有特色的历史风貌。

对“语境标准”的探讨也是有法律先例的，在阿索科斯与拉夫市的（Assocs. v. City of Raleigh）判决中，北卡罗来纳州最高法院支持建筑审查委员会的审查结果，阻止“与街区历史特征不和谐（incongruous）的行为”，法院当时就采用了“语境标准”来衡量所谓的“不和谐”，指出“语境标准”是客观的判断，是将某个对象定为主体之后，以主体的标准去衡量与其相关的条件和特点所做出的判断。也就是说，当历史区域物质环境的条件和特点十分独特，具有足够的可识别度时，就能够很清楚地衡量什么是“不和谐”，进而为保护委员会提供合理的参考。虽然历史街区在某种程度上是一个混合体，建筑的异质性风格不是毫无意义的“不和谐”，但识别出这种“不和谐”是比较容易的。如果区域内主要的建筑风格为维多利亚时代，也就很容易识别出与其不同的建筑风格。因此，这就是足够的、普遍的也是有意义的“语境标准”，很多地方的法院都处理过类似的判决。

由于历史区域的特色风貌往往由建筑景观等物质空间要素决定的，因此这些设计要素也成为语境标准的管控内容，如建筑高度（height)、建筑后退（setbacks)、比例（proportion)、屋顶种类（roof types)、表面材质（surface texture)、场地利用(site utilization)、突出和凹陷（projections and recessions)、细部（details)、建筑形式（building form)、韵律（rhythm)、颜色（color)、景观（landscaping)、围合(enclosures)、设施（utilities）等。如何在区域的保护与发展过程中管控这些设计要素就是历史保护的工作重点。

“语境标准”不是绝对指标，在实际情况中需要参照被改造对象周围的建筑环境来衡量。通常将被改造对象“直接邻近”（immediate vicinity）的区域定义为发展区域（development zone），发展区域是评估被改造对象与周围语境和谐程度最重要的依据。图 6-1-6 显示了当被改造对象位于街区中间、角落或邻近历史街区边界时，分别需要参照的发展区域。

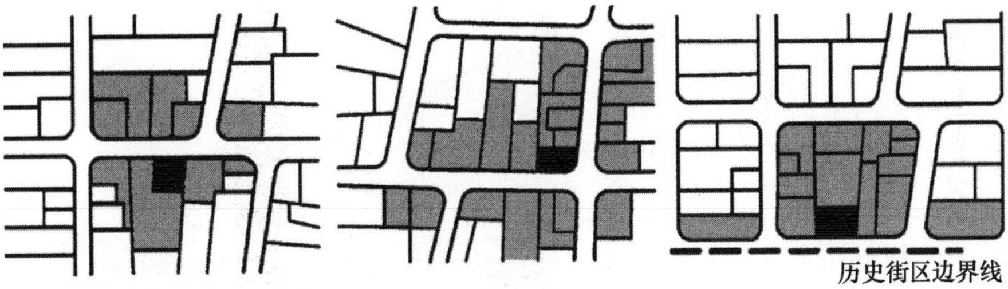

图 6-1-6　被改造对象与发展区域关系示意（根据图森历史保护条例改绘）

由于图森市没有所谓主导的建筑风格，提名的各个历史居民区中不仅有着各自的特色，也存在着多种建筑风格。因此，如何在实际保护中管控不同风格建筑的设计要素是重点也是难点。图森历史区保护条例就通过图示与条文结合的方式来说明如何依据“语境标准”来保护历史街区的特色风貌。

1. 建筑高度和建筑体量

建筑高度和建筑体量需要与发展区内同类型和同风格的建筑进行比较（图 6-1-7）。如本地风格建筑的体量、体积和规模与维多利亚风格的四坡顶建筑大不相同，如果本地风格的建筑依照维多利亚风格建筑的高度来建造，将显得过于庞大且不成比例。

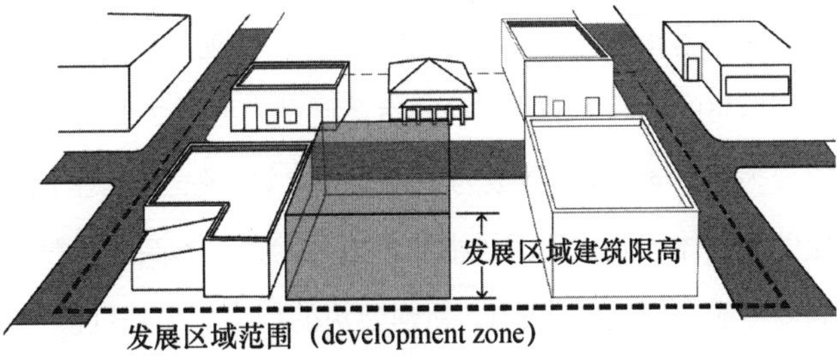

图 6-1-7　建筑高度与体量示意（根据图森历史保护条例改绘）

2. 建筑后退的统一

建筑后退是为了保证新建筑与发展区域内相邻建筑的立面保持连续整齐，进而避免相邻建筑立面空间进退的杂乱无章。如图 6-1-8 所示，Barrio Libre 历史居民区中多是索诺兰乡土风格的排屋，建筑的正立面一般直接位于地块用地红线，并且相邻建筑之间一般没有空隙。Armory Park 历史居民区中英裔美国风格的建筑一般修建在地块的中心，从地块用地红线至建筑正立面有统一的后退即建筑退距，反映了美国东部和中西部常见的平面规划实践。新建和改造都必须维持统一的后退，在建筑退距空间内加建房间或车库将会导致无序和不连续的街道景观界面。

图 6-1-8　Barrio Libre 历史居民区和 Armory Park 历史居民区建筑后退示意图
（根据图森历史保护条例改绘）

3. 比例与韵律感的延续

比例是指建筑立面的宽度和高度、门窗的宽度和高度的比例关系。以索诺兰乡土风格的建筑为例，它们的宽高比例大致为 2 ∶ 1，如果区域中新建建筑的宽高比变为 3 ∶ 4，就明显成为不和谐的对象。除了建筑的宽高比，门窗与建筑立面的比例也是体现此种建筑风格的特色要素，门的高度一般为建筑高度的 1/2，窗户的高度一般为门高度的 2/3，新建建筑的门窗如果超过惯有的比例，也会造成不和谐的景观风貌。如图 6-1-9 所示。

除了比例关系，门窗设置的数量、凹凸形式与建筑立面的虚实关系形成了街景独特的韵律感。索诺兰乡土风格排屋的韵律感体现在将建筑的墙体视作实体，将门和窗视为虚体，门与窗一般间隔设置在立面以体现出韵律节奏感。维多利亚风格的建筑受英国建筑概念的影响，建筑立面一般会后退地块用地红线，其间形成的退距空间即是每家每户的庭院景观空间。街景的韵律感体现在地块中心的建筑与前院和旁院空间形成的虚实对比关系上。新建或改造的建筑如果打破了这种韵律感，都对历史风貌的保护不利。

图 **6-1-9** 比例（根据图森历史保护条例改绘）

鼓励人们在建筑的新建过程中采用与相邻建筑协调统一的建筑风格，这样不仅能更好地延续街区中建筑的比例关系和韵律感从而保护街景的连续性，也达到了新老建筑和谐并存的目的。

4. 建筑细节的延续

由于历史建筑也时常会更换主人，为了适应不同家庭的使用需求，难免会对其进行修葺与改建。在对现有建筑进行改建的过程中，最大化延续历史建筑的风格特点是保护的首要目的，房主有义务保证邻街面可见部分的改变维持在最小限度。建筑体量、屋顶形式和屋顶材料、空间虚实对比（窗、门廊和门）、建筑突出（门廊、台阶、老虎窗等）等建筑细节、材料，以及景观要素应尽量保持与原建筑一致，并且应该与发展区域内其他建筑相协调，不同风格的建筑应按照各自的风格特色进行管控。通过仔细地管控建筑细节，也能实现对建筑动态的保护与更新。

如图 6-1-10 所示为对小平房的改造过程，将原有门廊围合为实体空间后，小平房特色的建筑灰空间不复存在，此类建筑的风格特色被抹灭。西班牙殖民复兴风格的建筑最大的特色就在于建筑立面通体同色的抹灰饰面以及特色拱形墙元素。哪怕只局部改造了一部分建筑饰面材料，或将特色拱形墙元素取消，都会导致整个建筑不伦不类。如果要加建房间，也应该注意保持原有建筑屋顶轮廓线的连续性与和谐感，否则加建部分将会严重破坏原有建筑风格。

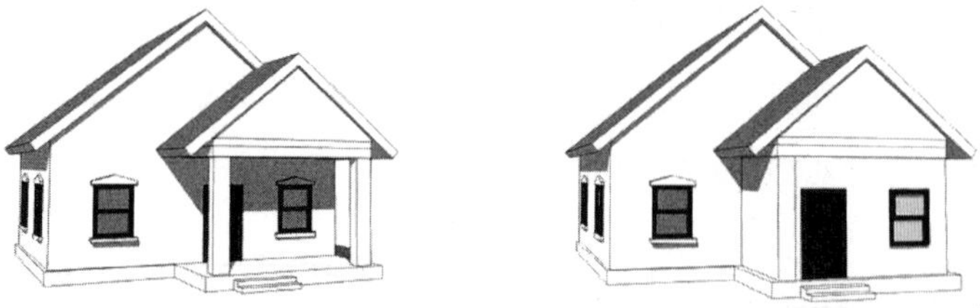

围合的走廊破坏了原有建筑的特色灰空间

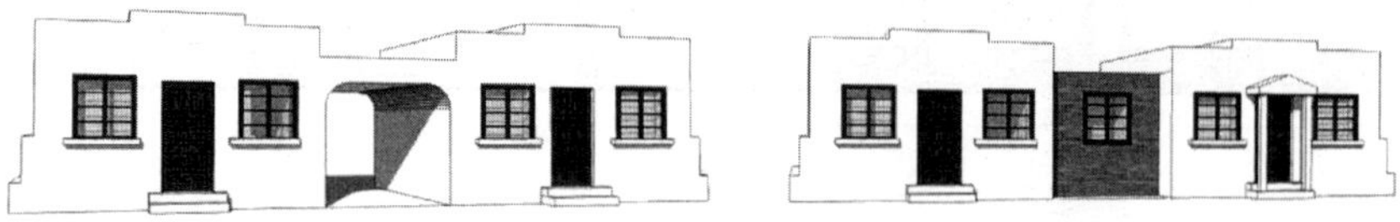

特色门廊被改造成房间，西班牙殖民复兴风格的特色元素被破坏

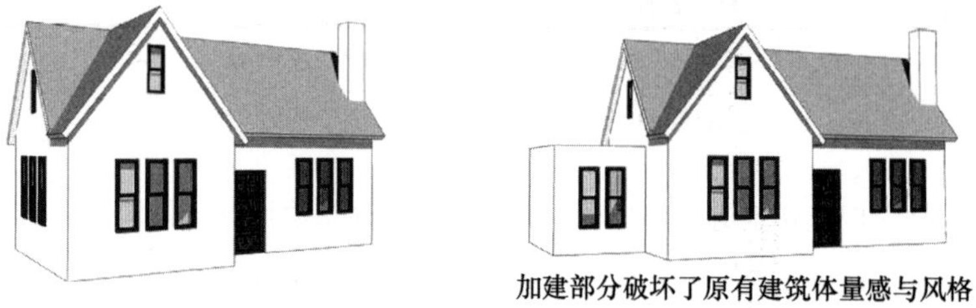

加建部分破坏了原有建筑体量感与风格

图 **6-1-10**　不正确的改建示例

门窗可以说是除了建筑实体之外，最具辨识度的元素。历史街区中的门在进行更换时，应尽可能选择与原始门相同的尺寸大小、样式与材质。如果不确定原始门样式，可以参考发展区内相同风格建筑的门窗，应尽量采用木板门。

历史街区中最常见的窗户大多为 1/1 木框架窗，墙内嵌双悬窗或金属平开窗，窗户应该内凹而不是与墙齐平。改建或替换新窗都应该保持窗框原来的大小和样式，并且还应维持原有窗扇中竖框和横框的宽度和切面形状细节以及窗格条的数量。不建议使用铝、玻璃纤维和塑料窗框。也应尽最大努力保留原窗户中使用的艺术或彩色装饰玻璃。

为了不影响建筑的外观，应尽量在门窗内部设置安全措施，包括门窗防盗设施、安全报警系统等。常见的方式为在门窗玻璃后加装防爆强化塑料板，或在内部设置窗口栅栏，窗栏的安装方向应该与窗户开启的方向一致，或位于窗格的中间位置，保证色彩不突兀，尽量减少街面角度的突兀感。如图 6-1-11 所示。

门廊和烟囱也是识别历史建筑风格的重要元素。门廊一般包含多种建筑材料与装饰细节。大多数建筑材料来自当地，因此常见石砌、砖砌、铁艺与木材。大多数烟囱都是矩形的，顶部安装金属通风口。如图 6-1-12 所示。

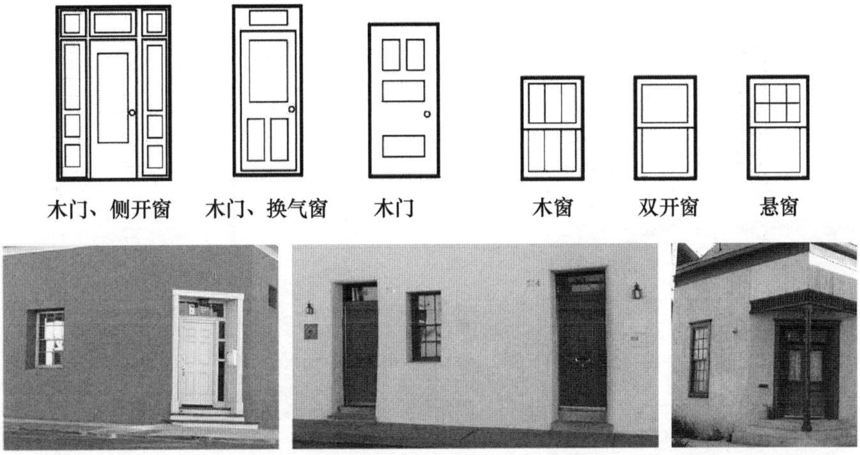

图 **6-1-11** 历史街区中常见门窗的形式

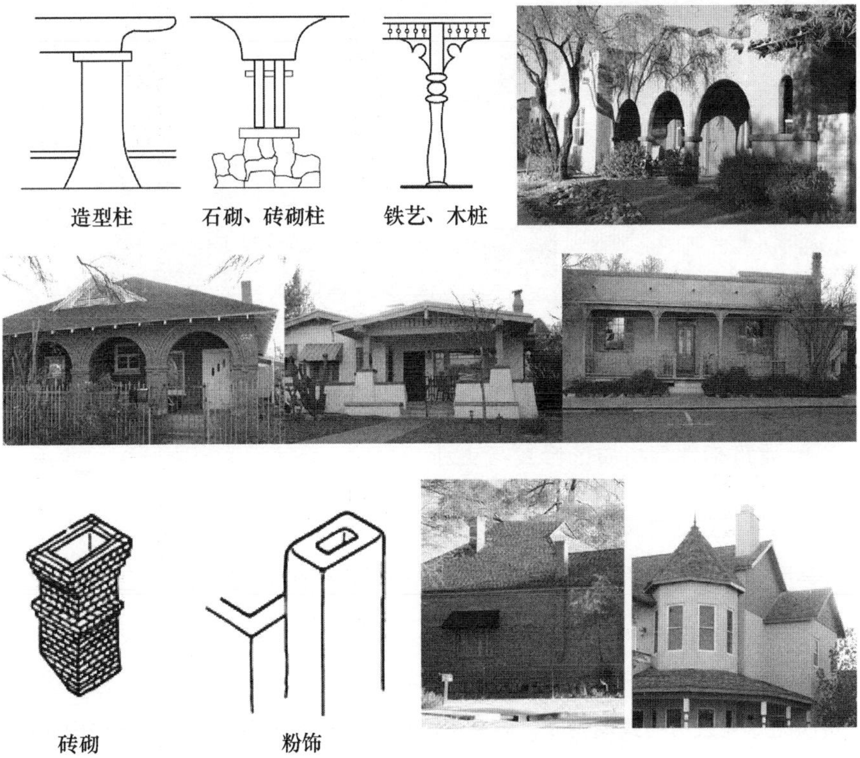

图 **6-1-12** 历史街区中常见的廊柱、烟囱风格指引

自十九世纪以来，栅栏和矮墙都是历史街区院落空间的围合要素。最常见的是木桩和铁艺栅栏，人们往往会结合建筑的色彩和个人喜好来选择围栏样式，还会结合植物材料打造有特色的院落围挡空间。前院一般不推荐采用高墙围合，对前院栅栏的管控要求比侧面和背面更严格。如图 6-1-13 所示。

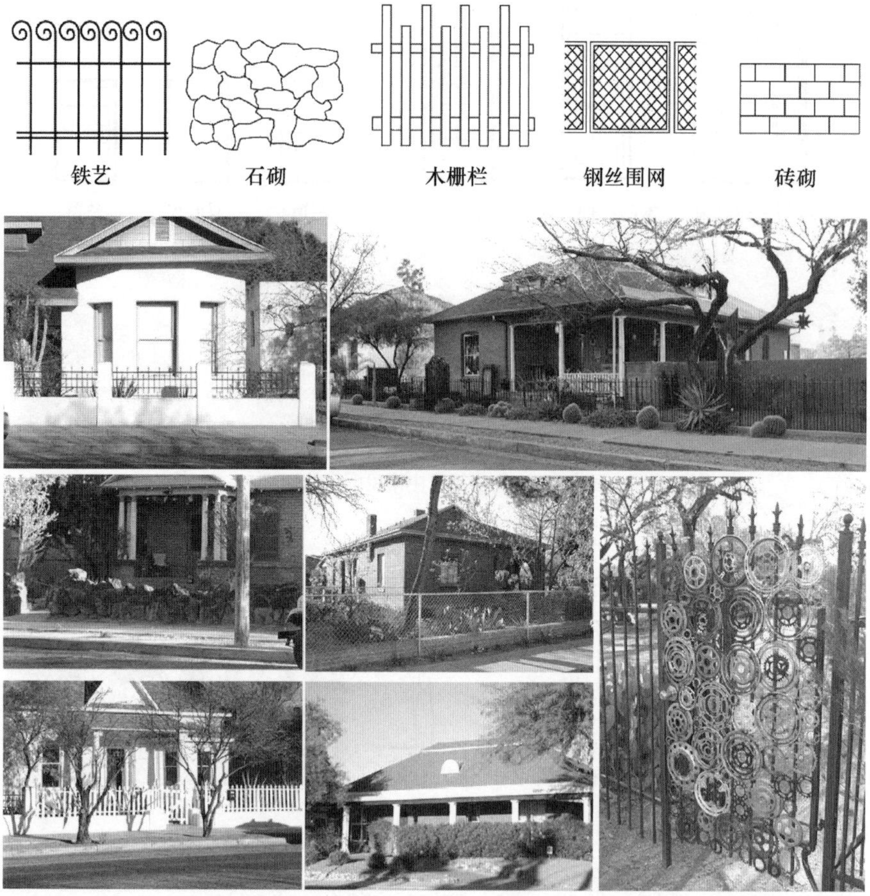

图 6-1-13　历史街区中常见的栅栏风格指引

5. 建筑构件与材质的修复与更新

对建筑构件与材质进行修复与更新是对历史建筑进行动态保护的关键，必须保证其历史特征得到延续。《标准与导则》对建筑构件及材质的修复与更新给出了充分的引导，主要分为屋顶、窗户、入口、门廊几个大类。

诸如门窗等使用频率较高的构件比较容易损坏，对其维修必须由具有历史保护资质的专业人员细致地完成，应尽可能保证位置、大小、形状、细部构件和材料等特征被延续。如图 6-1-14 的例子中，由于现存窗户的糟朽程度较轻，只需要对历史材料进行适度翻新即可。历史性窗户和百叶经过湿化处理、去面层、红外加热除油漆、打磨、替换玻璃、上漆、上油等多道工序的处理后被修复好了。可能多数人对修复一扇窗户需要采取如此繁杂的步骤无法理解，但是这对动态延续历史特征十分重要。

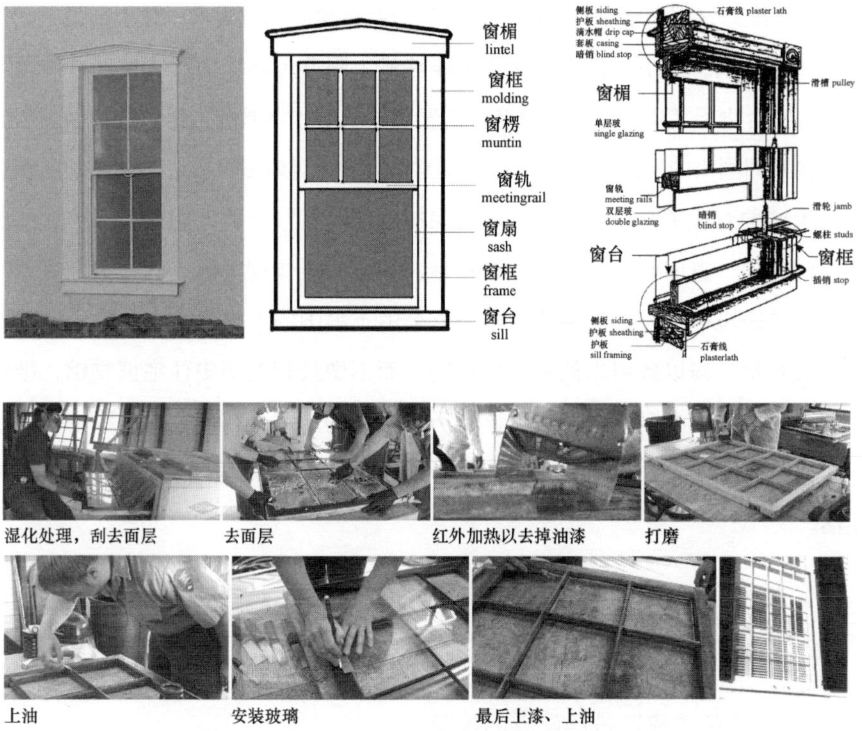

图 6-1-14　历史性窗户修复过程

《标准与导则》分别提供了砖石、木材、金属等材质的不同维护标准，并且对其修复也要按照导则所规划的逻辑顺序进行，即干预程度应根据实际所需由小到大。首先从识别问题开始，确定现状的情况并拟订工作计划。然后通过“保护和维护”确保工作能够最大化实现保护目标。如果损坏不太严重，则推荐采用标准工序对历史材料和特征进行维修；当损坏太严重导致传统维修的方式已不可行时，则需要考虑更强烈的干预方式——用新的部分来替换历史材料或历史构件。此外，工作中可能运用的材料也应明确其理化特性，确保不会对保护对象产生二次伤害。如对建筑外墙的日常维护，导则就明确指出推荐使用温和的清洁剂，不推荐使用喷砂方式，因为喷砂方式不仅会严重损坏砖和石头，还会随水渗入而加速腐蚀砌体。当墙体破损需进行重新砌筑时，应确保砌块的尺寸及砂浆的成分、颜色与原始材料相似，如果需要也可以购买旧砖。见图 6-1-15。

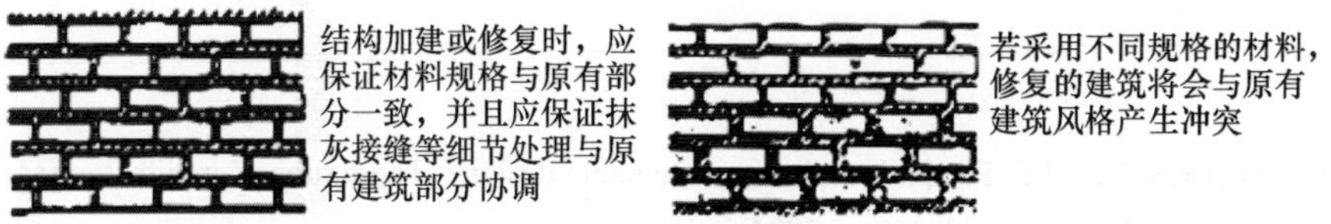

结构加建或修复时，应保证材料规格与原有部分一致，并且应保证抹灰接缝等细节处理与原有建筑部分协调
若采用不同规格的材料，修复的建筑将会与原有建筑风格产生冲突

图 6-1-15　糟朽墙体的修复

以上维修过程均能体现出美国历史保护所暗含的价值观——最小干预原则与新旧和谐原则。最小干预原则保证了能够最大限度地将历史真实性部分传承下去，也符合物尽其用、避免资源浪费的理念。新旧和谐原则也是美国的保护理念与许多欧洲国家的不同之处，许多欧洲国家可能会对新旧材料进行明显的区别甚至夸大这种对比关系，仿佛通过贴上保护的“标签”告诉人们这是保护后的成果。但美国一直偏向于维持新旧的和谐，一方面能体现美国人的审美，另一方面也与“语境标准”更加相符。再一点是由于美国的历史保护在此阶段已经回归了大众化，修以致用当然是终极目的，而不像最初的历史住宅博物馆，维修主要是为了供人参观，告诉人们这是历史保护的产物。在现今的实践中淡化这一“标签”也体现出相对应的价值观——保护是为了更好地融入生活，继续服务生活。

三、历史建筑的绿色化改造

1. 最绿色的建筑是已建成的建筑

随着生态环境的恶化，人类的生存环境也受到了巨大影响，可持续设计的理念应运而生。可持续设计是“通过熟练的、敏感的设计来消除对环境的负面影响”。[①] 可持续设计体现在需要考虑可再生资源、最低限度地影响环境、更好地联系人与自然环境。在“形式跟随功能”（form follows function）之后，提出了“形式跟随环境”（form follows environment）。

可持续设计成为二十一世纪讨论的热点，美国绿色建筑协会（USGBC）提出绿色建筑的理念，并且设立“能源与环境设计先锋”（Leadership in Energy and Environmental Design，LEED），包含一系列关于建筑设计、施工、操作、维护的评分认证系统，用来评估建筑能效是否具有可持续性。[②]LEED 体系最初是为了新建筑而设立的，希望通过这套系统指导设计的建筑都能具备可持续性。面对这种情况，人们开始质疑历史建筑是否能适应当代生活的能耗需求，是否应该拆旧建新以达到降低能耗的目的。鉴于此，保护者们迅速回应了“越新越好”的观念，

---

① MCLENNAN J F. The philosophy of sustainable design：The future of architecture[M]. Kansas：Ecotone publishing，2004.

② COUNCIL U S G B. Leadership in energy and environmental design[J]. US Green Building Council（USGBC），2008.

指出“最绿色的建筑是已建成的建筑”[①]，认为用新的建筑来替代历史建筑就如同把婴儿和洗澡水一起倒掉。虽然新建筑可以奢侈地配备一些可持续技术，但拆除旧建筑所需的能量，垃圾填埋场中增加的“废物流”，获得新材料以及建设新结构的能耗往往会导致巨大的能源消耗。保护者指出现有历史建筑进行“绿色化更新”（green retrofitting）是可行的，“旨在将新的技术添加到老的系统之中以提高老系统的能效”。

自从内政部于 1976 年发布第一版修复历史建筑的导则后，在后续的修订版本中加入了“节能与建筑设计规范”的内容，指出历史建筑的修复也应考虑可持续性。2011 年内政部单独发布了《修复历史建筑可持续性的标准与导则》，修订内容大大扩充了之前版本中“节能与建筑设计规范”部分的内容。

2. 能效的评估、修复与优化

《修复历史建筑可持续性的标准与导则》首先指出可持续性是历史建筑固有的特点，它们通常都能很好地处理取暖、隔热、采光和通风等问题，能很好地适应当地的自然条件，只是这种可持续特征会随着建筑的老化不断缺失。因此对任何历史建筑进行绿色化改造之前，都必须对现有建筑的能源效率进行系统的评估，包括会影响能效的每个方面，如建筑的设计、材料、结构形式、朝向、周围景观等。

对历史建筑的改造需要构建一个完整的可持续设计团队，这个团队必须包括历史保护专家，以确保修复过程中能够保护并延续历史建筑的特征和完整性。

首先，应分析对历史建筑能源效率有影响的构件，如百叶窗、风暴窗、遮阳篷、门廊、通风口、天窗、采光井等。然后结合技术手段来了解这些构件的性能和潜力，如全面的能源审核（energy audit）、鼓风机门测试（blower door test）、红外温度记录（infrared thermography）、能源模拟（energy modeling）或日光模拟（daylight modeling）等。如鼓风机门测试能够很好地识别空气的渗透性；手持的红外扫描仪能够检测不绝缘的区域，探测传热性能。

评估后，基于建筑能效分析的结果来制订能效优化措施。修复的实质就是如何修复其固有的可持续特性，以及如何结合新的措施来优化可持续性以进一步提高能源效率。

第一步是维修老化的建筑构件，如替换气密性不好的门、窗等。始终秉持维

① ELEFANTE C. The greenest building is the one that is already built[C].Forum Journal. National Trust for Historic Preservation，2012，27（1）：62-72.

修优于替换的原则，但当必须替换构件时，必须严格按照《内政部标准》执行，保证替换的构件与原件的外观、尺寸、设计、比例保持和谐。

第二步是优化其能效，如更新现有的取暖、通风、空调和空气循环系统以提升历史建筑的能效；安装能够节约能源的设备和电器，如将现有灯具替换为节能灯；使用低流量的管道装置，如使用传感器和定时器来控制水流。需要注意侵害性较大的措施对历史建筑造成的负面影响。

鼓励将新的、绿色的技术用于历史建筑之中，如太阳能等新能源。但应该注意如何将这些设备整合到历史建筑之中。如太阳能电池板，对四坡和三角形的屋顶，应该与屋顶平行放置，并将之粉饰以使得其颜色与屋面尽可能融合；对平屋顶，设备应该被女儿墙遮挡（图 6-1-16）；将太阳能板置于历史建筑的背面用作遮阳篷使用的实例，体现出人们的智慧。诸如空调、加热器等设备，应该尽可能地放在建筑的内院空间，使用灌木进行遮挡以保证公共视线不可达，或内置于坡屋顶架空层等灰空间。总之，应该积极向历史保护委员会咨询以减少生活中各种活动可能对历史风貌建筑造成的不利影响。

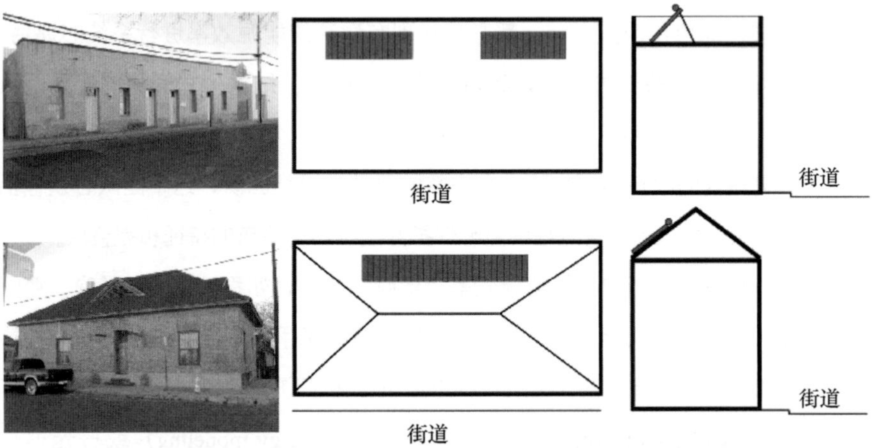

图 6-1-16 绿色技术的运用（根据《修复历史建筑可持续性的标准与导则》改绘）

最后，应注意定期对门窗等建筑构件进行维护，还应对空调等设施进行监测，随时发现问题并尽早解决。

除了建筑本身外还应关注其周围的景观环境，如维护并优化建筑周围的雨洪管理系统，检查排水沟、下水管等是否能正常工作，现场地形是否有利于排水等。还应尽量运用本地的植物材料，如在图森这种干旱地区就应该使用仙人掌类的耐旱植物。并且注意植物材料不能遮挡历史建筑的正立面。提倡收集雨水、中水以及空调冷凝水等灌溉植物（图 6-1-17）。

图 6-1-17 场地的可持续特征（耐旱、耐高温的植物景观）（黄川壑 摄）

四、不同程度的保护审查

为了避免出现问题，保护条例要求历史区域内的建筑在进行任何“行动”之前，必须通知相关部门进行审查。因此也建立了专门的部门——规划部门和历史区咨询委员会（以下简称“咨询委员会”），对这些行动实施监管。咨询委员会被赋予监管区域内历史建筑外观的改变、加建新建筑、拆除老建筑等行动的权力。这些监管决策很大程度上是委员们依据“语境标准”与审美原则的判断，这是基于美国最高法院于 1954 年对帕曼诉帕克案（Berman v. Parker）裁决决议的先例，使得审美可以单独作为法规的支撑。虽然这些标准是内政部基于主观判断建立的，但在这些年来一直被重新解释、澄清并不断完善，为咨询委员会提供周全的指导，也为决策提供了坚实的基础。

图森历史保护区域法规最独特的就是不同程度的审查过程，反映了社区对保护的义务以及参与式的（participatory）保护规划。这一过程必须由咨询委员会和规划评审小组共同审查，最终由规划部门或市长和议会给出最终的决议。

1. 整审查（historic preservation zone review）

历史保护区域内大多数新建和改建的建筑都需要经历完整的保护审查，过程如图 6-1-18 所示。首先，项目申请会被递交至规划部门，通过初步审核后将依次由咨询委员会和规划审查小组审查，审查意见都将被反馈至规划部门。规划主管将会在一定期限内给出同意、有条件同意或拒绝该申请的决定。

2. 单审查（minor review）

部分活动只需要进行简单审查即可：①对建筑或结构进行次要的或必要的、成本低于 1500 美元的维修（不含电器或机械设备替换的花销）；②紧急维修应使用相同或历史精确性的替代材料；③只允许复制的改变，不包含整体外观、颜色或字体风格；④不需要许可的改变，但会影响现有结构外观的改变，包括围栏和墙，步骤和时间框架如图 6-1-19 所示。咨询委员会将决定一个项目是否符合简单审查的程序。不符合简单审查标准的项目必须按照完整的历史区域审查的过程进行审查。

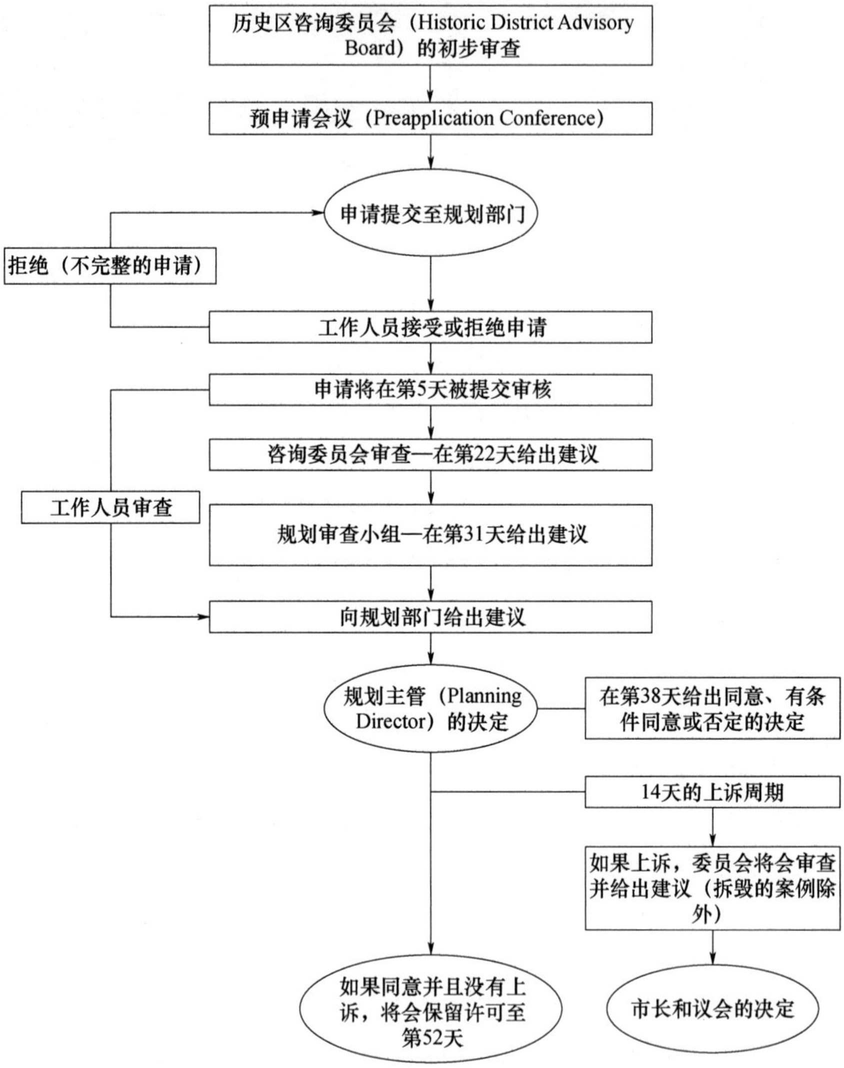

图 **6-1-18**　完整的历史区域保护审查的步骤和时间框架（根据保护规划改绘）

3. 拆除审查（demolition review）

如果城市的建筑审查委员会认为某座建筑会成为危害公共安全的对象，维修也是不切实际的，那么就会采取紧急拆迁措施。拆除对象的类别是入侵、无贡献或有贡献的财产，都有相应的审查程序。

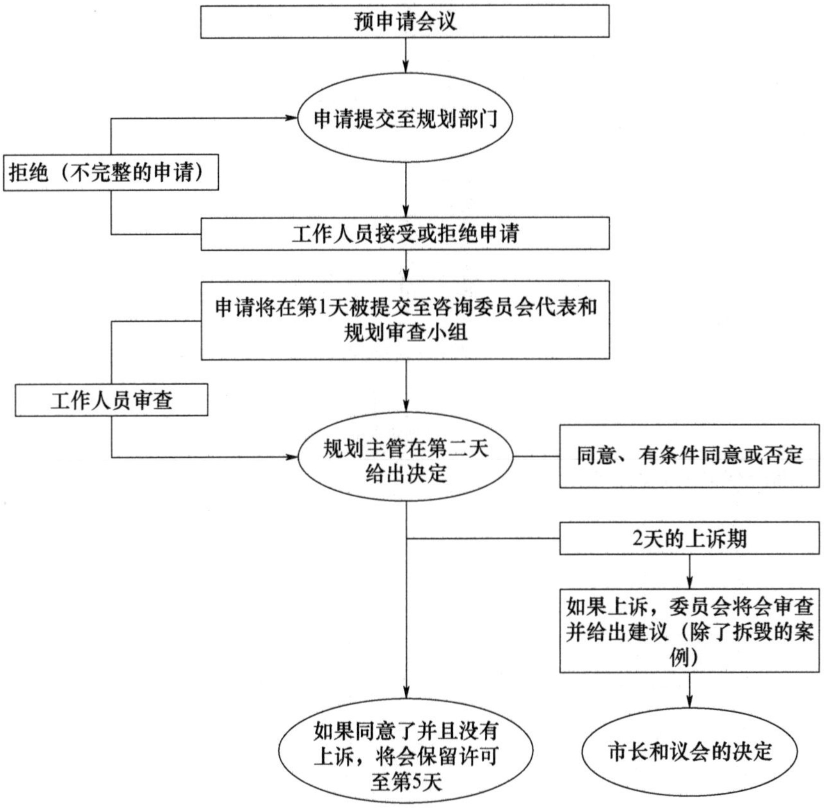

图 **6-1-19** 简单审查的步骤和时间框架（根据保护规划改绘）

拆除入侵类别的建筑被认为是简单审查的一部分。审查的目的是确定建筑物或结构实际上是入侵对象。申请拆除无贡献或非历史性建筑是完整的审查过程的一部分，这一程序依照完整历史审查的过程进行。申请拆除有贡献建筑或历史性地标需要一个单独的、深入的审查过程，结果取决于市长和议会。如果不拆除该建筑，业主会遭受严重的经济困境，那么市长和议会就会批准该申请。为了让业主和城市官员调查替代拆迁的可行性方案，在申请被接受后的 90 天以内不会被呈交给市长和议会进行公开听证，步骤和时间框架如图 6-1-20 所示。

4. 建筑艺术化申请（resident artisan application）

历史保护区域内的艺术家可以按照标准进行商业活动。一般来说，这些标准限制居民使用和销售工艺美术活动的规模与历史街区的特点相协调。艺术化申请将由历史区咨询委员会审查，由规划部门负责审批。

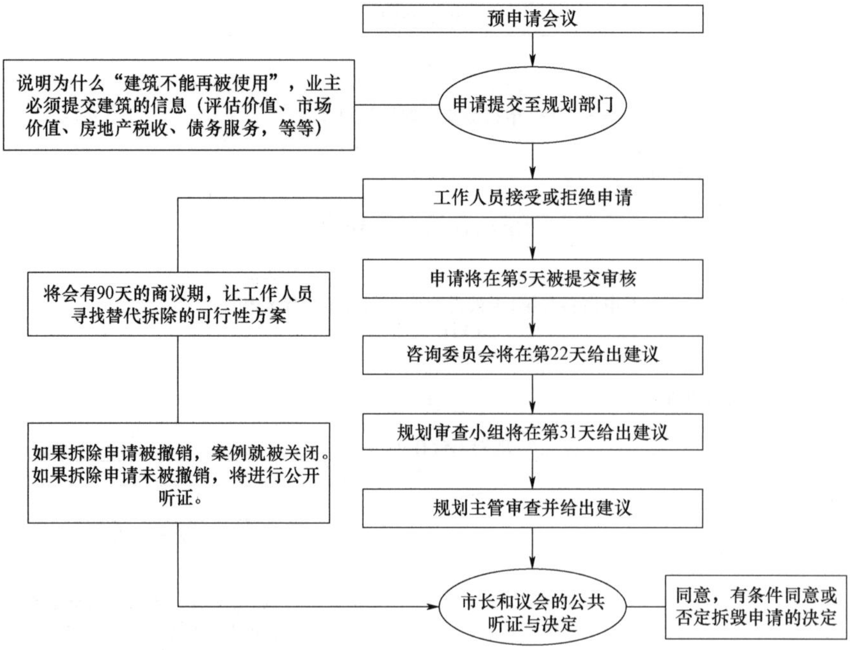

图 **6-1-20** 拆除审查的步骤和时间框架（根据保护规划改绘）

第二节 郊区居民区的保护

一、郊区居民区——新型的文化景观

"二战"后，美国的郊区人口呈爆炸式增长。1910 年，美国人口普查调查了 44 个大都会区域，中心城市半径 10 英里（1 英里 =1.61 千米）内的地区人口普遍超过 10 万。到了二十世纪二十年代，郊区人口增长速度超过中心城市，增长为 33.2%，多于过去十年内的 24.2%。二十世纪四十年代，中心城市的平均人口增加了 14%，而郊区人口增加了 36%。全国居住在郊区的人口绝对增长估计有 900 万，第一次超过中心城市的 600 万。这种趋势持续到了二十世纪五十年代，郊区的人口增加了 1900 万，中心城市为 600 万。到 1960 年，大城市中更多的人居住在郊区。到 1990 年，绝大多数的美国人都住在郊区（图 6-2-1）。

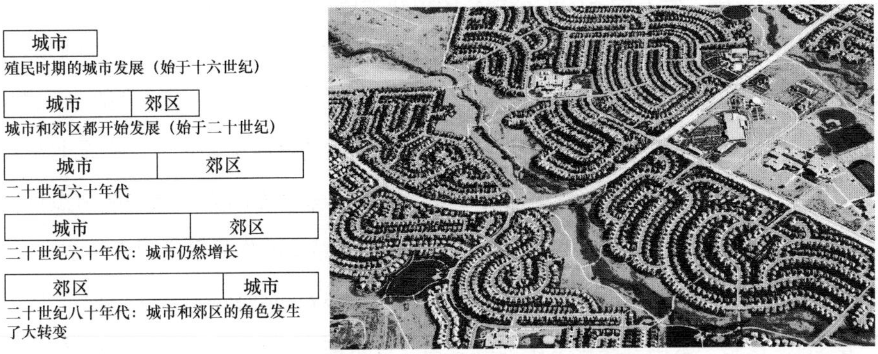

图 6-2-1　美国郊区发展示意和蔓延的郊区居民区

可以发现，数量巨大的郊区居民区已经成为构建美国郊区景观的重要部分。郊区居民区被定义为：通常位于中心城市以外的区域，通过一种或多种交通方式与城市相连，主要根据规划细分并用于居住区发展；拥有显著的密度、联系和连续性的住宅，并配有公路和街道、公用事业和社区服务设施。

二十世纪六七十年代，保护者热衷于保护城市中的老社区，将快速蔓延的郊区视作导致这些老社区衰败的主要因素，对之抱有敌意。随着社会与学术的发展，人们的看法也在渐渐地转变。虽然大部分郊区居民区在“二战”结束以后建立，但其作为社会快速发展的产物与日常景观的直接承载物，也反映了当地或大都市区域发展和增长中的历史趋势，与其他时期的建筑一起记录着一个城市的成长和发展，也具有重要的价值。此外，很多郊区居民区的建造方式、施工方法，可能是一个或多个著名建筑师的代表作，能反映历史上社区规划和建筑景观设计的发展历程。郊区居民区的重要价值不仅能通过房屋和社区空间的规划、乡土建筑风格、庭院景观设计、园艺实践等方面体现，最重要的是，它承载了当地一代又一代居民家庭生活模式的重要信息，也是很容易被忽略的非物质文化。

很多文化景观的研究者坚信，研究这类新兴的景观有助于更深刻地理解美国人和美国文化，并且能够防止因人类造成但却看不见的环境危机。最早在二十世纪四十年代，“乡土景观之父”杰克逊就呼吁地理学者和景观设计师注意日常景观的重要性。日常景观指日常生活中经历的、普通的景观。[①] 他指出，“我们所能看到的美丽的乡土景观是普通人生活的图景：勤奋、对希望的坚持和对生活的忍

① JACKSON J B. Discovering the vernacular landscape[M]. New Haven and London：Yale University Press，1984.

耐”。1948 年，约翰·考恩霍文（John Kouwenhoven）的《美国制造》（*Made in America*）描述了工业时代的普通产品，包括按照样板图册建造的住宅也是一种美国民间艺术，是了解美国文明的线索。西格弗里德（Sigfried Giedion）于同年出版的《机械化支配一切》，探讨了按照“一个时代的普遍指导思想”确定“我们的生活模式”[①]。他给自己的课题贴上了“无名史”的标签，寻找一个国家的流行风潮，必然要对时代精神的艺术史观和新型的美国文化运动有所了解。二十世纪七十年代对支持景观视角的地理学者是很重要的十年。越来越多的人开始关注由杰克逊编辑和出版的《景观》杂志。这个群体具有里程碑意义的作品是出版于 1979 年的《对日常景观的转译》（*The Interpretation of Ordinary landscapes*），副标题是“地理学论文”，这是一本由九篇论文组成的合集。皮尔斯·刘易斯所著的《阅读景观的公理》（*Axioms for Reading the Landscape*）影响力巨大。他指出，“如果我们想了解自己，我们应该好好地研究景观，景观是自我认知的来源，是不知情的自传，反映了我们的品位、价值观、愿望，甚至是我们的恐惧”[②]。如果人们要理解他们所在当地社区的变化，就必须理解日常景观的意义。哥伦比亚大学肯尼斯·杰克逊教授于 1985 年发表的《马唐草边疆》（*Crabgrass Frontier*）[③]成为关于美国城市郊区化发展的著作，就郊区的社会、经济、文化等方面进行了详细的研究。

在学术界的呼吁下，郊区居民区的价值也渐渐被理性地认知，而不是仅仅被看作“二战”后城市不理性扩张的产物，因此人们也逐渐开始研究如何保护这些与日常生活息息相关的景观。其实自 1949 年国民信托成为美国历史保护的领导者以后就开始扩展“什么应该被保护”的含义。在 1956 年的年会中强调不应将“是古代的”作用保护对象的足够依据。1966 年的《国家历史保护法》颁布后，国家历史场所登录制度坚守“50 年原则”用于衡量重要性的标准，认为至少有 50 年的历史才能被登录。随着人们理念的进步，这一原则不再是硬性指标，过去被认为“太年轻、不重要”的对象渐渐引起了人们的关注。因为人们认为通过尽早地保护这些对象，它们早晚会生长为真正的历史遗产，保护者们将这类年轻的对象称为“未成年”（underage）、“初生的”（pre-natal）历史遗产。因此，除了历史悠久的商业区与居民区，新兴的郊区居民区也成为保护者关注的对象。

---

① GIEDION S. Mechanization Takes Command ：A Contribution to Anonymous History[M]. New York：Oxford UP，1948.

② LEWIS P F. Axioms for reading the landscape[J]. The interpretation of ordinary landscapes，1979（23）：167-187.

③ JACKSON K T. Crabgrass frontier：The suburbanization of the United States[M]. New York：Oxford University Press，1987.

二、对“年轻”建筑的预先保护

1. 保护的动机

一般情况下，诸如郊区居民区一类的“未成年”建筑在被国家史迹名录注册之前，是没有明确法律对其实施保护的，自然也没有相应的经济激励政策。但是依然有诸多来自草根保护群体的努力，他们的目标就是通过保护这些建筑使它们获得重要性，进而被国家史迹名录收录。看起来是毫无益处的事情为什么会有人做呢？不得不思考对这类“未成年”建筑的保护初衷。

有学者通过研究发现，部分业主因自有房产的历史文化价值感到自豪，这种自豪感高于经济效益，但大多数业主的主要关注点仍然是资本收益能力。在很多旅游市场不占主导地位的城市，历史保护的直接利益可能不太直观，因此最大的价值就是房产增值带来的间接利益。专家指出房产增值是由于价值的资本化（capitalization）过程，资本化被定义为“通过任何技术将收入流转换为资本总和的过程”①。房产的价值不仅包含房屋本身，作为固定的实体，购买房产的同时也就购买了它的邻里环境、视线景观以及规章制度等。这些邻里环境、市政配套和其他特征会被转换为价值，就如同紧邻学校、河流等能提升房屋的价值。有学者指出影响房产价值的因素主要有三个：物质、社会和经济②。物质特征就是房屋本身、其周围的构筑物和街道布局；社会因素就是邻里关系；经济特点与规章制度、社区增长和公用事业支出有关。

这样看来，历史保护确实有积极的但也是间接的利益：通过保护社区使之被国家史迹名录收录的这一过程首先可以为房产本身及其邻近的房产提供稳定性，得以保证邻里的良性景观“特点”，也可以防止出现不良的景观风貌，因此能使人们更加愿意在这个社区居住。学者使用“囚徒困境”③来解释这一资本固化的过程。首先，对一个一般的居民区，如果其中两座房产的业主都修复了他们破烂的平房，

---

① AMERICAN INSTITUTE OF REAL ESTATE APPRAISERS. The Appraisal of Real Estate[M]. Chicago：American Institute of Real Estate Appraisers，1978.

② BLOOM G F，HARRISON H S. Appraising the single family residence[M]. Chicago：American Institute of Real Estate Appraisers of the National Association of Realtors，1978.

③ 两个被捕的囚徒之间的一种特殊博弈，说明为什么甚至在合作对双方都有利时，保持合作也是困难的。囚徒困境是博弈论的非零和博弈中具代表性的例子，反映个人最佳选择并非团体最佳选择。虽然困境本身只属模型性质，但现实中的价格竞争、环境保护等方面，也会频繁出现类似情况。

那么他们都将受益。但如果房主A花费20000美元来修复但房主B没有，那么将来的买家评估房产A时，就会因为房产B的不良现状而不认可房产A的合理价值。区域中的业主都像身处这种游戏中揣摩着周围邻居的动作。被国家史迹名录收录的居民区中的情况就不一样了，因为历史区域保护条例会强制所有的居民对房屋实施保护措施，进而也就保证了整个区域的物质环境审美质量。换句话说，国家提名是对希望拥有高质量居住品质的所有业主的一种形式保险。[①]通过提名，区域中的房产也就带有一个所谓的“优质标签”，使它们有别于其他类似的老房产。

近年来，很多学者都以美国不同的城市为对象研究登录制度与区域内房产价值的关系。1997年对萨克拉门托郊区登录和非登录区域中的房产进行对比研究，结果发现，登录制度对房产有积极的影响，房产增值在6%~40%之间。差异主要由于因房产不同程度的重要性，采取了不同程度的保护措施[②]。同样，2001年对得克萨斯州9个城市的研究中，发现各种不同的历史保护措施对这些城市也产生了积极的影响，房产增值在5%~20%之间，历史保护的限制较少，财产增值就较多。[③]2004年，对图森的研究也指出，登录区域中的房产约有6%的增值。[④]当然也有得出产生负面影响的研究，其中费城最为明显。由于登录区域中对建筑立面和设计存在诸多限制，导致区域中房产贬值超过了20%。[⑤]相关研究成果统计见表6-2-1。

表6-2-1　居民区提名对房产价值的影响

研究者	研究对象	研究类型	房产价值（%）
Asabere（1989）	马萨诸塞	房产售价	变化不大
Asabere（1994）	费城（宾夕法尼亚）	房产售价	–24
Coffin（1989）	芝加哥郊区	房产售价	6~7
Clark&Herrin（1997）	萨克拉门托郊区（加州）	房产售价	17.3
Couloson&Leichenko（2010）	阿比林（得克萨斯）	房产估价	15~17.6

① LEICHENKO R M，Coulson N E，Listokin D. Historic Preservation and Residential Property Values：An Analysis of Texas Cities[J]. Urban Studies，1973，38（11）：1973-1987.

② CLARK D E，HERRIN W E. Historical Preservation Districts and Home Sale Prices：Evidence from the Sacramento Housing Market[J]. Review of Regional Studies，1997，27（1）：29-48.

③ LEICHENKO R M，COULSON N E，Listokin D. Historic preservation and residential property values：an analysis of Texas cities[J]. Urban Studies，2001，38（11）：1973-1987.

④ KRAUSE A. A Cost/Benefit Analysis of Historic Districting in Tucson，Arizona[D]. Tucson：The university of Arizona，2004.

⑤ ASABERE P K，HUFFMAN F E，MEHDIAN S. The adverse impacts of local historic designation：The case of small apartment buildings in Philadelphia[J]. The Journal of Real Estate Finance and Economics，1994，8（3）：225-234.

续表

研究者	研究对象	研究类型	房产价值（%）
Coulson& Lahr（2005）	孟菲斯（田纳西）	房产估价	14~23
Noonan（2007）	芝加哥	房产售价	3~11
Noonan & Krupka（2011）	芝加哥	房产售价	–47~35
Krause（2004）	图森	房产售价	6

资料来源：根据相关资料整理。

1930 年以来，在对多个城市进行跟踪研究后，虽然得出的结果不尽相同，但对房产价值产生积极作用的居多，显示了历史保护确实能带来可衡量的经济收益。历史保护专家指出，财产的登录和修复是社区更新的催化剂。在社区内的层面，随着越来越多的财产被修复，银行也更愿意放贷给对这些社区感兴趣的业主和潜在买家。这样既提高了价格，最终也可以获得更多的信贷。[①] 在社区之外的层面，房产的登录和修复往往能激励相邻区域开始修复，还能吸引领导者发起他们自己社区的登录申请。有学者指出，非常多的潜在客户对邻近登录区域的房产很感兴趣，因为他们对这些积极、稳定、安全、环境优美的社区很放心，还不用受登录区域的诸多条款限制。

同时，要获得国家史迹名录的提名，需要社区中 50% 以上的业主联名签字才能走申请程序。可见，人们愿意自发对此类年轻对象进行保护，主要还是为了间接的资产升值并且确保一个视觉质量优美、环境品质良好的居住环境。不可忽略的是，大部分公民具有较高的思想觉悟与远见，以及上文提到过的美国人长期以来建立的社会公共责任感。

2. 保护的方式

在美国地方层面的历史保护中，公民最直接的参与途径就是通过各种社区组织的活动。美国的社区不仅指代一个空间范围，也往往是社会最基本的组成单元。社区文化的形成在美国有着悠久的文化根源和历史传统。“二战”后人口流动和城市更新使得社区组织开始大规模出现。美国社会的民主性也导致各地对自主权的重视，作为城市层面最小、最基本的组成单元，社区会通过社区组织与外部社会发生相互作用。各种社区组织对地方层面的历史保护发挥了重要的作用，虽然没有统一的标准和行动方式，但正因为如此，保护的结果也是最具“地方特色”的。

① RYPKEMA D D. Preservation under （development） pressure[M]. Princeton：New Jersey Historic Sites Council，1989.

社区居民可以通过社区组织参与区域规划、共同决定与社区相关的事宜。例如干预社区房屋的买卖，为较受欢迎的迁入者提供一定的优惠政策，排斥不受社区欢迎的人群。一般来说，历史悠久、经济状况较好的社区中社区组织较为活跃。社区组织也把历史保护看作维系社区联系、增强凝聚力的重要途径。

波士顿贝肯山社区的“贝肯山市民协会”（Beacon Hill Civil Association）就是最早也是非常成功的社区保护组织。该协会非常积极地对贝肯山社区的历史财产进行保护，社区组织会对区域保护条例的制定提出重要的意见，并且接受其监督；区域法规一经制定，这些社区组织就致力于对社区环境的维护，在很大程度上保证了历史区域条例的实施。为避免由于误解导致的反对意见和法律行为，贝肯山市民协会推荐业主在对建筑进行改造之前进行审查。社区组织的方案可以采用推荐的形式提出，但不像后来的历史区域规划那样正式并具有法律约束力。贝肯山以社区为主体的保护模式非常值得借鉴。

图森市有几十个社区，其中有的社区也设有历史保护部门，总体来说这些社区的保护力量还不太成熟，图森市历史保护还是主要由历史区域保护委员会执行。但以社区为基本单位的保护形式是未来发展的趋势。

在图森，郊区居民区的保护最主要还是依靠契约限制（covenant/deed restriction）的方式来限制业主使用房产的方式，进而达到维持自建成至今较好景观环境的目的。自十九世纪以来，契约限制就用于限制业主在购买房产后需要遵守一系列条款。契约承诺是通过订立契约以达成承诺，一般意义上说，是避免采取特定行为的承诺。订立契约方要求契约遵守方履行或不履行一些行为。在不动产的法律之中，契约承诺被用于承认土地使用的附加条款，也就是所谓的“契约跟随土地走”（covenant running with the land），也就是无论业主是谁，都需要强加义务或限制。

在美国的社区规划实践之中，契约限制通常是指买卖活动本身以及跟随的限制条款。契约承诺一般包含“条款（covenants）、条件（conditions）和限制（restrictions）”，通常被称为“使用权限制”。这些契约限制可能包含：不允许随意更改建筑外形、规定维修能采用的建筑材料（包括屋面材料）、限制房屋加建的数量、禁止种植某些品种的树木等。契约承诺的目的是维持邻里空间特征或防止对土地的不正当使用。二十世纪二十年代到四十年代，契约限制最常被使用，这时区域保护条例还没有普及。其实，许多今天的发展也受到契约限制的约束，契约限制被证明可以有效地保持房屋的价值。虽然可以通过法庭来移除契约限制，但这个过程往往非常漫长而且需要付出昂贵的代价，因为某些情况甚至需要征求附近所有利益相关者的支持。契约承诺现今仍在州或者地方层面被用于限制对房地产的使用方式。

3. 保护的成果

图森市作为“二战”后典型的以汽车为导向发展的地区，出现了许多特色鲜明的郊区居民区。自二十世纪八十年代以来，多个郊区居民区被国家史迹名录收录，一方面获得历史性提名能够在将来更好地保护这些财产，另一方面申请国家提名的文件也成为记录美国郊区发展的信息库。目前，全市有 35 个国家登录的历史区，其中有 8 个为郊区居民区，而且多数郊区居民区都是 2000 年以后才获得提名的（图 6-2-2、表 6-2-2）。图森历史保护专家指出，还有很多建于“二战”后特色鲜明的郊区居民区可能在未来的五到十年内被国家史迹名录收录。

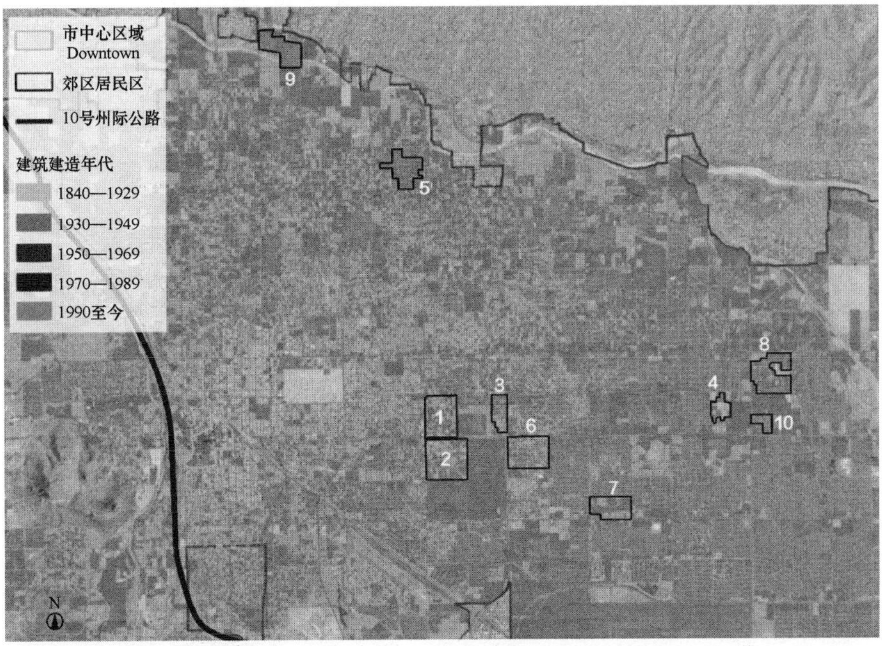

图 6-2-2　二十世纪八十年代至今提名的郊区居民区

Colonia Solana 郊区居民区设计于 1928 年，于 1989 年登录国家史迹名录，是图森最早登录的郊区居民区之一。郊区居民区围绕中心绿地布局，放射形的道路将片区分为多个地块，再通过环形道路进行串联。建筑风格包括西班牙殖民复兴（Spanish Colonial Revival）、“二战”后本地风格（Post-world War Ⅱ Ranch）等，由著名建筑师罗伊（Roy Place）和阿瑟（Authur Brown）设计（图 6-2-3）。“二战”后本地风格的建筑一般具有平屋顶、女儿墙、铰接式的建筑立面、入口上方有瓦篷顶等特征，外立面一般采用肉色粉饰。这种风格融合索诺兰乡土、美国本地风格的多种特征，并且代表十九世纪晚期过渡时期的风格。

表 **6-2-2**　郊区居民区信息统计

编号	街区	重要性	登录时间
1	El Encanto Estates 郊区居民区	当地	1988
2	Colonia Solana 郊区居民区	当地	1989
3	El Montevideo 郊区居民区	当地	1994
4	Indian House 郊区居民区	当地	2001
5	Winterhaven 郊区居民区	当地	2005
6	San Clemente 郊区居民区	当地	2005
7	Aldea Linda 郊区居民区	当地	2009
8	Harold Bell Wright Estates 郊区居民区	当地	2011
9	Rillito Race Track 郊区居民区	当地	2012
10	San Rafael Estates 郊区居民区	当地	2013

资料来源：根据政府提供的数据整理。

西班牙殖民复兴风格（Spanish Colonial Revival，1915—1945）

“二战”后本地风格（Post-world War Ⅱ Ranch，1915—1945）

图 **6-2-3**　郊区居民区（黄川壑 摄）

这一郊区居住区的另一大特色在于景观设计，设计师斯蒂芬·查尔德（Stephen Child）是景观大师弗雷德里克·奥姆斯特德的学生。该小区的设计融合了诸多自然元素来营造具有特色的生态景观，使用了数十种当地特色的仙人掌植物来打造沙漠绿洲，为人们提供优美居住环境的同时也为鸟类和野生动物创造了栖息地。

El Montevideo 郊区居民区建立于 1930 年，于 1994 年登录国家史迹名录。区域内没有路缘石和人行道，仿佛汽车轮迹暗示了机动车通行空间，之外则是人行通行空间。该街区的建筑为二十世纪三十年代流行的建筑复兴风格，包括西班牙殖民复兴（Spanish Colonial Revival）、印第安复兴（Pueblo Revival）风格。这一处于半乡村环境之中的地块在“二战”后被迅速填满，之后的住宅主要是农场风格（Ranch）和中世纪风格（Mid-Century Modern），由著名建筑师普雷斯（Lew Place）和布朗（Arthur Brown）设计（图 6-2-4）。

印第安复兴（Pueblo Revival，1920—1950）

西班牙殖民复兴（Spanish Colonial Revival，1915—1945）

图 6-2-4 El Montevideo 郊区居民区（黄川壑 摄）

特色的印第安复兴风格从附近的圣塔菲、新墨西哥传入，特点包括木结构框架、泥灰色的建筑体、简单的窗户开口、平屋顶和不规则弧线的女儿墙，以及正立面突出的圆木梁。私人庭院内外都种植了有丰富特色的本地沙漠植被，建筑与景观风貌十分融洽。

Winterhaven 郊区居民区建于 1949—1961 年，于 2005 年登录国家史迹名录。小区名字意为“冬日天堂”，因为图森的冬天气候温暖适合过冬，因此设计之初也希望吸引更多的外地居民前来居住。该小区的设计者试图模拟中西部的景观环境和建筑审美。社区的结构也是基于环形连通的街道，两侧是开阔的绿色草坪，配合非本地树种来营造中西部品位的公园环境。该社区每年都会在圣诞节举行灯光秀来强化社区的场所感。其中有 265 座住宅建筑为现代农场风格（Modern Ranch）和由它演变出的四个子类。大部分由第一批在亚利桑那州实践的女建筑师设计，如安妮·莱丝代尔（Anne Rysdale）。

“二战”后，图森市飞速发展，为了满足廉价住房的要求，从加利福尼亚州引入现代农场风格的住房。这类建筑一般为长方形或 L 形的平面布局，由火烧土坯、砖块或灰泥混凝土建造。一个整体的缓坡屋顶下布置功能空间，包括门廊、车库、房间。墙面一般使用大的玻璃窗，推拉玻璃门用于联系内外生活空间。这种基础的农场风格演变出了多种变体，在屋顶形式、材料和装饰方面略有不同。由于现代农场风格的住宅遵循联邦担保住房贷款规定的设计标准，很快就取代了区域复兴风格作为住宅建筑的主要风格（图 6-2-5）。

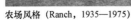

农场风格（Ranch，1935—1975）

图 **6-2-5　Winterhaven** 郊区居民区（黄川壑 摄）

Aldea Linda 郊区居民区建于 1946 年，于 2009 年登录。它的名字意为“美丽的小乡村”。地块中仅有一条通道，两侧分布有十余处建筑，由于后退较远，加上植被茂密，在主通道上几乎看不到建筑。这个小区的特色也正是这种远离喧嚣的安逸与宁静。

小区从建成至今都受“契约限制”的约束，一方面保证该区域仍然为居住所用，另一方面保护其荒野、乡土的景观特点。大部分住宅建于 1947 年至 1964 年之间，反映了“二战”后兴起的风格，包括现代农场、本地复兴和西班牙殖民复兴风格（图 6-2-6）。

农场风格（Ranch，1935—1975）

“二战”后农场风格（Post-world War Ⅱ Ranch，1955—1965）

图 6-2-6　Aldea Linda 郊区居民区（黄川壑 摄）

第三节　路旁景观的保护

一、路旁景观的平凡价值

二十世纪的美国已经发展成为高度现代化社会，至少路旁景观（roadside landscape）就是证据。世界上没有哪个国家有如此多的汽车与道路，也没有哪个国家的城市和乡镇为了容纳这些汽车与道路发生如此大的变化。其实美国早期的历史保护对路旁景观是怀有敌意的。南卡罗来纳州查尔斯顿市作为历史保护的发源地，汽车及加油站等附属设施最早被视为历史建筑的毁坏者。自从二十世纪二十年代标准石油公司开始在查尔斯顿兴建加油站与停车场后，传统社区的肌理、十八和十九世纪的历史建筑就被大量拆除，人们开始想尽各种方法来拆迁加油站并限制加油站的建设。为了与老城和谐共存，标准石油迅速转向设计与殖民风格和谐的加油站，甚至开始使用被拆除的历史建筑构件来装饰加油站，这一趋势也延续到了二十世纪六十年代。保护者指出正是由于机动车带动郊区的蓬勃发展而导致城市中老社区的衰败，而后城市更新计划在联邦政府的资助下开始进行旧城改造，导致传统的景观与有价值的历史建筑被破坏得面目全非，停车场也成为大城市中心商业区中最主要的土地利用方式，所有人都把矛头指向了汽车。

毋庸置疑，汽车时代的到来对美国的景观造成了巨大的影响，但这些巨大的变化也使得以汽车为主导的景观（auto-oriented landscapes）变得十分具有辨识度[①]，道路旁风格各异的建筑和不断更替的标牌其实正是因汽车时代发展而孕育出的颇具特色的美国景观。有学者指出这种路旁景观也具有重要的价值，只是由于它们是人们日常生活中司空见惯的东西，所以无法引起人们的注意。皮尔斯·刘易斯（Peirce Lewis）在《阅读景观的公理》（*Axioms for Reading the Landscape*）中说道，“对大多数美国人，普通的景观只是被当作看见的东西，很少被作为思考的对象”。正如“美国人是看不见水的鱼”这句话所指。虽然路旁景观平凡而普通，却有其自身的文化含义，能反映相应的文化价值观。罗伯特·文丘里（Robert

① JAKLE J A，SCULLE K A. Remembering Roadside America：Preserving the Recent Past as Landscape and Place[M]. Konxville：Univ. of Tennessee Press，2011.

Venturi）的《向拉斯维加斯学习》（*Learning from Las Vegas*）正是从客观的角度分析了路旁景观所蕴含的重要价值与启示意义，指出城市扩展过程中以汽车为导向的路旁商业带是有意义的。路旁商业建筑足够醒目的标牌，在很远处就能进入汽车驾驶人的视线，这种形式化且标识化的构筑物是反空间的，比空间更注重信息交流。信息交流才是真正支配空间的要素，现今繁华非凡的拉斯维加斯也正是从一条平凡无奇的乡间道路发展而来的。文丘里将路旁的商业建筑称为“装饰过的棚屋”——运用了符号的传统遮蔽所，并表示“支持装饰过的棚屋的平凡的象征性”①，而这也正是路旁乡土景观的重要价值（图 6-3-1）。

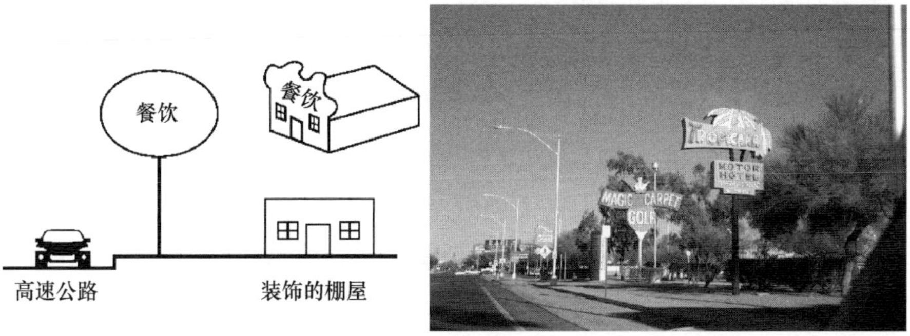

图 6-3-1　路旁景观（黄川壑 摄）

路旁景观的概念在二十世纪七十年代初仍没有成为学界关注的对象，直到八十年代展开对“文化景观”的讨论后，大家才开始注意这类平凡的景观。1994 年，国家公园管理局指出文化景观与历史建筑、街区相同，“这类特殊的场所能通过它们的形式、特点以及被使用的方式展示我国的起源以及发展，也能够展示人类与自然环境关系的发展过程”②。此外，国家公园管理局将文化景观分为四类：历史场所（historic sites）、历史设计的景观（historic designed landscapes）、历史乡土景观（historic vernacular landscape）和民族的景观（ethnographic landscapes）。其中将历史乡土景观定义为“跟随人们的使用而发展，由人们的活动与使用方式塑造的景观”。官方给出的示例是“农村、工业园区和农业景观”。虽然没有明确指出道路和路旁景观属于其定义涵盖范围，但最近发表的章程提到了过去汽车文化造成的郊区是被关注的对象，也顺带提及了商业带和购物中心。

① VENTURI R，BROWN D S，SCOTT D，et al. Learning from Las Vegas：the forgotten symbolism of architectural form[M]. Cambridge：MIT press，1977.

② BIRNBAUM C A. Protecting cultural landscapes：Planning，treatment and management of historic landscapes[J]. National Park Service. Preservation Assistance Division，1994.

当然，路旁景观在这一期间也没有成为大多数保护者的共识，但是个别的努力在悄悄地发生。最早保护路旁景观的实践发生在伊利诺伊州，在1974年开始的历史建筑调查之中发现了一座希腊复兴风格的加油站，在州历史保护会议中提出了对这类资源进行正式的认证，自此正式提出了路旁景观资源这一新的类别。后来，弗吉尼亚州的SHPO也在历史建筑调查之中详细地记录了一座加油站，并且于1975年将其列入国家史迹名录，这也是第一座被国家史迹名录登录的加油站。① 三年后，纽约也登录了一座加油站。1992年，弗吉尼亚交通部门即将于里士满的帕木浦县开展道路扩展工程，因此在之前展开了历史资源调查项目，并且按照106节审查的程序对历史资源的影响进行评估。调查过程中发现了两座国家史迹名录登录的路旁建筑，一座是壳牌加油站，这也正是1975年第一座登录的加油站；另一座是帕木浦汽配商店（图6-3-2）。在对其进行了详细的记录之后，当地的历史保护部门筹款，并积极联系对这两座建筑感兴趣的买家，最终这两座建筑被附近的田野日户外博物馆（Field Day Outdoor Museum）收购，工作人员将建筑小心拆解后运送到博物馆所在地，重建后向公众展示，这一事件也成为拯救路旁乡土建筑很好的范例。

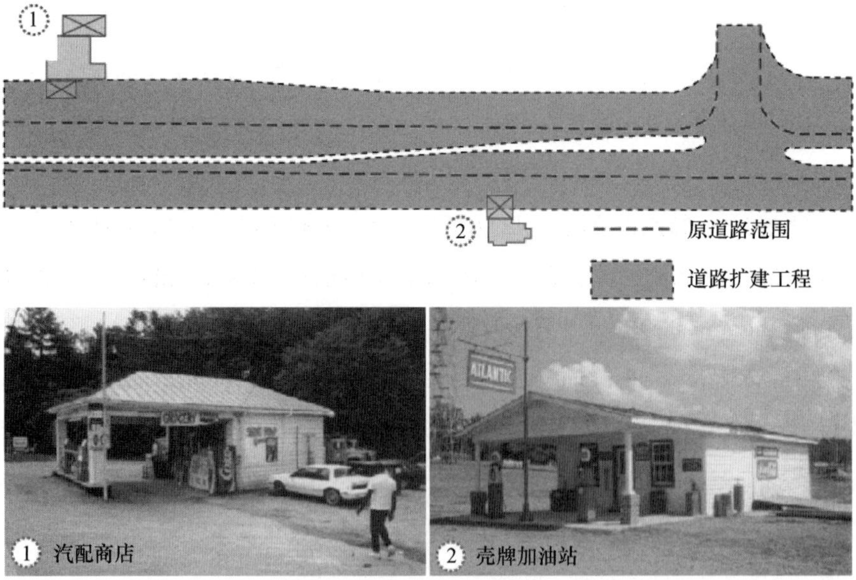

图6-3-2　弗吉尼亚帕木浦路旁建筑的保护（根据资料改绘）

可以看出，从曾经是敌对的对象到现今被保护的对象，历史保护一直进行着

① WAGNER M. Three Models for Roadside Preservation[J]. Material Culture，2000，32（2）：23-42.

前所未有的拓展。学术课程、保护设计的学位教育、保护的职业，以及国民信托的工作等，都是驱动这一变化的根本原因，可以说二十世纪八十年代的保护工作是乐观与积极的。

二十世纪末，路旁景观逐渐成为人们热烈讨论的对象。1991 年，举办《国家历史保护法》颁布 25 周年纪念活动，国民信托聚集了众多业余爱好者、专业保护者、学者、政府官员一同考虑未来的历史保护。许多演讲者的论文发表在《历史遇见未来》（*Past Meets Future*）之中。学者理查德（Richard Longstreth）就关注着这类新兴的文化景观，指出“不应该由品位影响决策”（removing tastes from decisions）[①]，呼吁打开更广泛的门以接纳路边的乡土景观（roadside vernacular）。他呼吁应该理性认知建筑的历史重要性而不应被审批人的品位左右，因为品位都是不同的且会一直变化。虽然他质疑审批人的品位失之偏颇，但他是十分关注道路和道路景观资源的。他批评普通的路旁建筑物不被人们重视，他还质疑国家登录机制对路旁景观资源极其不利的基本原则：不到五十年的财产必须有杰出的重要性才能够被登录。因为路旁景观本来就是多变的，很多都不会存在足够长的时间以变得古老，更不用说具有历史重要性。路旁景观的不确定性是内在的，正如我们所认为的灵活性，这些建筑通常被设置在空旷的场地之中，有足够的扩张空间，因而预示着会产生更多的路旁建筑，这种不断变化的景观是富有特色的。

随着人们理念的改变，路旁资源的保护也逐渐受到尊重。二十世纪九十年代的国民信托和国家公园管理局都开始认同路旁景观资源的价值。在 1993 年的 CRM 学术会议中，其中一个主题就致力于探讨“近期的文化资源”，近期历史的重要性成为被讨论的话题。一位建筑历史学家分享了名为“消失的鸭子和其他的近期遗迹”（Disappearing Ducks and Other Recent Relics）的研究成果，正是关于路旁建筑的保护实践，“鸭子”的提法借鉴了文丘里的《向拉斯维加斯学习》。对保护近期历史的热烈讨论持续到 1995 年的学术会议之中，论文集中有一整章都是关于路旁加油站、免下车餐馆和汽车旅馆的保护问题。[②]1996 年的 CRM 学术会议中，有一节的标题为“汽车景观”（The Automobile Landscape），文章几乎提及路旁景观的各个部分：公路、早期的驶入式餐厅、加油站等。[③] 在这一节的前一节中，作者使用了麦当劳快餐厅、温迪连锁店、白色城堡连锁店等实例来论述保护近期历

① LONGSTRETH R. When the present becomes the past[J]. Past Meets Future：Saving America's Historic Environments，1992：213-225.

② BAEDER J. Gas，food，and lodging[M]. New York：Abbeville Press，1982.

③ SAVAGE B L. Road-related Resources Listed in the National Register[J]. CRM-WASHINGTON，1996（19）：13-15.

史的困难。[①]2000 年，参会者再次开始对近期历史的主题进行探讨，更加意识到对这类对象的理解、识别和保护所面临的危机。有学者分享了对新泽西州提吉风格（Tiki-style）餐厅和酒吧的保护实践，这些保护对象都不断拓展着路旁景观的类别。[②] 甚至早期保护者最敌视的停车场都成为今天保护者们的关注对象，有一节正是关于保护历史停车场的探讨。[③] 对路旁景观资源的探索正处于快速发展阶段，探讨的范围跟随着不断变化的对象拓展着人们的视野。

二、自发的努力

1. 始于广大的民众

可以说美国自十九世纪中期以来，广大民众一直是历史保护的重要支持者。在社会的发展过程中，民众的保护意识也在不断地发展，视野也变得越来越开阔。在学界的不断呼吁之下，民众也都渐渐意识到路旁景观的价值，开始采取措施拯救他们认为重要且处于危险之中的对象。提起路旁景观的保护，就不得不提 66 号公路，可以说对这条公路的保护奠定了路旁景观保护的基础。66 号公路几乎跨越了整个美国，起于芝加哥终于加州圣莫妮卡，总长 2448 英里（约 3940 千米），由于其见证了美国城市化发展的过程，因而被美国人称作“母亲之路”。保护者迈克尔·华利斯（Michael Wallis）60 多年以来一直致力于 66 号公路的研究，他指出，“66 号公路就是美利坚民族的一面明镜，它见证着伟大的美国人民一路走来的艰辛历程”[④]。

66 号公路在 1926 年到 1985 年间作为东西向主要通道使用，而后相继在各州退出了历史舞台。当广大民众注意到公路沿线路旁景观的重要价值后，试探性的保护活动相继在各州展开，可以说正是他们的努力开辟了这个领域保护的先河。虽然其间的实践多是分散、不成体系的，但广大群众绝对是保护的主要力量。由于 66 号公路太长且覆盖面太广，涉及的路旁景观资源太多，因此作者主要以亲身调研过的亚利桑那州路段的保护实践作为路旁景观保护的缩影来谈这一类型的保护实践。

---

① LUCE W. Kent State，White Castles and Subdivision：Evaluating the Recent Past[C]. Historic preservation forum. 1995，10（1）：34-43.

② WRIGHT N. In Search of Tiki[C].Preserving the Recent Past，2000（2）：185-192.

③ SCHMITT R E. The Ubiquitous Parking Garage：Worthy of Preservation? [C]. Preserving the Recent Past，2000（2）：193-199.

④ WALLIS M. Route 66：the mother road[M]. New York：St. Martin’s Press，1992.

1984 年，66 号公路通过亚利桑那州的路段正式退休，草根群众联合起来建立了亚利桑那州 66 号公路协会（Arizona Route 66 Association），致力于保护与纪念公路沿线的历史文化资源。1994 年，穿过亚利桑那州的 66 号公路被指定为州级风景道（图 6-3-3）。

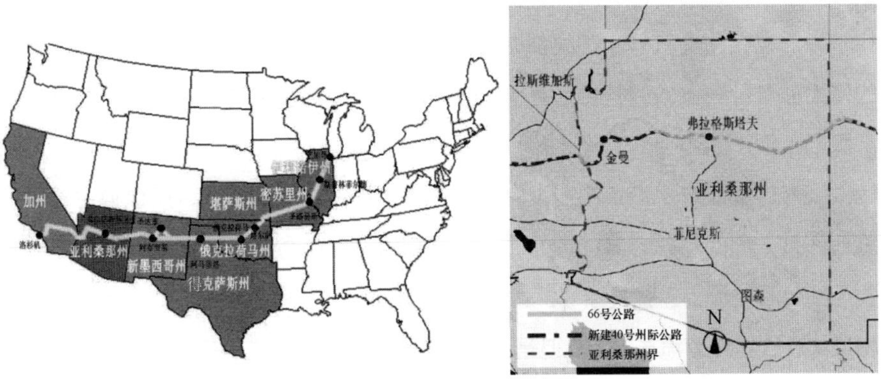

图 **6-3-3**　**66** 号公路，亚利桑那州段

2. 由创意复活的路旁建筑

自 66 号公路协会对沿线历史资源展开调查以来，虽然大多数历史财产都不符合联邦或州层面的重要性评判标准，但由于它们反映了旅行者和沿途居民的风俗、信仰和价值观，在地方（local）层面有着重要的意义，因此对这些财产的保护大多来自当地草根群众的努力，他们用自己的想象力和创造力保护着这些路旁景观，没有他们的努力就没有今天充满生机的 66 号公路。由于这些保护多为自发也比较分散，很少被系统地记录，也缺乏机构宣传表扬这些贡献，作者主要是通过少数的文献记录结合实地调查，与当地的人们进行一些交流后才得出了一些初步的结论。未来的学者或许可以对这类实践进行详尽的调查与研究工作。

作者曾经驾车途经 66 号公路的赛里格曼，被这里的景色深深打动。赛里格曼位于亚利桑那州北部，是 66 号公路旁的一个小镇。1978 年，40 号州际公路于其南部 2 英里（1 英里 =1.61 千米）处开通，1984 年通过赛里格曼的 66 号公路完全废弃。在这些年中，这个昔日繁华的小镇不断没落，很多建筑被空置、废弃，很多居民选择了离开。这种落差反而激起了热爱这个地方的居民保护这里的想法。1987 年，一些商人团结起来呼吁保护这个地方，他们通过州政府为这里争取到了“66 号公路的诞生地”（Birthplace of Historic Route 66）这一称号。这一称号成功地使这里变成了一个旅游者向往的地方，来参观的游客一年多于一年，小镇渐渐恢复了活力。

由于是由公路发展成为的小镇，这里除了住宅，沿街分布有很多加油站、汽车旅馆和餐馆。这些被称为“路旁建筑”的构筑物（roadside architecture）更多展示的是一种形式，而不是风格。这些建筑的目的是吸引飞速行驶的机动车前来消费，因此会使用各种吸引人眼球的方法来装饰建筑，这些特点给人以热情、随性、大胆的感觉。它们通常都是对称的单层建筑；建筑的入口通常会配备遮阳篷，有的是平的也有的是斜的；正面都有大的玻璃窗来展示琳琅满目的商品；由于建筑的侧面迎着行驶方向，其价值甚至大过正立面，也都会被精心设计以使过路者留下深刻印象。

因为这里没有保护条例、没有建筑审查，也没有保护标准，所以说主要保护方法都是人们的想象力与创造力。作者在到访过程中与其中一家店的老板进行了较为细致的交流，也就是图 6-3-4 所示的 4 号建筑——库伯礼品店。老板说他的父辈原来在这里经营汽车旅馆，但是这里衰落后经营就很困难。但随着小镇获得“66号公路的诞生地”的称号后，游客渐渐多了起来。他决定不再经营汽车旅馆，而是开一个半展览式的纪念品商店来展示他毕生的心血。因为他特别热衷收藏古董车，于是商店里有好几辆二十世纪中叶的汽车、摩托车，还有他热衷的各种机械时代的物件。室内设计由他一手策划，风格很复古，配合着活力四射的摇滚音乐，能够将客人带回这段道路的黄金年代。除了室内，室外也是设计的重点，大多通过摆放一些报废的机车、配件等来加强周围空间的历史感。同时，建筑外墙上各种鲜艳的涂鸦也是鲜明的特点，虽然每座建筑都各有千秋，但是也总能找到相同的图样——“Birthplace of Route 66”“Historic Route”等。他说这些涂鸦象征着二十世纪中叶美国西部人们的自由与不羁。每座建筑的涂鸦都是各自业主的杰作，他们的自由发挥带给这条公路不一样的感觉。同时，他提到他不是第一个这么做的，之前有人对建筑进行修复、展示后，别的业主觉得这样的展示方式很好，于是纷纷模仿。在模仿的过程中也会加入自己的理念，因此收到了百花齐放的效果(图 6-3-4)。

当赛里格曼变成网红旅游点后，很多建筑都朝着迎合旅游市场需求的方向完善着功能。部分建筑被改造为食品店，为过往游客提供特色啤酒、咖啡与汉堡，如 2 号、3 号特色餐饮店，建筑装饰与涂鸦都别具一格，建筑外墙上还悬挂有“历史建筑”的标牌，提示着这座建筑的重要价值，坐在室内用餐听着重金属摇滚音乐有种融入西部电影的感觉。很多建筑被改造成纪念品商店，或是加入这一功能。图中 6 号假两层建筑的装修十分有特色，二层棚架上摆放了形态各异的人偶，穿着二十世纪中期的服饰，仿佛在对来往的车辆招手，招揽他们进店里购买一些特色纪念品。还有如 7 号建筑一样至今仍在营业的加油站，老板指出他不想赚大钱，因此不想拓展这个小加油站的规模，还开玩笑说没准以后能成为某部美剧的取景点。还有一些建筑，前侧是纪念品商店，后侧是汽车旅馆。虽然其外表装潢比较复古陈旧，但是通过其前台的广告宣传单可以看出内部的设施都是很现代与先进的，能够满足挑剔旅客的需求。小镇中部留存有几十栋如图中 3 号小木屋，它们都是被保留下来的二十世纪中叶典型的路边住宅，现今还居住着小镇的居民。

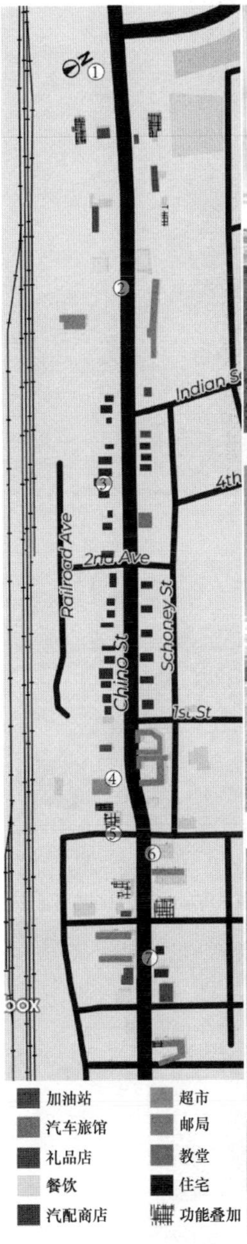

怀旧风格的路牌，树立在小镇入口，由亚利桑那州66号公路协会于1987年建造

特色餐饮店，为过往旅客提供歇脚点

挂有历史建筑标牌（historic building）

路旁的居民房，居民在此享受安逸宁静的小镇生活　路边怀旧风的信箱，至今也在为小镇居民服务

色彩醒目、风格独特的涂鸦是老板自己骄傲的创作成果　庭院中不能使用的古董农用车，也是时间的记录者

特色纪念品与餐饮店，院落中陈设着老板收藏的古董车

假两层建筑

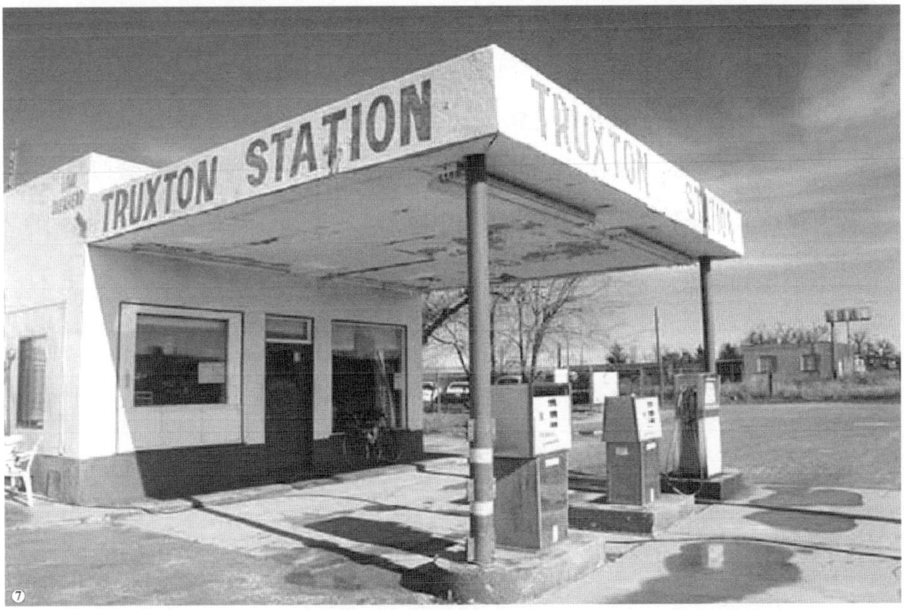

至今还在营业的小型加油站，老板也说了不希望扩建，或许以后可以成为拍复古照片或电影的取景点

图 6-3-4 赛里格曼的路旁建筑（黄川壑 摄）

如表 6-3-1 所示，随着城镇功能的转变，大多数建筑都已经转变为迎合旅游市场的礼品店，而且大部分都是在原有餐饮、旅店的基础上增加了纪念品售卖功能。售卖的纪念品多由业主自己设计，希望游客能带走的不只是纪念品，还有其承载的记忆。

表 6-3-1 功能转变的路边建筑

建筑改造后的用途	数量
礼品店	12
餐饮	3
汽车旅馆	2
加油站	2
综合超市	2

资料来源：根据调查结合相关资料整理。

赛里格曼所有建筑的营销策略都是在打“怀旧牌”（nostalgia），都旨在使用古老的图景引起顾客与历史的共鸣。这也使得怀旧成为一种精神追求，引导路边的游客相信与一群志趣相投的灵魂共同游弋可以寻找愉快的过去。人们在这一段路上可以从容不迫，因为时间和房客的汽车都是静止的，这里就是乡土与复古的绝配。这些自发的保护达到了意想不到的效果，赛里格曼最终在 2005 年被收录于国家史迹名录。人们相信通过国家历史场所的登录，可以更好地保护和宣传赛里格曼的历史财产。

赛里格曼、66 号公路沿线的群众基础都十分强大，他们共同努力对抗着 66 号公路自二十世纪七十年代开始的衰败。这些财产经过保护与时间的沉淀后，都获得了自身的重要价值，被收录于国家史迹名录。虽然至今收录的财产看似并不多，但还有很多正处在被保护的过程之中，相信不久定会取得令人欣喜的成果。作者将亚利桑那州 66 号公路沿线的一些保护项目进行了初步统计，见图 6-3-5 与表 6-3-2。

图 6-3-5　66 号公路的景观资源分布（亚利桑那州段）

表 6-3-2　国家历史场所提名的路旁历史资源（亚利桑那州段）

序号	地点	项目	重要性	登录时间
1	艾伦镇（Allentown）	艾伦镇桥	当地	1988
2	桑德（Sanders）	桑德桥	当地	1987
3	浩克（Houck）	卡瑞兹桥	当地	1988
4	化石森林国家公园（Petrified Forest National Park）	彩绘沙漠汽车旅馆	州	1987
5	霍布鲁克（Holbrook）	维沃姆村	当地	2002
6	温斯洛（Winslow）	温斯洛历史商业区	州	1992
		洛伦佐商贸邮政局和仓库	当地	2002
		温斯洛桥	当地	1989
		温斯洛地下通道	当地	1988

续表

序号	地点	项目	重要性	登录时间
7	双枪镇（Two Guns Ghost Town）	峡谷桥	当地	1988
8	弗拉格斯塔夫（Flagstaff）	艾德吉博物馆	当地	1994
		铁路历史区	当地	1983
9	威廉姆斯（Williams）	威廉姆斯历史商业区	州	1989
		德尔苏汽车旅馆	当地	1998
10	阿斯福柯（Ash Fork）	阿斯福柯维修站	当地	2000
11	赛里格曼（Seligman）	赛里格曼历史商业区	州	2005
12	桃泉（Peach Springs）	桃泉商贸邮局	当地	2003
13	瓦伦丁（Valentine）	峡谷学校	当地	2017
14	金曼（Kingman）	金曼历史商业区	州	1986
15	奥塔曼（Oatman）	德林旅馆	当地	1983
		奥塔曼制药公司建筑	当地	2006
16	托泊克（Topock）	老路桥	当地	1988

资料来源：根据相关资料整理。

3. 再次亮起的霓虹灯标牌

驾车行驶在美国，不难发现迎面而来的标牌总能抓住人们的眼球，不仅有着独具匠心的外观，同时也提供了丰富的信息。可以说建筑前的标牌才是真正主导道路空间的要素，它们的存在就是为了吸引机动车，因此体量一般较大，而后方的建筑体量有大有小。此外，标志物往往也会占用大量的建设预算，是精心创作的结果，而后方的建筑往往只是一个朴素的“盒子”。

标牌作为汽车文化的产物与标志，成为美国景观的重要组成部分，其中最具特色的莫过于加入了声、光、电等设计要素的霓虹灯标牌。自从 1923 年洛杉矶安装了第一块霓虹灯标牌之后，这种标牌在随后的 20 年里点亮了纽约的时代广场、拉斯维加斯的商业带，以及千千万万条高速公路，成为繁华夜景的象征（图 6-3-6）。文丘里指出，“标牌使用了词语、画面和雕塑来传达信息。一个标牌白天和夜晚都在用，在阳光下是彩色的雕塑，逆光时是黑色的轮廓，到了夜晚又成了光源”，没错，“标牌是最合适的选择”！

历史保护者指出，霓虹灯标牌自出现后数量迅速增长，但是在二十世纪七十年代开始逐渐减少。由于大批量生产的背光塑料标牌的安装和维护成本低很多，再加上八九十年代各地的城镇都颁布了关于标牌的设计标准，对高度、宽度等进行了严格的限制，很多独具特色的标牌因不符合标准无法被新建、维修，最终动态与华丽输给了静态与简洁。

图 6-3-6　霓虹灯标牌景观（黄川壑 摄）

对霓虹灯标牌的修复最早也起源于 66 号公路的实践，俄克拉何马州路段的实践比较具有代表性，因修复了公路沿线所有标牌而形成了几英里的景观带。虽然亚利桑那州路段也有修复历史标牌的实践，但由于经费、人力等多种条件的限制，这类实践很少。亚利桑那州历史标牌的保护经费第一次于 2002 年拨给了塔克斯顿的前沿汽车旅馆，金曼的 66 号汽车旅馆于近年正在申请该保护经费。亚利桑那州的这类保护实践虽然没有俄克拉何马州路段那么大的规模，但零星的实践同样也产生了积极的影响，凤凰城和图森市就在不断地努力着。凤凰城的星光汽车旅馆“跳水的女士”就是一次属于保护者的胜利，这一动态霓虹灯标牌自二十世纪九十年代中期以后成为违规的对象，因为它 78 英尺（1 英尺 =30.48 厘米）的高度超过了标牌设计规范中 66 英尺的高度限制，就在老板正要将这一标牌拆卸拖走时引起了一些保护者与建筑师的注意。由于跳水的女士标牌的动态效果十分有趣，描绘了一个体态优雅的女士从起跳到入水的过程，她每天会“重复”这一跳水的过程上百次，千千万万路过这里的人都记住了她，这一标牌早已融入了当地人的记忆。因此保护者认为这一标牌是该区域的一大亮点，在他们的呼吁下当地的保护基金会开始筹备对标牌的维修款，他们还希望将这一标牌登录国家史迹名录以获取更好的保护。这些努力在后期也促使市政府对标牌设计规范进行了修编，以顾及多元化的保护对象。

在这次胜利的鼓舞下，图森市决定修复一条历史道路旁的所有霓虹灯标牌。该道路一直是连通城市南北的重要干道，被称为“奇迹英里”(Miracle Mile Strip)。自从其西面新建了 10 号州际公路后，这条路重要性降低的同时人气也逐渐凋零。但随着图森市旅游市场的回温，沿途的餐厅、汽车旅馆依然开放，也正是这些路旁建筑拥有这座城市中最具特色的霓虹灯标牌。保护者指出该地区草根群众在 2006 年左右就已经开始努力，主要针对当时存在的部分标牌进行了修复和改造。很多艺术家也参与其中，如德克・阿诺德（Dirk Arnold）修复了一座大型仙人掌霓虹灯，在标牌下方的正反面添加了“奇迹英里”与“图森”的字符（图6-3-7）。这个标牌十分显眼，提示着人们已经到达了图森。

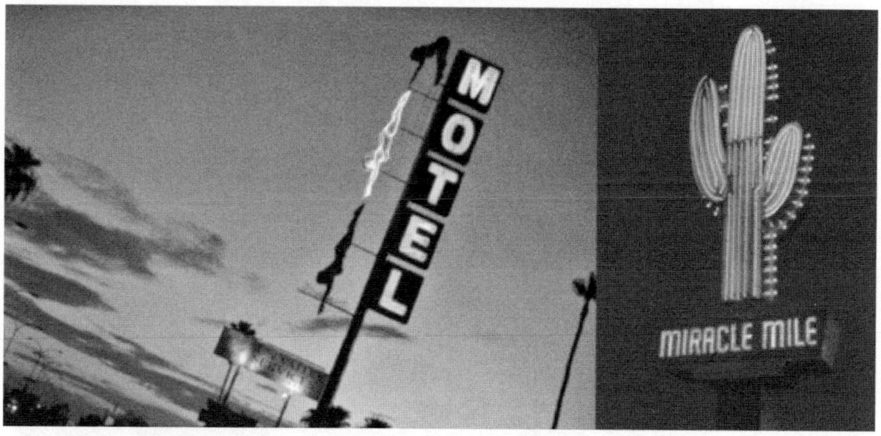

图 6-3-7 霓虹灯标牌景观（跳水的女士、奇迹英里）（游凯童 摄）

让人难以置信的是，这些个体事件推动了一个全面的计划。2011年，图森市推行“历史地标标牌保护计划”（Historic Landmark Signs Preservation Program），指出推行计划的目的如：

a. 历史地标标牌计划旨在保护能反映图森市独特的性格、历史和身份的历史标志牌；

b. 恢复城市曾经存在的场所感；

c. 保护社区免受不恰当或非法标牌的影响。[①]

该计划主要通过识别、评估具有重要价值的标牌，将其进行历史性提名进而实施保护。一方面，提名历史性标牌后就不受普通标牌设计规范的要求限制，能够被维修、恢复、适宜再利用，甚至重新安置。另一方面，也旨在通过该计划鼓励群众积极参与保护具有历史价值的标牌，强化当地社区的自豪感与凝聚力。图森历史保护基金会（THPF）一直致力于记录、研究和保护这些诞生于二十世纪中叶的霓虹灯标牌。作为这个项目的一部分，THPF已经恢复了“奇迹英里”路旁一系列经典的标牌，这对保护当地富有特色的乡土景观具有十分重要的意义（图6-3-8）。

① BRANDES R. Guide to the Historic Landmarks of Tucson[J]. Arizoniana, 1962, 3(2): 27-40.

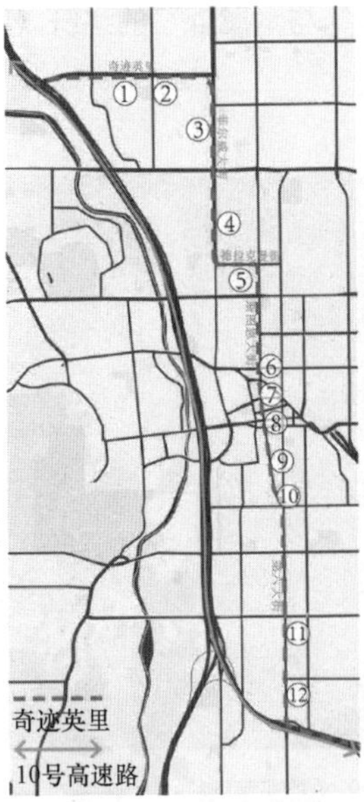

采用图森特色巨人柱造型的路牌，提示人们已经来到图森

典型的路旁乡建

沿街布置着诸多餐饮店、汽车旅馆，店家都穷尽着各自的创意，让自家标牌更有特色，更能打动汽车中的人们到自己的店中消费、休息

有的店今天已经关门，但在图森历史保护基金会的保护下，它们未被除，记录着这里曾经的繁华

夜晚点亮的霓虹灯标牌，仿佛将人带回了几十年前的小镇主街，拉开了一幅有着时代美感的画卷

图 6-3-8 “奇迹英里”中的霓虹灯标牌（黄川壑 摄）

三、全国性的保护力量

自 66 号公路退出历史舞台至今，沿线地方层面诞生了各种保护组织。这些组织除了主导实际的保护实践，还需要负责向社会各界谋求支持。这些群体发展迅速，越来越多的成员和保护项目反映了这条路明朗的未来。各个地方的保护组织都会定时发布简报，定期组织年度古董车展或自驾游等活动进行宣传及募捐，不可思议的是大多数工作都由志愿者完成，他们贡献了大量的时间、精力来支持这条路的保护工作。面对诸多对象保护者会优先选择具有地标价值的建筑，如柳树溪桥（里弗顿，堪萨斯州）、珊瑚法院汽车旅馆（圣路易斯，密苏里州）。最好的保护方式往往是通过寻找合作经营伙伴对沿线具有使用功能的建筑进行保护与再利用，如科尔曼剧院（迈阿密，俄克拉何马）、德士古加油站（钱德勒，俄克拉何马）、菲利普斯加油站（麦克莱恩，得克萨斯）等。有时也会将现有建筑改造为博物馆使用并参与到后期运作中，研究如何更好地记录并讲述这条路上发生过的故事。其中最成功的是绳索博物馆（麦克莱恩，得克萨斯州），吸引着全国的游客来打卡，其他各州也都有着妙趣横生的公路博物馆。可以说大部分保护者都有满腔热情，为公路贡献了大量的时间、金钱和精力来延续它的活力。

在诸多保护实践的基础上，终于出现了全国性的保护力量。1990 年，在国家公园管理局的大力推动下，国会于 1990 年颁布了《公法 101-400》（Public Law 101-400）。该法案肯定了 66 号公路的重要价值，指出“66 号公路已成为美国人民的遗产旅游目的地与追求更好生活的标志”，并且该法案促使国家公园管理局开展《66 号公路资源调查研究》（Route 66 Special Resource Study），旨在调查、识别和评价公路沿线重要的资源，以便于进行选择性保护。

调查研究指出：沿线有多种类型的资源，特别明显的是商业建筑和与其相关的文化景观。虽然大多不符合当前国家或州级别重要性的评判标准，但它们对当地十分重要，因为能够反映旅行者和沿途人民的风俗、信仰和价值观。这类有助于理解 66 号公路发展进程的资源可以作为历史区域或文化景观的一部分进行保护。可以将这类对象的选取标准定义为对地方层面的文化完整性有重要贡献，包含的范围足够广泛，可以涵盖沿途的各种建筑与构筑物，如闪烁的霓虹灯、路边售卖建筑、能展示西部特色的堡垒、仍在运营的汽车旅馆等。今天保护者加入的各种元素对有生命的道路是极其重要的，各种状态的建筑（从年久失修到废墟等）都有利于丰富景观的内涵。

由于路旁景观规模的庞大与涉及问题的复杂性，现今主要的问题是需要定义对延续道路特色最重要的区域或景观并进行优先级保护。在大多数情况下，66 号公路协会都是与州和地方机构密切合作以进行保护实践的。鉴于 66 号公路的庞大体量，对其保护也还处于试探阶段。国家公园管理局在《66 号公路资源调查研究》中提出了 5 种可选择的保护方法，都各自就保护理念、管理、资源处理、游客体验和解释、可能的结果和实施策略六大部分展开说明；分别探讨了这 5 种方法可能造成的影响，分别就文化资源、自然资源、社会经济环境、管理实体、国家公园管理局这几个方面进行探讨；指出必须以认真和批判的态度来评价这几种方法，在得出相对完善的结果后才能够进行具体的实施；指出国会也可以发展其他方法或不采取任何行动。由于工作的复杂性，至今还没有得出较为一致且完善的结论。

在《66 号公路资源调查研究》发布多年后，国会在 1999 年颁布了《公法 106-45》，同时建立了 66 号公路走廊保护项目（Route 66 Corridor Preservation Program）与办公室（Route 66 Corridor Preservation Office），配有专项资金致力于协助具体项目的实施过程。保护项目与办公室的目的与职能在于：

·为保护、修复和复原66号公路沿线的历史财产提供指导和技术援助。

·提供成本分担的津贴（cost-share grants），资助保护、修复和复原66号公路沿线重要的和具有代表性的建筑、结构和标志；路旁资源的调查项目；历史建筑报告；历史研究和教育计划等。

·为道路沿线的管理计划和其他计划提供指导。

·为沿线的遗产旅游发展提供指导。

·致力于与66号公路相关口述历史（oral history）的研究。

·开展保存培训和其他教育项目。

·提供信息资金来源的信息。

·开展保护与纪念66号公路关于公共利益的论坛。①

可以说66号公路走廊保护项目最实质的贡献就在于创建了成本分担津贴，自2001年以来，超过100个项目获得了该津贴的资助。亚利桑那州目前也正有两三个保护项目受此津贴的资助，包括霍布鲁克的维沃姆旅馆、乔伊和安吉的餐吧、桃泉的华拉派加油站和塔克斯顿的前沿汽车旅馆。

由于美国经济的快速变化，十九世纪晚期至今都在侵蚀着各地的历史场所感，因此也促使保护者倡导保护本地记忆和身份认同感，而路旁景观资源的重要性大多数都是基于地方层面标准来进行评价的。在未来，等待路旁景观的保护者们发掘的是更广泛与多变的场所感，同时也要面对诸多批评者的质疑。这些批评者认为大多路旁景观因营利而出现、缺乏美感，还有很多对象非建筑实体，不应该与历史和建筑遗产相提并论，也不能够成为后代构建更好未来的范例。一方面，路旁景观的体量对任何地方的保护者都是庞大的，保护者对这类对象的保护工作寻求资助和支撑法规具有较大的困难，没有人能预知保护的前景。另一方面，路旁景观会随着当地的发展不断生长变化，它不是过去遗留下来的东西，而是一直向前走的东西，所以大多数人不认为其处于危险之中而应该被保护。

虽然国家性保护力量已经出现，但在未来很长一段时间里还是会以群众的努力为主，那些不受保护原理羁绊的保护者面临着诸多挑战。比如保护的方式是单体保护还是视作一个集群来保护；应该进行重建复制还是适宜性改建；不断蔓延

① TURNER M. Historic Route 66：corridor management plan[R]. Pheonix：Arizona Department of Transportation Environmental & Enhancement Group，2005.

的庞大开放空间也是一个挑战，不得不思考可行的景观尺度；还有就是保护的经费，有限的成本分担津贴不可能惠及大多数财产。虽然面对很多困难，但是这些多样化的努力能够造就的未来值得期待。

第四节　待完善的激励政策

一、联邦激励政策的不足

1. 联邦历史自住房援助法案的提出

联邦政府对历史保护提供的激励政策在近年取得了巨大的成功，但也不难发现其若干局限性。第一，FHRTC 最严重的缺点是税额抵扣只适用于能创收、非居住性质的财产，因此成千上万的私有住宅不能从仅有的联邦历史保护税收激励政策中受益。随着政策的推行，政府发现旧城大面积老住宅区恢复蓬勃生机和活力是吸引中产阶级回流不可缺少的条件。因此国民信托的主席指出，“FHRTC 应该关注更广泛的对象，让其有益于最大的群体，以振兴更广泛的社区”。

第二，不能激励开发商参与修复和出售老居民区内的房屋或公寓，因为规定如果在完成修复工作的五年内出售房屋就不能够获得税额抵扣，也没有任何机制来允许将抵扣过继给后续的业主。

第三，缺乏能惠及不同区域的政策。例如，目前税法只规定税额抵扣有且只有 20% 的等级。然而，国民信托和其他保护组织指出该政策应该更有针对性，如对较贫困区域，应将抵扣额度增加到 25% 或 30%。

FHRTC 在保护历史环境与促进当地经济发展方面的成功是有目共睹的。然而，将居住建筑排除在外是其最大的弊端。国家公园管理局于 1993 年的一项研究指出：国家史迹名录中 72% 的建筑为私人拥有的居住建筑。国民信托指出，“因为自有住宅通常位于住宅区而不是在商业区和市中区，改善人们生活区域的建筑环境也很重要，而不仅是他们工作和购物的地方。”以上前提都为修复历史性居住建筑的激励政策打下了基础。1994 年，《历史自住房援助法案》（Historic Homeownership Assistance Act，HHAA）被提出，作为对 FHRTC 的补充和完善。[①]

《历史自住房援助法案》旨在为“实质性”修复或购买历史住宅的业主提供 20% 的税额抵免，最大允许 50000 美元的额度（等同于 200000 美元的重建支出）。“实质性”被定义为投资于修复费用的金额等同于财产的调整基础（adjusted basis）。财产的调整基础是指财产的成本减去任何折旧费，再加上建筑的改建成本，建筑潜在的土地价值不包括在调整基础之中。符合条件的财产包括：国家史迹名录收录的单独和多户型住宅、公寓、合作社，单独和混合用途的住宅财产；单独收录于内政部认证的当地财产；国家或当地历史街区认证的有贡献财产。由纳税人拥有，主要作为纳税人居住的住宅都可以申请，同样，所有的修复需要满足《内政部标准》。

对所有受益于 HHAA 的项目，修复工程支出总额的 5% 必须用于建筑外观的修复。税额抵扣可以用来抵扣未来几年的联邦所得税。如果房主在修复完成后的五年内出售房产，将收回部分或全部信贷，额度根据时间计算。HHAA 正是意识到了 FHRTC 这方面的弊端才提出这一关键的“可传递”特征，因为他们早已料到大部分申请该税额抵扣的人不会是个体而是开发商。这一“可传递”的特征将允许开发商修复历史性财产后，将财产连同税额抵扣一同出售给买家。在某些特定区域，如果纳税人没有足够的税额负债，可以将税额抵扣转化为抵押贷款认证，可以让贷款方降低利率或首付款用于抵消修复花销。HHAA 指出，“我们也希望大多数的修复工作由经验丰富的开发商完成，他们知道怎样的修复能符合内政部的标准”。

从一开始，倡导者就考虑到 HHAA 将带给审查者巨大的工作量，因此允许内政部与州历史保护办公室达成协议，直接由州历史保护办公室或地方认证政府对 HHAA 项目进行全权审查，不会由国家公园管理局进行二次审查。如果大多数开发商参与这个项目，不仅能够大大加速对历史建筑的修复，也会减少项目审查者的工作量，因为在过去完成了 FHRTC 项目的开发商早已熟悉了内政部的修复标准。此外，由于财务原因，开发商更倾向于一次性承担整个街区住宅的修复而不是仅仅一座住房。在这种情况下，整个住宅区将以符合内政部的标准被修复，也只需要从 SHPO 一处获得必要的审批。

---

① GRAVES J F. The Historic Homeownership Rehabilitation Credit：A Valuable Tool for Neighborhood Change[D]. Philadelphia：University of Pennsylvania，2007.

2. 联邦历史自住房援助法案的失败

由于 HHAA 的首要目标就是吸引中等收入居民的回迁以创建稳定的混合收入社区，因此中等收入的家庭就是该法案预期的受益者。另外，抵押贷款项目也确实能够惠及低收入家庭，利于他们获得自有住宅。较富裕居民涌入，不仅会改善社区的多样性和安全性，也促进了社区中公共资产的建设。但 HHAA 也存在潜在的负面影响，可能导致历史街区内的中产阶级化（gentrification）。中产阶级化是低成本、衰败的住宅社区，在经历物质修复后伴随着财产的升值和大量富裕居民涌入的过程。中产阶级化最常出现的负面影响就是迫使穷人离开该区域而去往成本更低的区域。因此更具针对性是 HHAA 应该考虑的重点，需要平衡该法案对中产阶级和低收入居民的影响。

HHAA 自提出以来面临的问题是没有引起历史保护领域以外社会群体的共鸣，获得的支持也多是有名无实的。本来很多群体都能直接受益：城市可以通过不动产的升值、销售和所得税的增加受益；社区发展公司和其他社区团体可以利用这一政策实现振兴社区的目标；开发商可以充分利用信贷的“可传递”特征；建筑商也将受益于增加的修复活动。但实际上，对该法案的宣传与营销做得十分不足。

此外，该法案在第 106 届大会中处于困境。首先，39 个委员中仅有 15 人投支持票。其次，即使支持的委员也没有将这一法案作为他们最关注的对象。更不利的是缺乏一个强大的人物为该法案发声，虽然议员克莱·肖在第 105 届和第 106 届大会中都提到了 HHAA，然而他并不是特别积极地呼吁众议院关注这一法案。也许最不利的原因是该法案的首要受益者，处于衰败社区中的低收入家庭在历史上从来都没有足够的政治影响力。还有当时的政治气候，几乎整个讨论 HHAA 的期间，国会都倾向于削减联邦政府的支出，因而不愿意通过这一政策。议员比尔·阿切尔担任众议院筹款委员会主席，在第 104 届到第 106 届大会中的口头禅就是“不要新的税额抵扣”(no new tax credits)。第 107 届大会中 HHAA 的拥护者已经明显减少，保护者们也已经接受了其失败的事实。第 108 届大会中，国民信托没有再试图推行 HHAA，而是关注于深化 FHRTC 促进历史商业建筑保护的效率。

二十一世纪初，出现了两项回顾税法历程的重要报告。2003 年 6 月，州历史保护办公室的全国会议发布了名为“税法改革回顾”的报告，呼吁 SHPO 和 NPS 在项目评审过程之间进行充分的对话，主张简化申请和审查过程。[①] 同年 12 月，

---

① FELDSTEIN M. The effect of marginal tax rates on taxable income：a panel study of the 1986 Tax Reform Act[J]. Journal of Political Economy，1995，103（3）：551-572.

历史保护发展委员会发布了《改善修复税额抵扣项目的建议》(*Recommendations for Improving Administration of the Certified Rehabilitation Tax Credit Program*)。这一文件试图促使税额抵扣变得“对不动产开发更加敏感”。作为回应，国家公园管理局于2006年发布了《联邦历史修复税额抵扣：优化项目的建议》(*Federal Historic Rehabilitation Tax Credit Program*: *Recommendations for Making a Good Program Better*)。该文件优化了项目的适用性，检查了使用者是否清楚FHRTC的程序，以及如何阐释内政部的修复标准可以使其更加易于操作。所有的报告主要关心的是历史保护税额抵扣项目的管理过程，这是一个历史悠久的过程——为了更好地服务历史保护和社区复兴的目标而试图改变税法本身。

二、州自住房修复税额抵扣

由于联邦政府的政策忽略对自住房修复的税收激励，因此也就把这部分工作留给了州政府与地方政府。现今有37个州政府对被认证的自住房的修复提供某些形式的税收激励，如“州住房修复税额抵扣政策”(State Homeowner Rehabilitation Tax Credit，SHRTC)，大部分州层面的政策都是仿照联邦层面政策制定的。即使没有历史住房修复税额抵扣的州也提供了其他方式的金融激励项目，如减税或津贴。

虽然不同州实施的政策有所差异，但是都共享着一些基本要素。例如：界定选择保护对象的标准；确保修复能够维持财产的建筑和历史完整性；哪些花费可作为认证修复的花销，以及税额抵扣是基于哪些花费的百分比；能够申请该政策的最小投资；管理该政策的过程和体制。所有能申请联邦层面政策的项目也都可以申请州层面的政策，尽管有时只是降低了额度。这种“捎带”联邦层面和州层面的税额抵扣政策可以成为开发商有利可图的投资。

北卡罗来纳州从1997年开始实施历史住房修复税额抵扣以来，仅1998年就有134个住宅项目被批准，总计1000万美元的修复支出。2004年的一项研究评估了马里兰州引产构筑物修复税额抵扣项目，50%运用了该政策的业主都认为，“税额抵扣是推动项目前进的必要因素”。此外，密苏里州的历史保护税额抵扣政策(MHPTC)也非常成功[①]，密苏里州大多数历史修复项目都位于圣路易斯的六个社区中，其余位于堪萨斯城、列克星敦和杰斐逊城。人口普查信息显示这些社区少

① SCHMIDT B. Missouri Historic Preservation Tax Credit[J]. Public Policy publications（MU），2009.

数种族的人口密度非常大，中等家庭的收入低于州平均水平。此外，九个社区中有八个都被认定为“衰败的”，老住房的空置率显著高于州水平，业主占用率低于州水平。研究表明，这些区域的历史保护税额抵扣政策确实被很好地利用，激励着修复萎靡社区中的历史住宅。近年来，亚利桑那州的历史保护也一直呈稳定趋势增长。亚利桑那州目前为自住房的修复提供了州历史保护税收激励（SPTI），对被认为是有贡献财产的修复减免 50% 的税，当然修复必须按照内政部的修复标准执行，这一资助额度是相当大的，也可见对历史保护的友好。申请者必须向 SHPO 提交申请以及两张房屋的照片，并拟订 15 年的合同（可将 15 年延长至 30 年）的税额减免。

对 SHRTC 项目的研究显示，该政策成为历史住宅保护与修复的工具，有效地促进了历史居民区的更新。但是，毕竟不是所有的州都有针对自住房的修复激励政策，也并不是所有州的该政策都得到了充分的利用。鉴于许多州的税收激励项目已经有 20 多年的历史，州层面政策或许可以作为参考，以完善联邦激励政策的不足。

第五节　阶段发展小结

一、保护的理论

1. 意识到平凡对象的不平凡价值

可以说历史保护大多起于破坏，图森市的案例也可以印证这一点，正是因为其市中心在城市更新中被完全摧毁，所以对仅存文化遗产才十分重视。在对日常民居的保护过程中做到了细致入微，甚至对一面历史窗户的处理都需要经过数道工序，在今天这个浮躁且飞速发展的社会中看似无法理解，却是难能可贵的。

美国二十世纪七八十年代的历史保护是令人十分乐观的，可以说学界对人们保护视野的拓展起到了决定性作用，在他们的不屑努力下，美国人才逐渐成为“能看见水的鱼”。其间也涌现出大量优秀的学术成果，对开阔视野、拓展思路有着很重要的作用。人们逐渐看到了很多平凡对象的不平凡价值，如郊区居民区以及路旁景观的保护也是很富有启发性的实践。不但可以看出美国草根群众富有远见，并且其极具创造力。更重要的是，这些对象不在于对州乃至国家具有多重要的价值，与社区生活、记忆相关，就是触动保护的因素。

2. 事前保护的意识（pre-happening）

对这些看似平凡对象的保护可以总结为一种事前保护的意识。事前保护，指在所有可能对历史财产及其所在环境造成危害的行动（如历史建筑的拆除或建设公路等）发生之前，采取措施以限定这些行动可能造成的不良影响，也就是美国今天的历史保护强调的预防性措施。事前保护不同于“事中”或“事后”保护，后二者更多地侧重于不良影响发生后，对财产进行的保护、修复等措施。前者需要用长远、整体的眼光提前看到可能发生的问题，因为历史文化遗产不是独立存在的单体，而与外部的社会、文化、经济的发展息息相关。事前保护强调从一开始，从法律法规、经济环境等层面对历史财产实施全面、整体的保护。这一点是美国众多历史保护者引以为豪的，他们更希望在可能出现问题之前就积极面对，在其发展为一个问题之前试图解决。历史保护审查就是为了在采取正式行动前肯定好的发展并否定不好的发展，就是防患于未然的思路。《国家历史保护法》的106节审查也完美地诠释了这一点，在联邦政府采取任何措施之前都必须通过这一审查以确保对历史文化资源不会造成消极影响。

诸如郊区居民区这类对象普遍历史较短，国家历史场所登录制度也将这类对象称为“未成年”的历史财产，在未登录之前不受历史保护条例保护。因此更应该增强危机意识，基于长远的眼光对其进行保护以防止可能对其造成不利影响的活动。要使人们坚信通过现在的保护，这些“未成年”的财产终有“成年”的一天。到那时再看，这些有价值的对象正是得益于当初的预防性保护措施。

3. 自然环境与建成环境的协同保护

可能也是受益于事前保护的意识，美国在二十世纪最后30年越来越关注对自然环境的保护，虽然历史保护最初也是始于对自然环境的保护。从1970年提出“地球日”唤醒公众意识以来，我们已经取得了很多保护自然环境战役的胜利。自然环境与建成环境是相互依存的，许多学者指出应该同时考虑自然环境与建成环境的保护。虽然有难度，人们却在实践中积极地探索。图森当地的《索诺兰沙漠保护规划》[①] 是应对于当地沙漠化问题而出台的结合自然环境与历史文化的保护规划。考古、历史、建筑和历史保护等方面的专家首先着手识别和评估对社区的历史和文化具有重要意义的对象和场所，主要关注五个至关重要且密切相关的方面：生物栖息地和生物走廊、沿河地区、山地公园、历史和文化资源、牧场。这些重要的文化资源按照重要程度与敏感度依次划分为优先级考古资源、高敏感度考古区域、中敏感度考古区域、优先级考古区域、考古区域、优先级历史街区、历史性社区。识别完成后在敏感度地图中详细地定位了这些区域，目的是保证这些区域不受未来不利发展的影响。历史街区在保护规划之中被定为敏感度较低的类别，因此其面对发展的威胁性也就相对较大，在长期的保护中仍然需要努力平衡发展这把双刃剑与历史保护的关系。保护规划的重点不是去限制发展，而是将发展限制到对自然、历史和文化资源敏感度最低的地区。通过对这五个部分的综合考虑形成了一个可行的土地管理规划，能够确保区域内生物多样性与历史文化的可持续发展。

美国今天的保护者们有一句口头禅就是“From compliance to stewardship”，就是告诉参与历史保护的人们要“从顺从者到管理者”的思想转变，要站在后人的角度看待自己的行为，今天看似无害的行为可能就会对未来造成严重的影响。要有主人公精神与危机意识，这也是事前保护的理念。

二、保护的实践

1. 撕去标签的保护——平凡化

今天，美国的历史保护已经回归了大众化，与人们的生活息息相关。可以将这一阶段保护日常景观的本质看作小心翼翼、更加专业的“修修补补”。这种保护的结果并不是为了如最初的历史住宅博物馆，保护是为了供人参观，修以致用才是终极目的。也出现了更加专业的团队来致力于“修修补补”，在诸如图森的很多城市中，可以做到一个电话就找来专业的保护团队，服务已经相当专业与成熟，价格也相当实惠且有多种经济激励政策。

诸如路旁景观的保护实践，大多是由草根阶层自发的保护，如赛里格曼的实

① MAYRO L，CUSHMAN D，PIMA COUNTY. Preserving Cultural and Historic Resources a Pima County Sonoran Desert Conservation Plan[Z]. Tucson：Pima County Administrator’s Office，1999.

践中，路旁景观的创意性保护也是为了迎合过路的游客，出于生存所需。只是会有很多非营利保护协会、志愿者们为这些保护实践提供无私的帮助。回归大众化后，保护的"标签"被不断淡化，也体现出相对应的价值观——保护是为了更好地融入生活，更好地服务生活。

2. 历史保护规划的地位

事前保护的意识正是告诉人们要提早地预想到历史保护，在规划之中就事前进行干预，排除对历史文化资源不利的因素。虽然在很多人看来，规划者和保护者的目标似乎常常是相互冲突的，规划者总是想方设法地促进社区的增长，而保护者总是试图在推土机前阻止新的发展，但事实上保护者并不是反对发展，他们反对的是对现有社区及重要的历史文化资源造成不良影响的发展。他们赞成以一种和谐的方式来促进新和旧共同发展。1966 年《国家历史保护法》颁布之后，历史保护被定义为社区规划的工具，自那时起，数以百计的社区实施了历史区域保护条例。总结了多年的实践与成功经验后，美国规划协会的报告指出了历史保护规划的十条组成要素：

a. 声明社区保护的目标，以及保护规划的目的；

b. 定义该州、区域、社区或街区的历史特点；

c. 总结过去和现在的保护成果；

d. 调查社区或街区的历史资源，或定义应该在社区进行的调查类型；

e. 解释州和社区历史保护的法律基础；

f. 声明历史保护与其他当地的土地利用和发展管理机构的关系，如区域条例；

g. 声明公共部门对城市拥有历史资源的责任，如公共建筑、公园、街道等，确保公众的行为不会对历史资源造成负面影响；

h. 声明激励措施，或者应该是协助保护社区的历史资源；

i. 声明历史保护和社区教育系统之间的关系；

j. 精确地阐述目标和政策，包括未来为实现这些目标的特别的议程。①

① WHITE B J，RODDEWIG R J. Preparing a historic preservation plan[M]. Chicago：American Planning Association，Planning Advisory Service，1994.

虽然历史保护的重要性与取得的成果有目共睹，但是今天它还没有成为社区综合规划中的强制内容。2005 年进行了一项全国性的调查，旨在调查州内的立法是否在当地综合规划中强制要求包含历史保护职能。①结果表明只有宾夕法尼亚、马萨诸塞、罗德岛和南卡罗来纳这几个州中，在当地综合规划中对历史保护有明确要求。如宾夕法尼亚州：

> 301 节（a）：市域、县域的综合规划，由地图、图表和文本组成，应包括但不限于以下的基本元素：
>
> 6）保护自然和历史资源的规划，不仅限于联邦政府或州法律的规定；
>
> 7）除了其他的要求，县域综合规划应当……
>
> （iv）明确历史保护的相关规划。②

很多规划者认为历史保护规划只是为了测量并记录社区中的历史资源，其视野有限，与社区综合规划的关系不大。罗伯特（Robert E. Stipe）研究历史保护的法律和政府职能长达 45 年，他在《什么是地方保护规划》中指出，历史保护规划应该是综合规划的一部分，应该与其他规划一样被赋予同等重要的地位。这一观点在《社区规划：对区域综合规划的介绍》中被详述，指出历史保护规划并不是侧重于个体建筑保护规划……它侧重于保护市中心和社区，以及这些历史建筑存在的语境。它非常类似于综合规划，并且在综合规划的语境下最为高效，因为综合规划为土地利用和其他项目提供了保护所需的语境。③今天，重要的是让所有社区、城市和乡村认识到通过历史保护来保存物质遗产的重要性，这可以提供经济和社会效益，并且给居民带来归属感。应该积极呼吁将历史保护规划作为综合规划不可或缺的组成部分。只有当它成为社区综合规划不可或缺的一部分时，才有可能在政府日常职能活动中扮演更为重要的角色。更完善的综合规划可以让我们意识到历史保护对我们日常生活的重要性。

---

① WARD R M，TYLER N. Mergers and Requisitions：Why It Is Important to Integrate Historic Preservation into Comprehensive Plans[J]. Planning，2005，10（71）：24.

② STIPE R E. A richer heritage：Historic preservation in the twenty-first century[M]. Chapel Hill：Univ of North Carolina Press，2003.

③ KELLY E D. Community planning：An introduction to the comprehensive plan[M]. Washington，D.C.：Island Press，2012.

三、阶段性发展与演变（图 6-5-1）

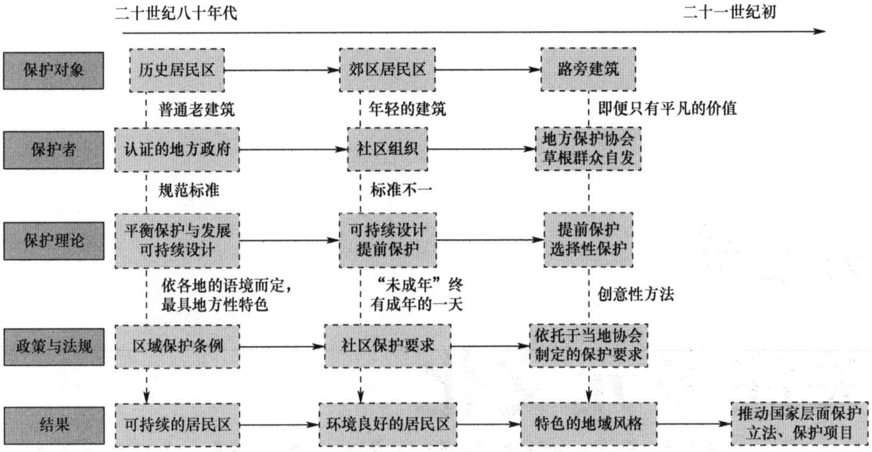

图 6-5-1　发展演变分析图

在历史保护回归大众化的时期，学界依然是最主要的积极动因，因为要改变对这类普通对象价值的认知是很难的。正如最初有很多学者将美国人比作“看不见水的鱼”，认为他们只把日常景观当作可以看的事物，而不对其做任何的思考。随着学界的不断诠释，美国人才逐渐意识到平凡对象的不平凡价值，能够“看见周围的水”。

事前保护的意识让人们相信，虽然今天的对象看似没有特别重要的价值，但只要对其进行很好的保护，早晚有一天它们会获得被认同的价值，“未成年”的历史财产终有“成年”的一天。对历史建成环境保护的同时考虑对与其相关自然环境的保护也得益于事前保护的意识，因为人们已经意识到环境保护与历史保护如同一枚硬币的两面，相辅相成。虽然同时对这两部分实施保护的难度很大，但也不妨碍人们迈出尝试的一步，很多地方的历史保护规划也包含自然环境保护的内容。

其实这一时期的消极因素也不能被完全理解为不利点，更好的是将其理解为保护的难点。因为毕竟平凡的事物太多，保护的力量却如此有限。对历史保护激励政策的分析也印证了这一点，联邦层面虽然多次提出要推出针对自有住房的历史保护激励政策，但都以失败告终，最终这一部分的重担落在了州层面。虽然有部分州推出了针对自有住房的激励政策，但其普及度与可利用度也有待提升。在这一阶段如何优化力量，实现更多更好的保护是工作的重点。

第七章

关注多元文化
——保护印第安文化遗产

第一节　美国政府对印第安人的政策演变

美国政府早期对印第安人的政策具有“善恶”的两面性。善的一面体现在先通过各种手段进行笼络以达到利用目的；恶的一面体现在如果笼络不成、遭遇反抗，则进行镇压与消灭。1830—1880年，美国政府强迫印第安人西迁，杰克逊总统在任期内推行了保留地制，这一政策极大地改变了印第安人与白人社会的关系。在这之前印第安人拥有部落的自治权，政府也将其视为拥有“主权”的实体。但这之后，印第安人完全丧失了主权，变成被美国政府统治和管理的对象。可以说保留地政策为印第安社会带来了巨大的不幸和灾难，使得印第安人的家园被毁、土地被鲸吞，彻底沦为待宰羔羊。但从另一个角度看，如果没有保留地，印第安人会被白人驱赶得流离失所。保留地仿佛成为印第安人最后一片乐土，只有在这里才能保留与传承印第安人的文化特征和民族性格。

1880—1940年，美国政府推行“文化大熔炉”政策，试图改变印第安人传统的社会经济结构和文化模式，想把他们纳入美国现代文明的生活之中进行“美国化”改造。这一强制性的种族压迫政策必然使印第安人产生强烈的抵触，因此也不可能成功。

二十世纪六十年代是民权运动（Civil Rights Movement）的鼎盛时期，包括旨在重申部落合法性的印第安民权运动（Indian Civil Rights Movement）。在一系列事件的推动下，美国政府对印第安人的政策发生了根本性转变，承认多元文化并存。七十年代至今，美国政府恢复了印第安保留地，并鼓励印第安人进行自治，这是应对大部分印第安人的真实意愿而采取的行动。需要注意的是这一时期的保留地与十九世纪中期的保留地有着本质的不同：第一，后者是对印第安人进行压迫，前者是顺应民意的行动，在保留地之中印第安人实行自治；第二，恢复保留地并非意味着完全回归原状，而在于如何更好地在当前构建未来。保留地成为印第安人精神的寄托、传统文化的回归与生活的保障。可以说恢复保留地是美国政府发生的巨大转变，是主流人群第一次真正基于印第安人价值观出发的政策。

可以说，印第安历史文化遗产的保护历程基本平行于美国社会对印第安人的政策演变过程。

第二节 印第安人在历史保护中的角色变化

一、被决定的保护

美国对印第安文化的保护始于十九世纪早期，最早可追溯到1847年试图拯救迪尔菲尔德市的“印第安老屋”，它是在1704年的“印第安大屠杀”中幸存下来的最后一座建筑。[①] 尽管这座老屋没有幸免于被拆毁的命运，但从这个时期开始，对印第安史迹的保护一直是美国历史保护活动中不可缺少的一部分。博物学家、社区领导人、业余历史学家和考古学家主导着这些工作，他们对印第安考古遗址十分感兴趣，进行测绘、考古发掘并收集古器物，对这些遗迹的考古调查随着西进运动延续了整个十九世纪。这期间考古学家提出“各种争论”，印第安人的起源就是其中之一，他们发起争论的目的都是从印第安人手中剥夺这些考古遗迹，而后这些争议也都被政治利用。

印第安人聚居的西南部富含矿产资源，推动了采矿业的蓬勃发展。十九世纪晚期，人们意识到这些活动对印第安人生活的影响，也就促使1889年第一个国家保护区大卡萨的建立。[②]1906年，议会通过《古物法案》对这些区域实施更加广泛的保护[③]。该法案第一次在法律中明确指出要保护印第安人的历史和文化资源。这项法案是国会应对迫切需要保护原住民文化的回应，为保护这些濒临消失的史前纪念碑提供了法律的支持。

从试图保留印第安老屋，到关于印第安人起源的争论，再到建立大卡萨保护区以及《古物法案》的颁布，印第安文化遗产的保护一直是人们关注的重点。但在印第安人看来，无论哪里被指定为被保护对象，都不是基于他们的价值观决定的，而是主流价值观的决断。

---

① HOSMER C B. Presence of the past：A history of the preservation movement in the United States before Williamsburg[M]. New York：G. P. Putnam's Sons，1965.

② COE L C. Folklife and the Federal Government. A Guide to Activities，Resources，Funds，and Services[M]. Washington：American Folklife Center，Library of Congress，1977.

③ NEWELL W W. On the field and work of a journal of American folk-lore[J]. Journal of American Folklore，1888，1（1）：3-7.

长久以来，印第安部落都按照传统的方式来保护对他们具有宗教和文化意义的地方。这些需要保护的地方和保护方法是少数领袖才知道的机密，并且只会透露给需要了解的人或是具有必要知识能够恰当应对的人，他们认为只有这样才能很好地保护这些圣地。在十九世纪晚期和二十世纪早期，为了研究印第安人，学者和博物学家往往需要与他们生活多年以获取信任。大多数学者在离开之后会公开多年收集的秘密文化信息，但印第安人将这类行为视作对文化的窃取与传统的背叛。伴随着二战后大规模的建设活动，部落时常向联邦法院上诉试图阻止可能破坏他们圣地的建设项目，指出这些活动会对宗教传统造成不可挽回的伤害。因此，政府要求部落公开他们的秘密信息作为支撑的证据，由于他们不愿将这些信息放到台面讨论因而从来没有胜诉，也就无法保护这些圣地。再者，就算被迫公开这些信息，他们的人权也受到了侵犯。

许多当代部落的历史保护项目始于二十世纪五十年代的历史和考古项目，这是建立印第安土地所有权委员会（Indian Land Claims Commission）后出台的。1948年，国会授权部落可以申请在十八、十九世纪被侵占土地的赔偿，并要求部落详细地提供领土被侵占的范围，这就涉及历史研究、考古调查、口述历史的研究。一些部落将这些工作转交给委托的律师、咨询师和聘请的专家；也有部分部落依靠自己的努力收集必要的数据，现在很多部落考古项目、口述历史项目以及部落博物馆都基于这些早期的基础研究发展而来。

随着二十世纪六十年代民权运动的发展，美国政府承认文化多元并存。这个时期建筑保护开始关注农民、奴隶和工人阶层建筑遗产的重要性和他们的文化表达——旨在保护原始（primitive）、乡土（vernacular）、传统工艺（traditional crafts）、民俗（folklore）和其他农场和村庄生活的证据。[①]1964年，一场名为“没有建筑师的建筑”（Architecture without Architects）的展览在纽约现代艺术博物馆展出，一本同名著作《没有建筑师的建筑》通过介绍鲜为人知的非正统建筑世界，试图冲破我们对建筑艺术的狭隘观念。这个展览的主办人鲁道夫斯基（Bernard Rudofsky）是第一个将“乡土”一词运用在建筑学背景之中的学者，根据实际情况，称之为乡土建筑（vernacular）、匿名建筑（anonymous）、自发建筑（spontaneous）、本土建筑（indigenous）、乡村建筑（rural）。[②]之前一直受忽视的

① FITCH J M. Historic preservation：curatorial management of the built world[M]. Charlottesville and London：University of Virginia Press，1990.

② RUDOFSKY B. Architecture without architects：a short introduction to non-pedigreed architecture[M]. Albuguergue：UNM Press，1987.

对象重新成为被关注的对象，包括印第安人的文化。1989年，皮特·那波克夫（Peter Nabokov）与洛夫特·伊斯顿（Rovert Easton）合著的《原住民建筑》[①]（*Native America Architecture*）系统地介绍了美国几个原住民聚居地的建筑，包含多个种类，关注于建造的过程、技术和结构等。此外，还有诸如著作《美国迷人的印第安遗产》，系统地介绍了印第安遗产的重要性，号召人们重视这一群体的历史。

二、自己主导的保护

1979年通过的《考古资源保护法案》（The Archaeological Resources Protection Act）是对1906年古物保护法案中一些模糊部分的回应。为了消除这些模糊点，法案提供了综合的考古资源清单，指出联邦或印第安领土内，破坏、收集、挖掘或移动考古资源是重罪，有法案颁发许可证的情况除外。法案明令禁止贩卖考古资源，违反者可能会受到民事或刑事处罚。重要的是法案明确承认了考古资源对印第安部落的重要性，不仅仅将考古遗址看作历史和科学数据的来源，也承认部落对领土内所有考古资源的所有权。因此，法案许可部落对领土范围内的历史保护实施自制，没有为部落设定标准，也没有为部落的标准制定设置限制。法案的通过为以后的历史保护提供了两个重要的先例。首先，它认同部落的主权及对领土范围内考古资源的管理权。其次，它是第一个文化资源管理法律，明确要求联邦政府在采取行动之前需要获取部落的认同。

1980年，《国家历史保护法》的修正案补充了对美国民俗文化（American Folk）的保护内容：内政部在与美国民俗研究中心的合作中应该……向总统和国会提交保存和保护非物质文化遗产的报告，如艺术、技能、民俗生活和风俗习惯……这应包括通过联邦政府给出立法的建议和行政行为，以应对保存、保护、鼓励多元化的史前、历史、民族和民俗文化传统，是美国遗产的生活表达方式。该修正案很少提及印第安人，仅提出会为印第安的保护项目提供直接资助，并没有在国家历史保护伙伴关系中赋予印第安部落任何真正的角色。

1990年国会通过了《印第安坟墓保护和返还法案》（Native American Graves Protection and Repatriation Act）。这一法案是美国印第安历史保护20年来成果的积累，指出将返还印第安人祖先的骨骼遗骸，很多在之前都作为科学标本保存在博物馆之中，博物馆往往认为他们具有这些标本的所有权。国会在二十世纪八十年

① NABOKOV P，EASTON R. Native American Architecture[M]. New York：Oxford University Press，1989.

代就试图解决这一问题但以失败告终，直到与印第安社区的代表、考古学家、物质人类学家和博物馆长达一年的意见交换，最终才达成了充分的共识使得国会通过了这一法案。

国家公园管理局在1990年发表了一份名为“珍宝的守护者”（Keepers of the Treasures）的报告，这是基于一系列与个别印第安人和部落代表，以及所有部落成员实施的一项调查得出的结果。第一次尝试评估印第安部落、印第安人、阿拉斯加原住民、夏威夷原住民历史保护的需要。这一报告一直是反映印第安人历史保护的重要信息来源，为保护项目提供了有力的支撑，也为如何解决报告中发现的各种需求拟订了计划。根据这份报告，1990年74个部落在某种形式上都参与了历史保护。这些活动包括保护传统文化地、研究传统历史、操作部落考古项目、监督考古项目、运行博物馆和文化中心、测量和记录历史财产、维持部落历史财产的注册、与州历史保护办公室的合作等。

1990年，联邦政府计划将50万美元的财政拨款用于印第安部落的历史保护项目，这是国会第一次基于此目的的拨款。拨款被用于支持所有部落的历史保护项目，一方面是一些常规的历史保护活动，如调查和登录历史性史迹等；另一方面也有一些较为特殊的保护活动，如口述历史、非物质文化遗产和人类学的研究等。

最终，1992年《国家历史保护法》（NHPA）的修正案带来了实质性的转变——印第安部落与国家历史保护具有全面合作关系，可以在任何层面参与历史保护。保护法的101节就是“印第安条款”（Indian Provision），授权部落可以在印第安保留地范围之内行使州历史保护办公室（SHPO）的所有职能。为了行使这些职能，部落在取得内政部认可之后可以建立部落历史保护办公室（THPO）。首先需要提交申请来明确其职能以及行使这些职能的方法，是否有分配给SHPO或内政部执行的职能。101节授权部落可以接管SHPO的职能并且采用自己的条例来替代NHPA中的106节审查，内政部负责对申请进行审查。1992年修正案还有一个至关重要的部分是，对印第安部落有“传统宗教和文化重要性”的对象也有资格被收录于国家史迹名录。1997年，15个被批准的THPO共同组建了一个全国性的组织，后来整合为国家部落历史保护协会（NATHPO），目的是促进印第安传统和文化的保护、维护和振兴。

可以说二十世纪八十年代，印第安人才开始积极参与历史保护。直到九十年代，印第安人才开始在国家历史保护中扮演重要的角色。数十个被认证的部落自行实施着历史保护活动，与联邦机构、州历史保护办公室、地方政府和私营部门达成了全面和平等的伙伴关系。从八十年代开始，很多部落考古项目不仅仅是传统考古项目的提供者，而开始像历史保护组织一样参与资源管理活动。他们自己定义着“重要性”，以及应该如何保护和阐释。一些部落开始以自身的名义发行考古许可、发起保护规划项目、准备保护条例、为联邦机构特别是印第安事务局献策。印第安文化遗产的保护也扩展了国家史迹名录注册的对象，使其包含独特的生活方式、口头传统、仪式和其他非物质文化遗产，而且印第安文化的保护为其他少数群体文化的保护树立了模板。

第三节　圣胡安印第安传统村落的保护

一、达成保护共识

圣胡安印第安传统村落（Ohkay Owingeh）位于美国新墨西哥州的北部，是被联邦政府认可的 19 个印第安部落（pueblo）之一，有着 700 多年历史，也就是说比五月花号抵达美洲大陆还要早三个多世纪。“圣胡安”在印第安语中意为“壮士之地”。杰克逊在《发现乡土景观》一书中也提及了印第安部落区域，说这里是没有受到任何政治因素影响的区域，具有原生的景观特色，也就是传统意义的乡土景观。村落最早的照片拍摄于 1877 年，展示的地点在今天仍可辨认。开敞空间是四个不平坦的广场，为舞蹈和节日活动所用，其周围被一层或两层的建筑物围绕着。这些建筑由手工制造的土砖建造，外表面用泥土抹灰。由于其重要的文化和历史价值，村落于 1974 年被列入国家史迹名录（图 7-3-1、图 7-3-2）。

几个世纪以来，社会的发展不断地影响着这一传统村落。一方面，大多数成年居民离开印第安地区外出工作仅在节日期间回来，村落中的民居因得不到日常维护而逐渐坍塌废弃，由建筑围合而成的四个广场空间也不复存在。另一方面，住房和城市发展部（HUD）为改善住房条件于 1970 年开始在村落外围修建独栋住房，并没有对原有住房进行改善，很多居民陆续搬出。村落已从最多时的 150 多户居民减少到 2005 年的 25 户，遗存的传统民居仅有 60 余栋。这也导致印第安人的生活方式、语言和传统的建筑技术面临消失的危险。由于部落对保障性住房的需求，2000 年圣胡安房屋委员会（OOHA）在部落委员会的支持下提出复兴这个传统村落的计划，希望能实现文化传统与当代生活的和谐共存。

图 7-3-1 圣胡安印第安传统村落（陈光浩 摄）

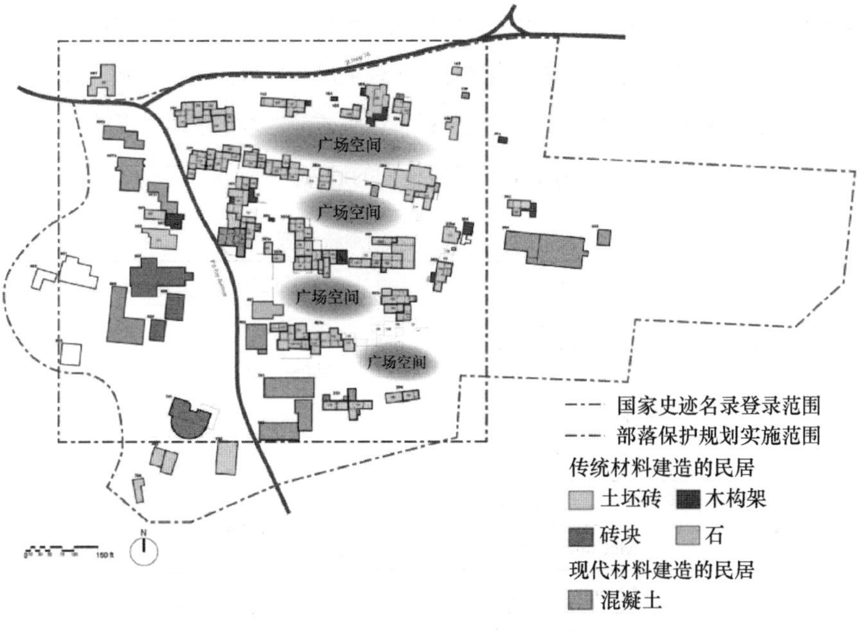

图 7-3-2 圣胡安印第安传统村落建筑类型分布图（根据保护规划改绘）

保护计划在一开始面临着很多困难，比如缺乏历史资料、找不到原有业主、必须为老住宅创建新的契约、寻找合理的保护方法等，其中最主要也最困难的就是需要大量的经费。在建筑师的协助下，从新墨西哥州历史保护办公室申请到了一笔保护教育经费，用于对部落中六个高中生进行GIS的项目培训，目的是教会他们使用计算机技术来测量、记录、评价与分析部落的历史与景观空间环境。后来，他们的成果在美国印第安国家会议（National Congress of the American Indian）中进行了展示并获得了很多关注，这几个学生也获得了进入大学学习的奖学金。随后，部落委员会又获得了查姆斯基金会（Chamiza）的资助来建立口述历史（oral history）项目，旨在通过对部落中老人的访谈了解他们记忆之中的传统。两位人类学家与建筑师共同准备了调查问卷，并且训练了村落中的居民对12位只会讲特瓦语的老人进行访谈。年轻人在访谈过程中作为视听转译员和记录员，这一经历也是他们感知传统并学习传统语言的机会。

前期的努力为村落带来了足够的关注度，住房和城市发展部最终提供了足够的经费用于推动一个完整的复兴规划。表7-3-1统计了修复计划的资金来源，可以说这样一个庞大的项目起源于7500美元的保护教育奖学金。规划的首要目标就指出必须要基于当地居民的价值观来保护他们的遗产。部落委员会首先成立了由村落官员、长者及居民组成的咨询委员会，通过定期组织会议来确保项目能够与居民达成共识。如询问老者他们印象之中过去的生活是什么样的，与潜在的居民讨论他们将来的住房需要具备什么功能；确保民居的体量、朝向等历史特征能够被很好地保护，同时也要努力平衡传统与现代以满足当下所需。在与建筑师的合作下完善了现状分析，得出了缺失建筑分析、住宅尺寸分析、居住设施分析、使用频率分析、建筑材料分析、住宅状况分析。这些前期工作不仅对当下的实践提供了急需的文件，也有助于居民更好地了解他们的过去。

表7-3-1　保护资金来源统计表

<table>
<tr><th>阶段</th><th>经费项目</th><th>实施时间</th><th>金额</th></tr>
<tr><td rowspan="3">1</td><td>保护教育项目</td><td rowspan="3">2006—2007</td><td rowspan="3">$7500</td></tr>
<tr><td>新墨西哥历史保护部门</td></tr>
<tr><td>ESRI 软件培训机构</td></tr>
<tr><td rowspan="4">2</td><td>历史资源库存项目</td><td rowspan="4">2006—2008</td><td rowspan="4">$64350</td></tr>
<tr><td>国家公园管理局部落保护项目</td></tr>
<tr><td>McCune 基金会</td></tr>
<tr><td>Chamiza 基金会</td></tr>
<tr><td rowspan="4">3a</td><td>保护与修复规划</td><td rowspan="4">2007—2008</td><td rowspan="4">$31905</td></tr>
<tr><td>McCune 基金会</td></tr>
<tr><td>历史保护国民信托</td></tr>
<tr><td>Chamiza 基金会</td></tr>
</table>

续表

阶段	经费项目	实施时间	金额
3b	修复规划 +2 个单元的示范项目	2009—2010	$470000
	乡村住宅与经济发展部门		
	印第安社区发展津贴		
	McCune 基金会		
	圣胡安部落委员会		
4	10 个单元的修复	2010—2011	$1105000
	印第安社区发展津贴		
	新墨西哥 HOME 项目资助		
	印第安住房津贴		
	圣胡安部落委员会		
5a	10 个单元的修复	2010—2011	$2000000
	印第安住房津贴		
	修复项目合计		$3678755
5b	设施更新	2010—2011	$1194606
	印第安社区发展津贴		
	印第安住房津贴		
	印第安健康服务部		$371000
	设施更新合计		$1565606
	总投入		$5244361

资料来源：根据相关资料整理。

二、修复传统民居

由于保护规划事关部落的文化和主权等多方面敏感问题，例如应采用什么材料、考古原型是什么，应该采取什么保护方法，如何同时满足部落所需与联邦政府的要求。这都必须与部落的文化领袖进行深入的探讨，因此成立了文化咨询团队（Cultural Advisory Team），举行了很多会议来寻求最佳的解决方案。

其中一次重要的会议就是关于讨论应该复兴传统的泥浆抹灰技术还是继续使用水泥来修复土砖房的外墙。由于村落中大多数传统的建筑技术在 1950 年后都被摒弃了，现存建筑的外表面在 1960—1970 年都使用了水泥来防止生土面层的剥落与老化，这却造成了水蒸气密闭在墙体内部而加剧了对土砖的腐蚀。文化咨询团队举行了多次会议来探讨理想的修复方案，基于材料科学提出了九种备选方案：①传统泥浆抹灰；②泥浆结合隐藏的墙顶；③泥浆结合隐藏的墙顶和隔热层；

④泥浆结合可见的墙顶；⑤泥浆结合可见的墙顶和隔热层；⑥泥浆结合聚合物添加和石墙顶；⑦石灰和石墙顶；⑧水泥抹灰；⑨水泥抹灰和隔离层。分别对这几种方案的初始成本、二十年维护成本、审美完整性、维护要求、技术完整性、可逆性和能源效率这几方面综合权衡利弊（表 7-3-2）。

表 7-3-2　不同方法的技术和经济权衡

项目	传统泥浆抹灰	泥浆结合隐藏的墙顶	泥浆结合隐藏的墙顶和隔热层	泥浆结合隐藏的墙顶	泥浆结合可见的墙顶和隔热层	泥浆结合聚合物添加和石墙顶	石灰和石墙顶	水泥抹灰	水泥抹灰和隔离层
初始成本	4	4	2	4	2	4	1	3	1
二十年维护成本	1	4	3	4	3	4	2	2	1
审美完整性	4	4	4	3	3	4	1	2	2
维护要求	1	3	3	4	4	1	2	4	4
技术完整性	4	4	4	4	3	1	4	1	2
可逆性	4	4	2	4	2	2	2	3	2
能源效率	1	1	4	1	4	1	1	1	4
平均分	2.71	3.43	3.14	3.43	3.00	2.43	1.86	2.29	2.29

资料来源：根据相关资料整理。

最终，专家与居民达成共识，决定采用一个混合的方案，即同时运用传统与现代技术。一方面恢复使用土砖结合泥浆抹灰（mud plastering）这一传统技术来修复民居，不仅能保证土砖墙的正常呼吸，也复兴了传统。另一方面使用现代的薄膜屋顶与金属栏杆压顶替代了传统的土屋顶，这样不仅能更好地保护土墙，也改善了屋面的隔热与防水性能。

在建筑组件的修复过程中，对屋面外露梁（vigas）的再利用体现了保护文化传统的另一个努力。外露梁是印第安建筑中的结构性屋面梁，常常作为印第安家庭之间相互赠送的礼物，具有十分重要的文化意义。规划提出这种建筑结构形式在新建建筑中必须使用，还提出可墩接或切割部分糟朽的木料后再次使用，这样既保护了印第安人的文化传统，又符合绿色建筑老料新用的理念，达到建筑科学和传统文化之间的完美结合。对门和窗的修复是依据历史照片进行的，在文化咨询团队与居民探讨后，决定将门和窗分别恢复到二十世纪二十年代至四十年代期间的状态（图 7-3-3），并且提出了适当加大开窗面积以实现更好的采光，优化门窗的气密性而进一步达到节能的目的。

图 7-3-3 门窗形式的考据（根据保护规划整理）

最重要的是村落中的居民都是当代人，这意味着民居的修复需要平衡印第安人的文化传统与今天住房需求的关系。所以规划提出了一些现代化的改进，如增加厨房和浴室、采用现代化供暖设施、安装节能电器等，既能使住宅更适宜现代人居住，又能提高能源效率（图 7-3-4）。

图 7-3-4 修复后的室内与室外（陈光浩 摄）

三、重塑与维护村落空间

阶段性修复毕竟是短期行为，委员会意识到如果不对部落成员进行建筑维护的技能培训，即使复建完成也不能实现长期可持续的发展。因此决定训练部落成员使用泥浆抹灰这一传统的建筑技术来建设和维护房屋，并且参与培训是一个家庭的房屋在后续阶段得到修复的强制条件。项目实际实施过程中，约40% 的参与者都是村落居民，当他们熟练掌握这一技术之后也就实现了长久可持续的维护。不仅传统的建筑技术被重新掌握实现了文化的传承，而且新掌握的技术也为居民带来了新的就业机会。当本地的项目逐渐减少后，这些人们又被聘请参与国内其他工程项目的施工，如旧金山的普雷西迪奥要塞（Presidio）。这种动态保护理念非常符合于 1888 年成立的美国民俗协会的宗旨，“旨在探索、记录、传承美国现存民俗传统居民的生活”[①]，并致力于培训当地社区成员更有效地使用文档来记录他们的文化，达到教育目的的同时传承他们自己的文化。[②]

由历史照片可知，村落中大多数民居都为两层建筑，但自二十世纪中期以来大多数民居的第二层都消失了。不仅如此，很多民居连仅存的第一层也坍塌荒废了，最初的四个独立的广场空间也因其周围建筑的消失而不复存在。因此，在第一阶段对村落中 21 座传统民居的修复完成后，第二阶段关注着民居的竖向和纵向空间的修复。不仅要复原大多数民居消失的第二层，还要在废墟之上新建建筑以重新围合广场，重塑能举行传统舞蹈表演和大型仪式的空间。在恢复传统村落的物质空间和非物质空间以后，也为发展旅游业打下基础。

除了圣胡安印第安村落的保护实践，还有很多其他的村落也进行着各自的探索。2013 年，美国印第安部落委员会发表了《2013 年部落住房改造的杰出案例》，详细地介绍了近年印第安部落住房改造的成功实践。这类资料比较繁杂细碎，只能通过部落历史保护部门、部落住房等部门找寻。

---

① NEWELL W W. On the field and work of a journal of American folk-lore[J]. Journal of American Folklore，1888，1（1）：3-7.

② PARKER P. Keepers of the Treasures：Protecting Historic Properties and Cultural Traditions on Indian Lands：a Report on Tribal Preservation Funding Needs Submitted to Congress by the National Park Service，United States Department of the Interior[M]. Washington，D.C.：US Department of the Interior，Natlonal Park Servile，1990.

第四节 阶段发展小结

一、保护的理论：相对合理的评判标准

最初由于社会政治等因素的影响，美国主流社会对印第安人持敌对态度，但这一情况在二十世纪六十年代的民权运动后得到了改善，人们开始接受并拥抱多元文化。由于一开始对印第安人文化遗产的保护是由主流价值观决定的，因而结果也常常不被认同。但后来随着相关法案多次修改后，印第安人才在历史保护中获得了合适的地位。印第安文化遗产的保护也才从一开始被主流人群左右，成为由印第安人自己主导的活动。

最初，由于文化知识的局限性，印第安人根本没有形成文化遗产的保护理念，再加上社会经济的发展，他们很容易在自己的主观意识下采取一些不太理智的措施。如早期圣胡安印第安传统村落民居的加速衰败在很大程度上是由于墙面使用水泥进行覆盖，室内乱拉电线取电等因素造成的。后来的保护过程在充分与印第安人达成共识的情况下开始，很多保护理念也是从印第安人的价值观出发的决定，但也有专家的充分介入来保证保护方法的科学性。

万物都面临着自然衰减，鉴于历史财产的重要价值，需要通过慎重的保护措施来停止或减缓这一衰减的过程。美国于 1966 年通过了历史保护法案，并且创建了历史保护的标准与导则——《内政部历史财产的处理标准》。该标准定义了四种不同的保护方法：保存、修复、复原和重建。这四种方法组成了一个清晰的等级体系，对建筑实施的干预程度递增，对建筑真实性的保护程度递减。一般情况下，联邦政府会要求受政府基金资助的项目严格遵守这一套保护标准。圣胡安的保护实践采取了很多没有先例的措施，对建筑的干预程度也比较大，与既定的历史保护标准产生了不同程度的冲突（表 7-4-1）。保护团队从一开始就预料到印第安人对传统和文化的理解必然与联邦政府对历史保护的要求产生冲突，因此也积极地与部落成员、新墨西哥州历史保护办公室，住房和城市发展部进行协商。联邦政府在这之中也体现了相当的包容性，从实际出发来审视合理性。因此这一项目既能够顺利地通过审查并且实施，也能获得政府资金的资助。

表 7-4-1　保护实践与保护标准的冲突

保存（Preservation）	修复（Rehabilitation）	复原（Restoration）	重建（Reconstruction）
1. 合理使用 使用过程中应该实现最大化物质的保留	1. 合理使用 使用过程中应该实现最大化物质的保留	1. 合理使用 使用过程中应该实现最大化物质的保留	1. 准确性和需求 重建必须基于充分的实证与最小化的猜测，对财产达成必要的理解
2. 保持性格特征 避免替换	2. 保持性格特征 避免替换	2. 保持性格特征 避免移除复原时期的特征	2. 保存遗留的部分 保存仍然存在的历史材料、特征和空间关系
3. 对时间的记录 保护是兼容并且可以被识别的	3. 对时间的记录 需要避免对历史发展的错误的感觉，例如增加在其他历史财产中存在的特征或元素	3. 对时间的记录 对复原时期材料和特征的保护应该具备兼容性和可识别性	
4. 历史变化 历史变化将被维持和保存	4. 历史变化 历史变化将被维持和保存	4. 历史变化 能表明其他历史时期的材料、特征、空间和装饰，在移除前应该做好充分的记录	
5. 独特的工艺 保存材料、特点、装修和建筑技术	5. 独特的工艺 保存材料、特点、装修和建筑技术	5. 独特的工艺 保存材料、特点、装修和建筑技术	3. 对工艺的复制 准确复制材料、设计、颜色和材质
6. 最少的替换 现存状态将决定何时介入。当需要替换时，新材料将会符合设计、颜色和材质的特征	6. 维修还是替换? 应该采取维修而不是替换腐化的部分。当确实需要替换的时候，新材料应该符合设计、颜色和材质的特征。替换需要文档记录证据	6. 维修还是替换? 应该通过维修而不是替换来对待复原时期腐化的部分。当确实需要替换的时候，新材料应该符合设计、颜色和材质的特征。替换需要文档记录证据	
7. 温和的处理方式 如果使用化学或物理方法，应当保证尽量温和的特性	7. 温和的处理方式 如果使用化学或物理方法，应当保证尽量温和的特性	7. 温和的处理方式 如果使用化学或物理方法，应当保证尽量温和的特性	
8. 考古特征的保护 在原地保护和保存	8. 考古特征的保护 在原地保护和保存	8. 考古特征的保护 在原地保护和保存	4. 考古调查 重建将严格依照考古调查

续表

保存（Preservation）	修复（Rehabilitation）	复原（Restoration）	重建（Reconstruction）
	9. 区分性 & 相融性 新的建设应该与旧的部分有区分，但是也要与历史材料、特征、尺寸、规模和比例相协调	9. 伪造的历史 不能够建设历史上没出现过的设计	5. 伪造的历史 不能够建设历史上没出现过的设计
	10. 可逆性 新的建设应该可以被移除而不伤害保护对象的形式和整体性	10. 替换之前需要证据 替换复原时期所遗失的特征需要有证据支撑	6. 区分性 重建作为当代的再造要与真实的历史部分清楚地区分
保护实践与保护标准的冲突程度		较大冲突	中等冲突

资料来源：根据相关资料整理。

二、保护的实践

1. 敢于对传统进行取舍

有专家指出，今天大多数保护者所做的永远都只是找出遗产在哪里，然后挂牌保护，但这样的保护也就是博物馆式的静态保护。社会在不断地变化与进步，保护者应该在今天的语境下看待问题。

今天的历史保护最重要的就是思考什么该“取”，什么该“舍”。正如有学者指出民间社会的特点就是选择的有限性，这受制于宗教习俗、可利用资源、当地气候等因素，被束缚的空间决定了独特的文化和生态环境。这些束缚一旦构成了物质世界，“传统”的存在就是现代性的对立面。[①] 但现代社会中的人们与过去相比有着无限的选择。作为保护规划与居民沟通的桥梁，咨询委员会与文化咨询团队充分尊重印第安人的价值观，在今天的语境下对传统进行合理的“取舍”，在协商之后达成共识。诸如采用现代的薄膜屋顶与金属栏杆压顶替代了传统的土屋顶，加入厨房、卫生间等措施都冲破了“传统”的“束缚”，让现代人的生活变得更加舒适、便利与丰富。反向思考，如果这次保护只“取”而不“舍”，仅仅采取博物馆式的封存保护，试问今天的居民有谁愿意继续居住在没有卫生间、厨房、空调

① BOURDIER J P，ALSAYYAD N. Dwellings，settlements，and tradition：cross-cultural perspectives[M]. Lanham：University Press of America ，1989.

以及各种现代化设施的“传统村落”之中？这样保护的村落也就失去了意义。

圣胡安印第安传统村落的案例中就加入了现代元素，虽然过去的生活里确实不存在这些元素，但也不应该以过去的静态传统来束缚今天的保护。今天的村落是有生命的人类聚居点，将持续有机地发展。如果忽视了发展，这类乡土建筑就会失去存在的生命力，变得更加苍白，也使保护失去基础和意义。相反，通过加入这些元素，相当于过去的传统就变成了现在的传统。在这一过程中，过去、现在和未来的角色一直在不停地变化。因此，历史保护有时需要站在传统与现代的双重角度来思考问题——既要尊重过去又要活在当下。

2. 致力于动态地传承传统

对传统村落的保护不仅要思考如何保护留存至今的物质遗存，还应该考虑全方位的非物质遗存，最重要的是思考如何将这些“动态的传统”延续到未来。让年轻人参与口述历史的项目，培训居民对村落空间的重塑与维护完美地诠释了如何保护物质与非物质遗存，以及如何动态地传承这些遗存。正如美国民俗文化中心的宗旨——未来的历史保护需要使用文档和创新的传播方式达到更大的教育目的，以及必须培训当地社区的成员更有效地使用文档和学习创新的技术来保护他们自己的文化。

圣胡安印第安传统村落的保护实践十分尊重印第安人的价值观，将达成共识视作复兴计划的起点与根本，体现出印第安文化遗产的保护，由最初被主流人群主导的“被保护”到自己“主导保护”的演变过程。这一保护实践冲破了历史保护的既定套路，为当代传统村落的保护开辟了新的思路。其保护理念与方法可以借鉴于其他少数群体的文化遗产保护，如对我国的少数民族聚落就具有十分重要的现实意义。

三、阶段性发展与演变（图 7-4-1）

分析印第安文化遗产的保护历程可知，最初美国主流人群对多元文化是持否定态度的，曾经企图通过高压政治手段消灭多元文化。但随着社会的发展，人们逐渐转变了这一观点，也积极投入到对多元、少数文化的保护之中。印第安人在历史保护中的角色也从最初的“被保护”变成“自己主导保护”。随着政府与专业团队的积极介入，保护的科学性得到了长足的进步。最初的村落在人们自发的保护中不断衰败，且问题越来越严重，但在专家团队积极配合之下，不但提出了科学的保护方法，而且在执行过程之中也充分体现出人文关怀。

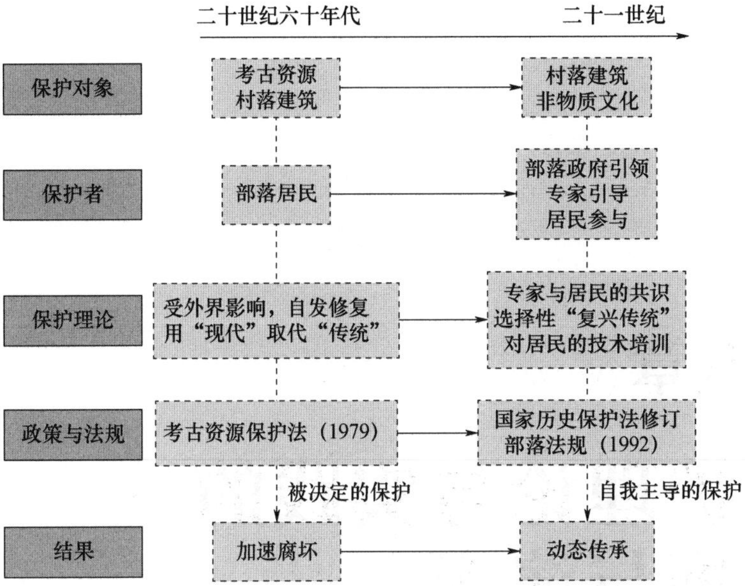

图 7-4-1　发展演变分析图

圣胡安印第安传统村落的保护实践是成功的，但还有更多的印第安传统村落以及其他少数族裔聚落就不那么幸运了，它们可能仍然处于无人问津的角落。因此，希望在社会经济的不断发展过程中，这些被忽略的对象都能够重新得到人们的充分关注，踏上各自文化复兴的道路。多元文化不仅是人类文明与社会进步的象征，也体现了历史文化的丰富特色与深刻内涵。圣胡安印第安传统村落保护实践中蕴含的理念与方式方法具有很高的参考借鉴价值。

美国乡土建筑保护

第八章

保护理论与实践的发展与演变

美国的保护历史已超过了两百年，其间积累了很多成功的经验，也经历了许多失败的教训。对各阶段保护历程进行系统的梳理后，得出了推动保护理论与实践变化的积极动因与消极动因。将这些动因放置在时间序列中进行纵向分析，不仅可以看出积极动因与消极动因相互作用的过程，也能看出这些因素对整个保护历程中理论与实践造成的影响与结果。见图 8-1-1。

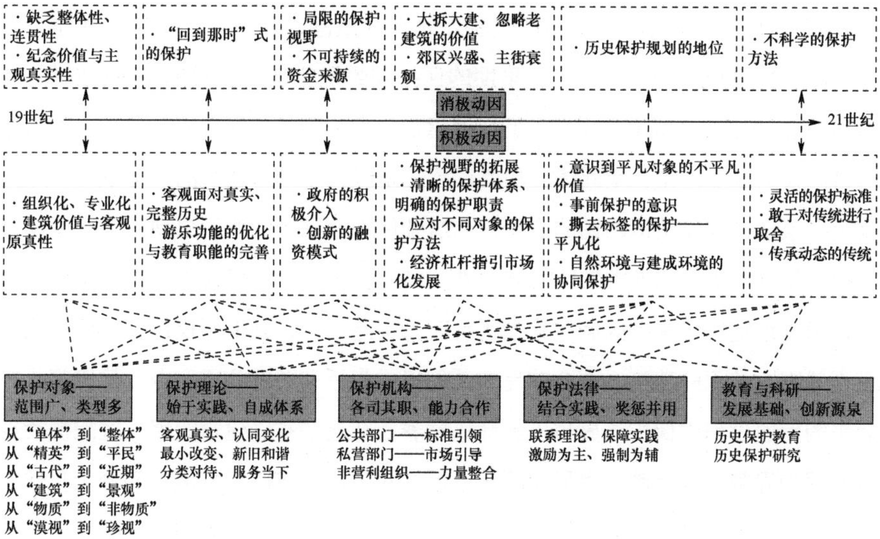

图 8-1-1　动因分析图

第一节　保护对象——范围广、类型多

“什么值得保护”是所有保护实践首先思考的问题，国家历史场所登录制度也一直致力于定义这些标准。随着时代的发展，选择保护对象的标准因人们价值观的变化而不断变化，也推动着登录制度的不断完善。通过系统地分析美国乡土建筑的保护历程，不难发现人们的视野跨越了很多看似不可逾越的界限，得到了很大的拓展，可以总结为从“单体”到“整体”、从“精英”到“平民”、从“古代”

到“近期”、从“建筑”到“景观”、从物质”到“非物质”，以及从“漠视”到“珍视”。

一、从“单体”到“整体”

通过多年的实践，美国的保护视野早已从仅关注单体拓展到注重整体，从最初致力于拯救弗农山庄园激起拯救名人建筑的浪潮，再到后来拯救公共建筑及更广泛、数量更多的乡土住宅，早期的保护视野确实都始于对单体建筑的保护。1926年重建殖民地威廉斯堡，人们已经意识到保护整体建筑群的重要性，因为这能带给人的视觉冲击、空间体验和心理感知是远大于单体建筑的，可以将户外博物馆形象地比作建筑博物馆的合集。在这种保护理念的影响下出现了多个博物馆村镇，使这一类型的保护实践发展成熟。二十世纪三十年代查尔斯顿的保护实践中，通过划定历史保护区域对其中所有对象实施保护，其中不仅包含早期被拯救用于博物馆使用的建筑，更多的是与人们日常生活有关的住宅、办公建筑等。在后来的发展过程中保护边界也不断地拓展着，从最初基于建筑院墙或庭院栅栏界定的保护界限，越来越远离最初的核心保护对象以及核心保护区，到今天，保护者已经不局限于城市中某个街区了，视线已经拓展到街区所处的建成环境，乃至围绕建成环境更广阔的自然环境。

二、从“精英”到“平民”

美国早期的保护活动始于贵族，由富裕阶层领导和支持，保护的对象也是能体现贵族、精英传统的对象，如类似弗农山的诸多名人故居。但不同的社会背景造就不同的保护实践，同样是早期，在北方的新英格兰地区，就更注重保护与大众、平民历史相关的对象，如公共建筑与乡土住宅。二十世纪二十年代，虽然重建殖民地威廉斯堡的初衷也是为了实现精英的理想，但发展至二十世纪五六十年代的成熟期后，就开始通过运用泥土、废墟等景观元素使场景更接近日常真实感，再到后来通过系统讲述黑人奴隶与平民的历史来展示文化真实性。

近年来，新的兴趣在于保护日常生活中平凡、普通的各个方面。可以说随着社会的发展，乡土化、平民化、大众化的保护是一个趋势。从二十世纪七八十年代开始的保护实践更加贴近广大人民的生活，历史居民区、郊区居民区，甚至道路一旁的标牌这类普通的对象也成为被关注的对象，通过对这类对象的保护，不仅美化了视觉空间，更重要的是改善了人们的生活品质。虽然人们逐渐认同了这些平凡、乡土对象的重要价值进而开始对其进行保护，但与传统意义上具有重要价值的对象仍有很大不同，对这些平凡对象的保护往往更难吸引公众的关注和社会经济的支持。更难的问题是保护者很难做出理性的选择，毕竟这些平凡对象所涵盖的范围太广，如何确定保护对象并优化保护力量与保护资源是值得思考的问题。

三、从“古代”到“近期”

十九世纪，人们钟爱十七世纪的建筑，可能由于其承载的厚重历史激起了人们的保护动机。二十世纪初，人们致力于保护十七、十八世纪的建筑，不认为十九世纪的建筑具有任何重要的价值，不管不顾甚至随意拆毁。二十世纪三四十年代，在学界的积极推动下，更多的人才逐渐意识到十九世纪的建筑也不乏精品，它们已经证明了自己的价值并且也已经成为今天的遗产。二十世纪五六十年代，几乎没有人会对二十世纪的建筑感兴趣，不到一个世纪历史的建筑在当时属于过时的，因而常常被忽视。二十世纪六十年代之后，第一次世界大战期间的建筑开始受到关注，激进的保护者可能会投身于保护二十世纪三十年代的建筑——大约50年的跨度（50年原则）仍然是被纳入国家史迹名录的普遍标准。1966年的《国家历史保护法》仍然继续强调与历史重大事件和重要人物相关的建筑。到二十世纪八十年代，近期的历史成为理论热点，普通居民区里的民宅、高速公路旁的加油站、快餐店等也成为保护者们关注的对象，保护对象的时间衡量范围被压缩到40年或更短。

四、从“建筑”到“景观”

在二十世纪的大部分时间里，景观保护都只局限于花园、庭院的修复。二十世纪早期景观保护项目重在种植设计，旨在配合重要的历史建筑以营造“历史的氛围”。大众所熟知的景观就成为重要建筑的附属环境，是用来看的对象。

二十世纪六十年代《国家历史保护法》颁布后，在国民信托的带领下，景观保护逐渐进入人们的视线，景观价值成为理解战场遗址、国家和州立公园、城市公园、乡村墓地、海滨和湖滨、种植园、牧场、农场、城市和郊区至关重要的一部分。1975年，国民信托联合美国规划协会与科罗拉多州历史协会共同商讨对历史文化景观的保护。在丹佛的会议上，规划师、保护者和风景园林师提出了很多问题，诸如建立景观保护的准则和基于自然系统演变的文化价值的分类标准；将景观变迁与土地利用政策联系，还可以作为对城市不合理增长的警示，以及当前乡村景观丧失和自然景观变迁的研究；会议还指出成功的景观保护包含对自然生态系统的理解。这些问题都成为后来景观保护的基础，吸引着大众的关注。

二十世纪七八十年代，人们纷纷开始转变对景观的感知、评价和对待方式。景观不再简单地被视为从车窗或历史地区散步中所看到的景色，更重要的是可以作为了解日常生活的线索，是值得思考的对象。2000年，国家公园管理局开展了美国历史景观调查项目（HALS），作为70年前就开始了的美国历史建筑调查项目（HABS）的续篇。

五、从“物质”到“非物质”

随着保护视野的拓展，保护者从一开始专注如建筑一类的物质文化资源，逐渐开始关注如语言、诗歌、音乐、手工艺、社会风俗等无形的“非物质文化资源”。美国民俗文化的研究历史可以追溯到十九世纪，稍晚于欧洲。民俗研究在美国的发展方式比较独特，作为联邦制的国家，民俗研究是为了发现美国民族精神和区域特征的多元化与多样性，研究目标不仅包括乡村中的英裔美国人，也包括非裔美国人、印第安人以及其他少数族裔。然而其他国家机构、州层面机构和公共项目等都旨在强化国家的统一性。

随着新世纪的到来，对非物质文化遗产的保护仍然会基于文档记录，更重要的趋势是会更加以当地社区为中心。正如美国民俗协会自创建以来坚持的宗旨，致力于探索、记录、传承美国现存民俗传统居民的生活，并培训当地社区成员更有效地使用文档来记录他们的文化，通过各种方式、各种技术进行传播，达到教育目的的同时传承他们的文化。在经济繁荣的时代，利用新技术对非物质文化进行保护似乎是一个必然趋势。一个世纪的建筑保护经验教导我们，任何广泛传播的技术都将很适应于这类特殊文化的保护，并且文化创新将会很快孕育出各种新的保护手段和方式。

六、从“漠视”到“珍视”

美国的保护历程中还有一大特点就是很多对象都是从最初被漠视到后来被无比珍视。当人们珍视名人建筑的时候，对乡土建筑置之不理。人们珍视十八世纪建筑的时候，对十九世纪的建筑置之不理，随意拆改；认识到市中心的价值之后，开始将机动车和通向郊区的道路视作敌对的对象，不仅通过颁布相关条例禁止在市中心区域建设停车场和加油站，甚至开始停止道路的建设工程以阻止郊区的蔓延。但是到今天，各地都涌现出很好的郊区景观、路旁景观的保护实践。这是一个反复变化、永无止境的过程。这也提醒了我们要认真地看待身边的事物，今天一文不值的对象可能在明天就会变得十分珍贵，这就是"事前保护"理念所能预示的结果。

第二节　保护理论——始于实践、自成体系

可以说美国的保护理论始于自身实践，发展于融会贯通，成熟于自成一派。世界上很多保护专家都曾指出美国的历史保护没有什么理论，这在二十世纪六十年代之前或许确实如此，这期间美国人没有致力于发展某一学派的理论，只是在实践的过程中对他国经验进行借鉴。但在六十年代以后，随着《国家历史保护法》的颁布，美国终于建立了自己的保护体系，也总结出自己的方法论，虽然说这套理论建立在"风格性修复""反修复"等理论基础之上，但也体现出适合于美国自身的特点，这就是以维护历史真实性为核心的方法体系——《内政部标准与导则》。虽然美国方法论中对不同保护方法有着各自不同的考虑，权衡时也小心谨慎，但通过对保存、修复、复原、重建这四种方法的标准进行对比分析，也可以发现一些贯穿始终的共性原则。

一、客观真实、认同变化

鉴于对历史真实性的尊重，必须确保与建筑相关的所有方面的准确性，不作假、不伪造。标准提出要整体性保护，应该保护所有时期留下的历史证据，这也代表了美国的保护实践是认同变化的，也是对"回到那时"修复理念的

否定。

同时，也需要尽量做到原地保护，指出建筑的原有位置非常重要，非必要情况不可搬迁。原址保护正是顺应了源于艾沙姆的历史传统论所提出的理念——“乡土建筑是从社会和文化进程中生长起来的建筑”，如果脱离了其生长的土壤，那么就会失去所有的意义。考证支持要求所有保护都必须在充足的史料或真实的物质证据之上进行，这也体现了美国人严谨治学、科学认真的保护态度。

二、最小改变、新旧和谐

最大限度保存，最小程度添加或移除。这一理念希望尽量采取最小程度的干预措施，也是对真实性的尊重。正如最初保护者们宣扬的“保护优于修复、修复优于复原、复原优于重建”。在实施改变的同时还要注意可逆性的要求，需要保证即使移除添加、改变部分也不会对历史财产造成损害。

改变、添加部分需要与被改变部分保持和谐，这一原则也与欧洲保护理念有着一定的差别。欧洲的很多保护实践倾向于明显区分甚至夸大新旧对比，但美国至今都很少这样做。一方面可能是由于文化传统造成的审美差异，美国的保护理念一向注重新旧之间的协调性与视觉的连续性，对新材料的运用也很少在视觉上故意明显区分，追求尽量的和谐一致，但也特别提出在近距离观察的情况下应该能识别出不同。在二十世纪二十年代威廉斯堡的修复过程中，建筑师就曾经指出应该对新材料进行处理，使得人们能够清楚地分辨新与旧，但这一建议并没有被团队所采纳，并且从对各地历史区保护条例的标准进行分析，也都可以发现和谐性原则是核心理念。

三、分类对待、服务当下

美国方法论中提出了保存、修复、复原与重建的四种核心方法，组成了一个清晰的等级体系，对建筑实施的干预程度递增，对建筑真实性的保护程度递减。这一套方法就说明了应对不同对象应该有不同的处理方法，并且这一系列核心方法并不是硬性的指标，只是提供了一系列衡量标准。在实际的操作过程中需要基于这一系列标准求取相对平衡的处理方式，这也是出于建筑保护问题固有的复杂性和多变性的考虑。建筑审查委员会正是为了更好地评判这些标准，但是美国的保护法律也提出如果业主对建筑审查委员会决议有任何异议，可以在规定的时间内上诉或举行公开听证会，这也是基于人性化的考虑。同时，标准的拓展性很强，适用于所有类型的历史财产，不仅包括外部和内部，也扩展到建筑周围的景观元素。

总之，美国的保护在今天更看重的是"修复"的保护方法，这正是应对适宜性再利用热潮的结果，一方面允许人们为了满足不断变化的需求所做出的适当改变，另一方面需要以保护的视角来审视其合理性。这使历史保护更接地气，更能得到人们的普遍认同与支持，从而为保护赋予了新的价值观——保护是为了更好地融入生活，服务于生活。

第三节　保护机构——各司其职、通力合作

美国的保护早已不再是仅属于政府和专家的活动，现在历史保护与广大民众的日常生活有着密切的联系。行政管理、资金保障、监督辅助等系统都在与人们的互动过程中不断发展与成熟。

一、公共部门——标准引领

第一点是政府方面的作用。美国政府的独特性质，致使其形成了自上而下的权力分发模式。联邦政府并不是一个中央集权政府，其权力由各州赋予。同样，联邦政府在历史保护中主要扮演着引领者的角色，例如制定保护活动的总体框架并确保不同州之间的一致性，但不直接参与保护活动。第二点是经济方面的作用，主要在于为历史保护制定经济激励政策。十九世纪，联邦政府几乎没有积极地参与历史资源的保护，只致力于自然资源的保护，如在1872年建立了黄石国家公园。但在1889年指定亚利桑那州的大卡萨为第一个国家纪念碑，这标志着联邦政府开始关注到历史遗迹。1906年的《古物法案》是美国第一项保护历史古迹的法案，它确定了历史资源的测量与识别程序并禁止对其可能造成的破坏活动，将管理保护活动的权力从联邦层面的议会转移到政府的行政部门，实现了更高效的管理。

在州政府层面，州历史保护办公室在联邦制定的框架策略之下，负责对州内重要历史资源进行调查、识别和保护，还对地方保护项目进行法律授权，因而成为联邦和地方政府的纽带，但州历史保护办公室对历史财产的监管权力也是有限的。其实很多州在1966年保护法颁布以前就已经开始开展历史保护项目，只是它们的范围往往比较局限，如运营州博物馆、历史遗迹保护项目等。1966年的法案在历史保护中赋予了州政府更重要且更正式的角色。

历史保护真正具体的执行是地方层面，地方的历史保护委员会才会直接负责对当地的财产进行监管、提名与保护。委员会由当地居民任命或选举产生，这类保护机构也是1966年保护法的结果。美国历史保护很大的特点就是给予了各级政府充足的自由发挥空间，因为他们也了解只有各地才最为熟知当地的情况。下一级政府可以在法律和标准允许的范围内发展自己的保护法规、保护条例等，可以发现美国各地的保护条例都是基于各地情况进行编制的结果，因此往往最具地方特色。虽然美国的法律体系是一个清晰的三层结构，但最核心的还是地方层面的立法。

二、私营部门——市场引导

自从税收法案改革以来，适宜性再利用和商业修复项目已从一些面对不确定市场的高风险项目，转变为一个数十亿美元的市场，历史建筑的再利用已成为一种营利手段。国家公园管理局和美国国税局负责制定并管理经济激励政策，指出从1976年颁布至今，已吸引了超过210亿美元投入历史建筑的保护与修复。

在今天，虽然如历史地标、历史区域条例等监管工具仍然作为保护活动的主体，但各种不同的激励机制扮演着更为重要的角色，因为经济上的利益更能够有效地调动人们参与保护的积极性，大多数房地产商、个体业主都积极参与，保护本身也从一种依靠监管变为以市场为导向的活动。

三、非营利组织——力量整合

除了公共部门与私营部门，非营利组织对历史保护也起到至关重要的作用，非营利组织是美国特有文化和历史的产物。从很早之前，就有学者指出美国人就是无数的组织者和参与者，他们致力于依靠私人的努力来解决问题，而不是依赖政府。这种非营利组织具有很高的行事效率与很强的社会责任感，对美国各个领域的发展都起到了积极的推动作用。

美国几乎每个城市中都有致力于历史保护的非营利组织，规模小的可能只管理一栋建筑，大的可能管理一片区域，覆盖面最广的也就是历史保护的国民信托。该组织自 1949 年成立以后在美国历史保护中扮演了举足轻重的角色。美国的历史保护一直有两股分离的力量——公共部门和私营部门，正是国民信托建立后才更好地合并了这两股力量，致力于实现共同的保护目标（图 8-3-1）。

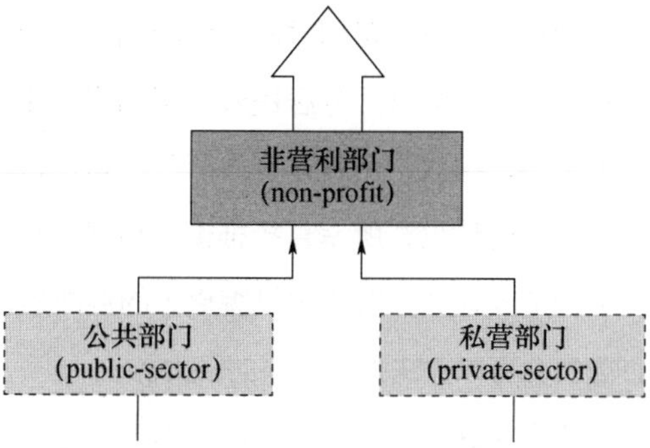

图 8-3-1　合并的保护力量

第四节　保护法律——结合实践、奖惩并用

历史保护相关法律的颁布，对保障保护实践的落实起到了重要的作用，并且保护实践中遇到的问题，经历过的方方面面都会为相关法律提供反馈，促进其不断地修改、补充和完善。这是一个自上而下、又自下而上的反复过程。

一、联系理论、保障实践

美国历史保护法律体系很大的优点就是与理论及实践的紧密联系，可操作性很强。例如《国家历史保护法》促进了美国保护体系、方法论的发展和成熟；《税收改革法》与国家登录系统、税务系统、住房公共政策等相关部门紧密结合。保护的方法论是各级保护部门对相关保护实践进行指导的参考标准，同时也与税务系统等部门挂钩，成为衡量修复结果是否达到获得经济激励标准的主要依据。

二、激励为主、强制为辅

美国宪法规定了私有财产神圣不可侵犯，而历史保护所面对的对象有很大部分都为私人所有，起初对保护活动也是一个很大的挑战。如查尔斯顿颁布历史区域条例之初，就有部分居民表示不满也不愿配合。建筑咨询委员会建立之初也多放低姿态，扮演“免费建筑诊所”的角色，为居民出谋划策。如果有居民不愿意接受改建的建议，所幸直接推倒了重建，这也是钻了条例的空子。后来，当重建比无规范改建成为对历史风貌更大的挑战后，1959 年修改的条例才赋予了建筑审查委员会可以否决拆除建筑的权力。

政府在这一期间除了耐心求取共识之外，更好的手段就是出台各种经济激励政策以调动居民参与历史保护的积极性。税收法案的改革所取得的成果是有目共睹的，推动了全民投入历史保护运动。可以说历史保护中公共利益与私人利益的博弈经历了漫长的发展过程，在居民的积极配合之下取得了双赢的结果，在这一过程中逐渐建立了稳固的群众基础。

第五节　教育与科研——发展基础、创新源泉

在美国，历史保护工作能够广泛开展，拥有强大的群众基础，一个重要的原因是对人们保护意识与保护能力的培养。这直接得益于历史保护教育的普及与保护科研机构的促进。

一、历史保护教育

詹姆斯·芬奇（James Fintch）正是美国当代历史保护教育的奠基人，也是优秀的保护者，他在纽约中央车站的保护中发挥了重要的作用。在他的领导下，哥伦比亚大学在1964年创立了美国第一个历史保护专业，从一开始就表现出多学科的特点。该专业接收具有本科学历相关背景的学生，包括建筑学、风景园林学、考古学、艺术史、地理专业等。同时也体现出很多先进的教育理念：强调学生之间的相互交流旨在拓展学生的思路，学会辩证地看待问题；课程设计中规定了必须进行外业调查，旨在锻炼学生的田野调查能力；在实验室进行保护技术的实践能力学习，旨在锻炼学生应对复杂问题的处理能力；必须参与一系列外聘、非固定教师的讲座，积极参与国际会议等，旨在使学生能够时刻紧跟实践领域的发展。

哥伦比亚大学的历史保护专业为美国历史保护教育提供了一个成功的模板，很快被其他高校所效仿，相继成立了历史保护专业，如康奈尔大学（1975年）、佛蒙特大学（1975年）、波士顿大学（1976年）、东密歇根大学（1979年）等。美国的历史保护教育在二十世纪八十年代后发展迅速，迄今已经有包括哥伦比亚大学、宾夕法尼亚大学和康奈尔大学等著名学府在内的22所院校设立了历史保护的硕士学位课程。

二、历史保护研究

1983年，哥伦比亚大学建立了历史保护研究中心，作为隶属于历史保护专业的研究机构。1985年，美国的“J.Paul Getty”信托基金成立了“盖蒂保护研究所”(Getty Conservation Institute，GCI)。GCI作为私立的国际性研究机构，致力于提供创新的理念来优化历史保护实践，主要包含四个方面的职能：科学研究、教育与培训、实践项目以及信息传播。科学研究方面有着充足的经费、先进的科研仪器，对历史保护实践中诸多疑难问题进行研究。教育与培训方面不仅注重对专业从业人员的培养，也注重对公众的宣传，会通过出版大量相关刊物、组织实践教学工坊以达到宣传科普的目的。实践项目方面积极与世界各国的保护机构取得联系，现今GCI对世界各国的保护实践提供着技术支持，涉足亚洲、非洲与欧洲各国。我国敦煌莫高窟壁画的保护项目就得到了GCI提供的技术支持。

第六节　借鉴意义

美国的乡土建筑保护得益于其客观的价值认知体系、完善的保护理念、各司其职的保护力量、相对完善的法律保障体系以及扎实的历史教育与科研基础。我国的保护与美国相比起步相对较晚，在实践中还面临着许多的难题。希望“美国经验”能够为我国保护领域的发展产生积极的启示作用。

一、全面客观的价值认知体系

保护的动机其实是人们认识到保护对象某个层面的价值后采取行动的内在动力。一般来说，认知程度越高，其动力就越强，而认知程度又往往取决于价值观的成熟度。美国的保护实践之所以能取得今天多样化的丰硕成果，客观的价值认知体系的建立正是开展保护的坚实基础。

正因如此，在我国的保护实践中，客观、全面地认识文化遗产的价值就显得非常必要。现今我国的保护视野已然实现从“单体”到“整体”的拓展，分别认识到单体与整体对象的不同价值，现在的保护不仅仅局限于保护建筑本身，也会认真研究并保护其存在的环境，因而出现了历史文化名城、名镇、名村的保护理念与保护条例。

今天，如乡土建筑等平凡、普通的保护对象已经逐步走进人们视野，其存在的现实与历史价值已渐渐被人们认知。这类对象与《历史文化名城名镇名村保护条例》中定义的历史建筑相似，但涵盖的对象应该比之更广。条例规定了对这类相对普通建筑保护利用的原则、方法以及相关的奖惩措施，但这些条例是否能被很好地利用，还需要长时间的反馈过程。这些政策上的保障是认识到这类普通建筑价值的开端。一方面可以不至于让这些建筑继续衰败腐化，另一方面通过发掘并再利用其可能存在的珍贵价值，达到更有效的保护。相信随着社会的发展与学界的努力，人们保护视野会不断拓展，保护对象的范围也会越来越广。

二、适于本土特色鲜明的保护理论

保护理论的优劣决定着保护成果的质量，我国也迫切需要结合本国遗产的特点建立具有中国特色的保护理论与方法体系。

通过研究可以发现，在美国及西方的保护实践中，维护“历史真实性”是一切保护理论的基础。但是不同国家所追求的“真实性”确有本质上的区别，这是保护对象的文化背景、经济和社会背景等因素造成的。美国与欧洲国家对真实性的理解相似，但与我国的实际情况相差较大，而与我国木结构体系一脉相承的日本却比较值得借鉴。1994 年的奈良会议对真实性进行了阐释，认为真实性不仅仅体现于保护对象的材料之上，其通过设计、功能和建造技术等方面涌现出来的文化也是真实性的体现。[①] 如日本法隆寺的伊势圣殿，每二十年都会基于仪典程序进行重建，这一过程也是对真实性的保护和动态传承。[②]《奈良公约》正是肯定了东方以木材建筑为主的遗产真实性原则，极大地拓展着人们理解如何基于不同的语境看待不同的价值观。

美国《内政部标准》提出的四种不同的处理方式，随着干预程度的递增对真实性的保护递减。其中也呈现出保护需要认同变化、最小改变、新旧和谐、服务当下等共性原则。虽然这一套方法论有着来自欧洲的根源，但是在美国的文化背景下发展成为美国特色的方法论。对这些普适性原则，也可以通过理智的本土释义来指导我国的相关实践。

三、区分对象优化力量的管理方式

《内政部标准》同样重大的意义在于与市场和法律密切挂钩，成为衡量建筑遗产再利用实践是否达标的参照，只有符合标准的实践才能获得相应的经济激励与补偿。

一方面，我国民众对大多数非文物类、乡土建筑的价值认知不足，对这类对象的保护条例也不了解、不熟悉；另一方面，对这类对象的保护缺少吸引大多数利益相关者积极参与的动力，也就是类似美国的市场介入机制。面对数量巨大的保护对象，完全依赖政府部门的管理是不切实际的。因此，对保护价值高的遗产，应由文物保护部门进行直接管理；对保护价值相对较低的遗产，应下放权力，由市场决定，促使学界、房地产商、私人业主积极参与。在这一过程中，一方面需要厘清分级管理思路与相应的管理模式；另一方面需要制定应对不同对象的保护修复标准。科学的分级管理不仅有利于资源分配，也有利于优化并集中保护力量。

---

① 林小如，李海东 . 关于《奈良宣言》的反思——也谈历史遗产的“原真性”[C]. 转型与重构——2011 中国城市规划年会论文集，2011：7717-7720.

② 陈蔚 . 我国建筑遗产保护理论和方法研究 [D]. 重庆：重庆大学，2006.

如浙江省历史文化名城松阳县，在政府与学界的积极推动下，乡土建筑的保护成果可谓百花齐放。有政府相关部门高度关注与学界深度参与的“文里•松阳三庙文化交流改造项目”，文物建筑与新建筑、新业态相辅相成，奏出了古今和鸣的乐章；也有政府合理引导当地居民积极参与的松阳古街保护，有着百年历史的传统业态现今依旧发扬着文化的魅力；还有遍布于县域中100多座格局完整的传统村落，与村民的积极参与密不可分。再观全国，目前大多数普通、乡土对象没有像松阳一样幸运，没能得到政府与学界如此多的关注，仍处于无人问津的境地，有被时间车轮碾碎的危险。

四、以人为本贴近生活的发展方向

实践证明，保护一旦脱离现实或忽视了当地的历史文化，仅仅追求经济利益，就不可能实现真正意义上的保护。从美国经验可以清楚地看到这一点。美国在二十世纪中期的城市更新中，起初打着为居民提供廉价住房、改善生活的口号，开发商单纯追求经济利益，最终人们的保障性住房被剥夺，取而代之的是千城一面、枯燥乏味的现代化设计。进入二十世纪八十年代国民信托的主街计划，最初试点阶段也是通过雇用外来的设计团队对当地的经济发展、设计策略、宣传策略等方面做出设计规划，其弊端显而易见。而在后期发展成熟阶段，通过建立主街委员会的领导团队，在组织、宣传、设计和经济重建等方面进行明确分工。最为重要的是，职能部门中的成员大多是与主街区域有着切身利益关系的社区居民，连同少数外来团队的辅助取得了较好的效果。

目前我国的实践中，保护与人们的生活以及保护者与被保护者之间的联系还不够紧密甚至脱节。常规的做法是雇用专业团队编制保护规划，但外部团队扎根当地的时间和精力往往是有限的，可能会出现前期分析深度不够、保护方案脱离当地实际等问题。比如现状良莠不齐的仿古一条街，一方面通过统一的规划建设来营造视觉上的改头换面从而招商引资，在短期内确实可以获取可观的经济利益。但原本多元化的建筑特色与功能类型被淡化或抹去，甚至出现单纯追求风貌的建筑正立面改造方法。另一方面，统一的规划建设迫使原居民被迫搬迁，取而代之的是一些外来的商家，千百年延续下来的历史文化内涵与传统业态氛围被商业化活动颠覆性地改变，由此导致保护动机与保护结果相悖。因此，以人为本、贴近生活是保护领域的根本与保障，也是未来的发展方向。

五、由被动到主动的危机保护意识

危机意识是保护行为产生的动力，美国今天的保护领域有一句格言“From compliance to stewardship”——“从顺从者到管理者”，旨在呼吁人们要有危机意识，要完成从被动参与者到主动管理者的思想转变，要站在后人的角度看待自己今天的行为，今天看似无害的行为可能就会对未来造成严重的影响，这些“事前保护”的理念值得我们学习。因此在保护实践中一定要具有主人翁精神，不断增强危机意识，正如早期美国很多的保护者就曾指出：为后代保护是一种神圣的职责！

在这一点上，我国的保护普及度还远远不够，特别是保护意识的不足，使大量散落于民间的保护对象处于十分危险的境地。为此，政府与学界应该从宣传教育入手，不断提高人们的保护意识。可以通过颁布相关法规、制定激励政策、多方面扩大宣传使得保护真正贴近并惠及人们的生活，促进全民参与的积极性，让保护做到为当下生活服务，这需要我们付出艰难且漫长的努力。

六、后记

美国乡土建筑的保护走过了曲折漫长的道路，也取得了丰富多彩的成果。从乡土建筑的角度出发系统地审视其保护历程，不仅能开阔人们的保护视野，更为重要的是了解他们是如何发现平凡事物的不平凡价值并致力于保护的过程且从中受到启迪。由于篇幅、个人精力及客观条件的限制，其与读者要求还存在一些差距：

（1）本研究从乡土建筑的视角出发来审视美国建筑遗产的保护历程，因此会更加关注一些相对较为普通的保护对象。虽然也涵盖了一些如威廉斯堡一类公认的具有所谓重要价值的对象，但对很多其他的精英类对象没有进行过多的论述。

（2）本研究比较深入且系统地阐述了美国乡土建筑保护的理论与实践，分析其间取得的成功与经历的失败，但对我国相关实践的启示未做更多的阐述。这是由于美国与中国的实际国情具有较大差异，生搬硬套是不能解决问题的。从本国实际出发，进行客观、理性的分析定会少走弯路。至于如何借鉴美国的成功经验，用以完善保护理论、方法体系、法律体系、教育体系等，还需要更多的学者在今后进行不断的研究和探索。

（3）由于作者的精力有限，面对大量的英文文献，在译读与阐述的过程中难免有误，希望读者批评指正。

附录　保护大事记

1812

建筑师米尔斯主导改造的独立大厅，旨在修复已毁近30年的古钟楼。

1827—1828

艾布拉汉姆的基金会资助修复罗德岛新港的图洛犹太教会堂。

1828—1829

威廉·斯特里克兰主导修复独立大厅。

1850

纽约州立法委员会动用2000美元买下了哈斯布鲁克住宅，曾是华盛顿的指挥部。

1856

田纳西州立法委员会买下安德鲁·杰克逊位于纳什维尔的住宅。

1858

弗农山女士协会筹集20万美元拯救了华盛顿总统的旧居，并对其进行保护和修复。

1863

波士顿汉考克住宅被拆毁。

1876

费尔蒙特公园举行了费城百年博览会，这是美国历史上第一次大型博览会。美国的历史建筑和装饰在博览会展示过程中得到了广泛关注。如对一座新英格兰的历史农舍，按照十八世纪的式样布置室内陈设。这些展示促进了人们对历史建筑风格的了解和建筑价值的认知。

波士顿居民保护了旧南会堂。

1877

威廉·米德、斯坦福·怀特、查理斯·麦柯金等建筑师通过旅行研究了新英格兰的几个城镇。他们在走访过程中主要关注一些十八世纪的建筑，并且简单测绘了一些殖民地风格的住宅。

1888

弗吉尼亚古物保护协会成立。

美国民俗协会成立，旨在探索、记录、传承美国现存民俗传统居民的生活。

1889

国会购得位于亚利桑那州的大卡萨，以应对史前遗迹遭破坏的现象。

1895

美国风景与历史保护协会在纽约成立。

1904

马萨诸塞州颁布条例对整个贝肯山以西地区的建筑进行高度限制。这是美国第一个具有行政效力的条例，随后纽约等城市相继颁布类似条例。

1906

国会通过了《古物法案》。

1907

保罗·里维尔纪念协会在波士顿成立，致力于修复里维尔旧居。

1909

哈德森·富尔顿在大都会博物馆展览美国历史上的房间和装饰艺术，大都会博物馆的“美国翼”自此形成。

1910

威廉·埃伯顿建立新英格兰古物保护协会。

1916

美国国家公园管理局成立，致力于管理联邦所有的自然资源以及历史场所。

1920

埃伯顿拯救并修复了布朗住宅，这是他主导的第一次保护实践。

1922

《古物》杂志开始出版。

1923

杰弗逊纪念基金会致力于修复杰斐逊故居——芒特切罗。

1927

在洛克菲勒与古德温的领导下，开始重建殖民地威廉斯堡，致力于重现其十八世纪的面貌。

1931

南卡罗来纳的查尔斯顿颁布了美国第一部历史区域保护条例。

1933

在罗斯福总统的主导下，所有原来由战争部和森林组织管理的战场遗迹、公园、纪念物全部划归内政部进行统一管理。国家公园管理局在联邦政府资助下正式对历史资源进行保护。

在国家公园管理局的主导下，开展了美国历史建筑测绘（HABS）项目。

由亨利·福特出资建设的格林菲尔德博物馆村正式开放。

1934

殖民地威廉斯堡对外开放，但修复工程并未全部完成。

1935

颁布第一部国家性历史保护法案——《历史场所法案》。

1936

继查尔斯顿后，新奥尔良的法国殖民区成为国内第二个历史区。

1939

纽约附近的库伯斯敦建立了农场博物馆。

1946

斯特布里奇博物馆村对外开放。

1947

国家史迹理事会成立，是历史保护国民信托的前身。

1949

历史保护国民信托成立。

随着《住宅法案》颁布，正式开始了“城市更新运动”。

1954

美国高等法院审理巴曼对帕克一案，判决结果使得“审美”因素成为历史保护足够的支持。

1959

查尔斯顿完善了历史区域保护条例，要求建筑审查委员会监管建筑的拆除，并且具有否决权。

1960

国家公园管理局基于之前的建筑测绘项目推行国家历史地标计划（NHLP）。

颁布《水利抢救法》，授权国家公园管理局采取行动拯救因水利设施建设面临消失的考古遗址。

1964

哥伦比亚大学成立了美国第一个历史保护研究生课程。

1965

美国市长会议发布报告《如此丰富的遗产》，指出自 1935 年《历史场所法案》颁布以来，大多数美国历史建筑调查记录的建筑都已被拆毁，指出保护的迫切性。

1966

《国家历史保护法》颁布，成为有史以来影响力最大的立法，对美国保护体系、保护理论、保护立法都起到了巨大的促进作用。

口述历史协会成立，旨在保护并研究口头流传的历史，自此开始关注非物质文化遗产的保护。

1967

在《国家历史保护法》的授权下，各州成立了历史保护办公室（SHPO），以协助联邦在州层面的工作，并且加强州与州之间的合作。

1969

国家公园管理局建立美国历史工程测绘（HAER）项目。

《建筑保护技术公报》开始出版，其是一本专注于发表建筑修复技术的刊物。

1970

弗吉尼亚一座登录建筑因为采用了“非常错误的保护方法”而被名单除名，这也是登录制度第一次对已注册对象的除名。

铸铁建筑之友协会成立，致力于保护和研究美国早期的铸铁建筑。

1971

美国正式加入 ICCROM。

历史保护国民信托在旧金山建立了第一个区域田野调查部门，随后分别在波士顿、芝加哥、亚特兰大建立了分支机构。

工业考古协会成立，致力保护并研究工业建筑遗产。

1973

《历史住宅期刊》开始出版，这是第一本旨在指导缺少专业技术的业主修复旧建筑的刊物。

1974

《住宅与社区发展法》颁布，放慢了城市更新的节奏，认真思考对老社区的保护与再发展。

伊利诺伊州在 1974 年开始的历史建筑调查之中发现了一座希腊复兴风格的加油站，在州历史保护会议中提出了对这类资源进行正式的认证，自此正式提出了路旁景观资源这一新的类别。后来，弗吉尼亚州的 SHPO 也在历史建筑调查之中详细地记录了一座加油站，并且于1975年将其列入国家史迹名录，这也是第一座被国家登录的加油站。

1976

《税收改革法》颁布，对历史建筑的修复与再利用提供了经济激励。

历史保护国民信托提出主街计划，并且开始进行试点项目建设，主要针对中小城市的主街区域。

完成了昆西市场的改造工程，成为历史建筑再利用的优秀范例。

1977

《国家社区政策法》颁布，开始认真思考对老社区的保护和修复，而不是仅仅使用拆除重建的方式。

美国历史住宅协会成立，旨在为缺少专业知识与经验的私人业主对历史住宅的保护和修复提供指导，很快被国民信托兼并。

1978

内政部正式颁布《内政部历史建筑的修复标准与导则》，不仅为美国的所有保护活动提供了标准化的语言，也成为与经济激励政策密切相关的考评指标。

美国高等法院审理宾州中央运输公司起诉纽约市一案，该法案最终判决公共利益高于私人利益，巩固了历史保护的法律基础。

正式成立国家历史保护教育委员会。

1980

国民信托成立了主街中心，旨在更好地推行“主街计划”。

1981

《经济复苏税法》颁布，对历史建筑的保护和修复提供的高额度经济激励进一步促进了历史建筑的再利用热潮。

1986

由于投机商对《经济复苏税法》的滥用，造成联邦税收的亏损。因而颁布了《税收改革法》，降低了资助额度。

1987

华盛顿举行了第八届ICOMOS的会议，通过了《华盛顿宪章》。

1990

在国民信托的年会达成了历史区域保护模式的共识——“查尔斯顿原则”，包括八条核心原则。

《公法101-400》颁布，该法案肯定了66号公路的重要价值，指出“66号公路已成为美国人民的遗产旅游和追求更好生活的标志”，并且该法案促使国家公园管理局开展对66号公路资源调查研究，旨在调查、识别和评价公路沿线重要的资源，以便进行选择性保护。

1991

《国家历史保护法》颁布25周年的庆典活动在旧金山举行，并召开了主题为“历史遇见未来”论坛，其中对“近期的历史”进行了详细的讨论。

1992

《国家历史保护法》进行了再一次修订，赋予印第安人在历史保护中正式的角色。

1999

《公法106-45》颁布，同时建立了66号公路走廊保护项目与办公室，致力于具体项目的实施，并且配有专项资金。这对路旁、乡土建筑的保护做出了重要的贡献。